Python无监督学习

[德] 朱塞佩·博纳科尔索（Giuseppe Bonaccorso）著
瞿源 刘江峰 译

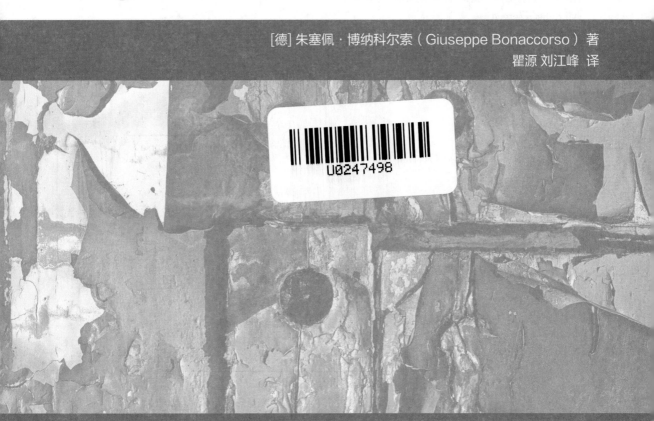

人 民 邮 电 出 版 社
北 京

图书在版编目（CIP）数据

Python无监督学习 / (德) 朱塞佩·博纳科尔索著 ;
瞿源, 刘江峰译. -- 北京 : 人民邮电出版社, 2020.9
ISBN 978-7-115-54072-0

Ⅰ. ①P… Ⅱ. ①朱… ②瞿… ③刘… Ⅲ. ①软件工
具—程序设计 Ⅳ. ①TP311.561

中国版本图书馆CIP数据核字(2020)第086669号

◆ 著　　　　[德] 朱塞佩·博纳科尔索（Giuseppe Bonaccorso）
译　　　　瞿　源　刘江峰
责任编辑　胡俊英
责任印制　王　郁　焦志炜

◆ 人民邮电出版社出版发行　　北京市丰台区成寿寺路 11 号
邮编　100164　　电子邮件　315@ptpress.com.cn
网址　https://www.ptpress.com.cn
山东百润本色印刷有限公司印刷

◆ 开本：800×1000　1/16
印张：18.25
字数：354 千字　　　　2020 年 9 月第 1 版
印数：1 – 2 000 册　　　2020 年 9 月山东第 1 次印刷

著作权合同登记号　图字：01-2019-3078 号

定价：79.00 元

读者服务热线：(010) 81055410　印装质量热线：(010) 81055316
反盗版热线：(010) 81055315
广告经营许可证：京东市监广登字 20170147 号

内容提要

机器学习是使计算机具有智能的根本途径，其应用遍及人工智能的各个领域。无监督学习是机器学习中的一种学习方式，是数据科学的一个重要分支，常用于数据挖掘领域，通过构建模型来为业务决策提供依据。

本书通过 Python 语言讲解无监督学习，全书内容包括 10 章，前面 9 章由浅入深地讲解了无监督学习的基础知识、聚类的基础知识、高级聚类、层次聚类、软聚类和高斯混合模型、异常检测、降维和分量分析、无监督神经网络模型、生成式对抗网络和自组织映射，第 10 章以问题解答的形式对前面 9 章涉及的问题给出了解决方案。

本书适合数据科学家、机器学习从业者和普通的软件开发人员阅读，通过学习本书介绍的无监督学习理论和 Python 编程方法，读者能够在业务实践中获得有价值的参考。

译者简介

瞿源，重庆交通大学交通运输工程硕士。以交通行业为深耕领域，主要涉及该行业的大数据、数据安全、数据分析。结合工作经验，目前钻研机器学习、人工智能、数据挖掘等领域。

刘江峰，重庆大学软件工程硕士。技术出身，工作涉及电商、物流、旅游、金融等领域，对相关的技术和数据等板块有深入的了解。早期以电商垂直领域为行业背景，涉猎大数据、数据挖掘等技术领域。目前工作涉及金融领域，主要的业务方向为结合机器学习、区块链等技术的业务平台。

作者简介

朱塞佩·博纳科尔索（Giuseppe Bonaccorso）是人工智能、数据科学和机器学习领域的资深从业人员。他曾参与了不同业务环境下的解决方案设计、管理和交付。他于2005年在意大利的卡塔尼亚大学（University of Catania）获得电子工程学硕士学位，并继续在意大利罗马第二大学（University of Rome Tor Vergata）和英国埃塞克斯大学（University of Essex）学习。他的兴趣主要包括机器/深度学习、强化学习、大数据，以及受生物启发的自适应系统、神经科学和自然语言处理等。

审稿人简介

切波比（**Chiheb Chebbi**）是信息安全的爱好者、作家和技术评论员，在信息安全的各个方面拥有丰富经验。他的兴趣主要在于渗透测试、机器学习等。目前他已被列入许多名人堂，他所提出的建议已被许多世界级的信息安全会议所接受。

前言

无监督学习是数据科学中一个重要的分支，其目标是训练用于学习数据集结构的模型，并为用户提供关于新样本的有用信息。在许多不同的业务部门（如市场营销、商业智能、战略等）中，无监督学习一直在帮助管理者根据定性和定量（最重要的）方法做出最佳决策。在数据变得越来越普遍且存储成本不断下降的今天，分析真实、复杂数据集的可能性有助于将传统的商业模式转变为新的、更准确的、响应也更迅速、更有效的模式。因为要关注所有方法的优缺点，并增加对每个特定领域的最佳潜在策略的了解，所以数据科学家对很多可能性还没有一个清晰的认识。本书不是一个详尽的资源（实际上也不可能有），而是一种参考，让你开始探索这个世界，为你提供可以立即使用和可供评估的不同方法。我希望不同背景的读者都能够学到有价值的东西来改善业务，并且希望你对无监督学习这个有趣的主题有更多的研究！

目标读者

本书的目标读者是数据科学家（有抱负且专业的）、机器学习实践者和开发人员，他们想要学习如何实施最常见的无监督学习算法并优化参数，为来自所有业务领域的不同利益相关者提供有价值的见解。

本书内容

第 1 章，无监督学习入门，从非常务实的角度介绍机器学习和数据科学。本章讨论主要的概念并展示一些简单的例子，重点关注无监督学习的问题结构。

第 2 章，聚类基础知识，开始对聚类算法进行探索。本章分析最常见的方法和评估指标，以及演示如何调整超参数并从不同角度评估性能的具体示例。

第 3 章，高级聚类，讨论一些更复杂的算法。本章对第 2 章中分析的许多问题使用更强大、更灵活的方法重新评估。如果基本算法的性能不符合要求，就需要使用这些高级算法。

第 4 章，实操中的层次聚类，致力于介绍一系列算法，可根据特定标准计算完整的聚类层次结构。本章分析最常见的策略以及可提高方法有效性的特定性能指标和算法变体。

第 5 章，软聚类和高斯混合模型，侧重于一些著名的软聚类算法，特别强调高斯混合，它允许在非常合理的假设下定义所生成的模型。

第 6 章，异常检测，讨论了无监督学习的特定应用：新值和异常值检测。本章的目的是分析一些可以有效使用的常用方法，以便了解新样本是否可以被视为有效样本，或者是否有需要特别注意的异常值。

第 7 章，降维与分量分析，涵盖了降维、分量分析和字典学习相关的常用且强大的方法。这些示例展示了如何在不同的特定场景中有效地执行此类操作。

第 8 章，无监督神经网络模型，讨论了一些非常重要的无监督神经网络模型，特别是针对可以学习通用数据生成过程结构的网络以及执行降维的网络。

第 9 章，生成式对抗网络和自组织映射，继续对一些深度神经网络进行分析，这些神经网络可以学习数据生成过程的结构并输出从这些过程中抽取的新样本。此外，本章还讨论了一种特殊的网络（如 SOM），并展示了一些实际案例。

第 10 章，问题解答，针对本书各章的问题给出解答。

如何充分利用本书

本书需要你有机器学习和 Python 编程的基本知识。此外，为了充分理解书中所有的理论，还需要你了解大学阶段的概率论、微积分和线性代数等相关知识。但是，不熟悉这些知识的读者也可以跳过数学讨论，只关注实践方面的内容。在需要时，你可以参考相关论文和书籍，以便更深入地理解复杂的概念。

使用约定

本书中使用了许多文本约定。

`CodeInText`：表示文本中的代码、数据库表名、文件夹名、文件名、文件扩展名、路径名、虚拟 URL、用户输入和 Twitter 句柄。举例说明："将下载的 `WebStorm-10*.dmg` 磁盘映像文件作为系统中的另一个磁盘挂载。"

代码块设置如下：

```
X_train = faces['images']
X_train = (2.0 * X_train) - 1.0

width = X_train.shape[1]
height = X_train.shape[2]
```

当我们希望引起你对特定部分的注意时，相关的行或整体将以粗体显示：

```
import tensorflow as tf

session=tf.InteractiveSession(graph=graph)
tf.global_variables_initializer().run()
```

粗体：表示新术语、重要词。例如当菜单或对话框中的单词出现在正文中时，要用粗体显示。下面是一个示例："Select **System info** from the **Administration** panel."

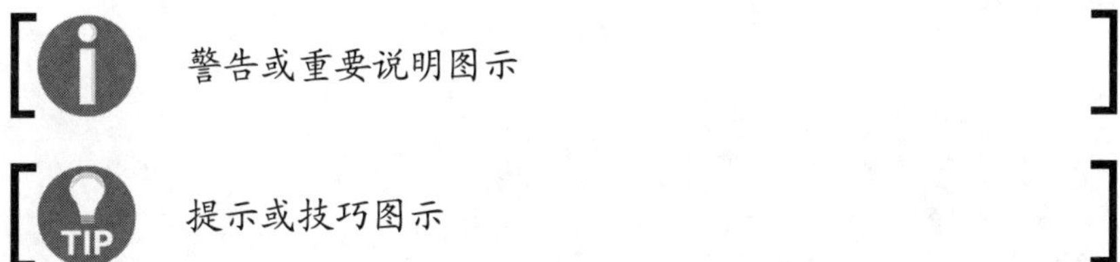

警告或重要说明图示
TIP
提示或技巧图示

资源与支持

本书由异步社区出品，社区（https://www.epubit.com/）为您提供相关资源和后续服务。

配套资源

本书提供配套资源，要想获得该配套资源，请在异步社区本书页面中点击 配套资源 ，跳转到下载界面，按提示进行操作即可。注意：为保证购书读者的权益，该操作会给出相关提示，要求输入提取码进行验证。

提交勘误

作者和编辑尽最大努力来确保书中内容的准确性，但难免会存在疏漏。欢迎您将发现的问题反馈给我们，帮助我们提升图书的质量。

当您发现错误时，请登录异步社区，按书名搜索，进入本书页面，点击“提交勘误”，输入勘误信息，点击“提交”按钮即可。本书的作者和编辑会对您提交的勘误进行审核，确认并接受后，您将获赠异步社区的 100 积分。积分可用于在异步社区兑换优惠券、样书或奖品。

扫码关注本书

扫描下方二维码，您将会在异步社区微信服务号中看到本书信息及相关的服务提示。

与我们联系

我们的联系邮箱是 contact@epubit.com.cn。

如果您对本书有任何疑问或建议，请您发邮件给我们，并请在邮件标题中注明本书书名，以便我们更高效地做出反馈。

如果您有兴趣出版图书、录制教学视频，或者参与图书翻译、技术审校等工作，可以发邮件给我们；有意出版图书的作者也可以到异步社区在线投稿（直接访问 www.epubit.com/selfpublish/submission 即可）。

如果您是学校、培训机构或企业，想批量购买本书或异步社区出版的其他图书，也可以发邮件给我们。

如果您在网上发现有针对异步社区出品图书的各种形式的盗版行为，包括对图书全部或部分内容的非授权传播，请您将怀疑有侵权行为的链接发邮件给我们。您的这一举动是对作者权益的保护，也是我们持续为您提供有价值的内容的动力之源。

关于异步社区和异步图书

“异步社区”是人民邮电出版社旗下 IT 专业图书社区，致力于出版精品 IT 技术图书和相关学习产品，为作译者提供优质出版服务。异步社区创办于 2015 年 8 月，提供大量精品 IT 技术图书和电子书，以及高品质技术文章和视频课程。更多详情请访问异步社区官网 https://www.epubit.com。

“异步图书”是由异步社区编辑团队策划出版的精品 IT 专业图书的品牌，依托于人民邮电出版社近 30 年的计算机图书出版积累和专业编辑团队，相关图书在封面上印有异步图书的 LOGO。异步图书的出版领域包括软件开发、大数据、AI、测试、前端、网络技术等。

异步社区

微信服务号

目录

第 1 章 无监督学习入门

在本章中，我们将介绍基本的机器学习概念，并假设你已经具备统计学和概率论的一些基础知识。你将从本章了解机器学习的用途，并增强关于数据集本质和属性知识的逻辑过程。整个过程旨在构建可以支持业务决策的描述性以及预测性模型。

无监督学习的目的是为数据探索、挖掘和生成提供工具。在本书中，你将通过具体的示例和分析探索不同的场景，并且学习应用基本的以及更复杂的算法来解决特定问题。

在这个导论性的章节中，我们将讨论以下内容。

- 为什么我们需要机器学习？
- 描述性、诊断性、预测性和规范性分析。
- 机器学习的类型。
- 我们为什么要使用 Python？

1.1 技术要求

本章中的代码需求如下。

- Python 3.5+（强烈推荐 Anaconda 发行版）。
- 库。
  - SciPy 0.19+。
  - NumPy 1.10+。
  - scikit-learn 0.19+。

- pandas 0.22+。
- Matplotlib 2.0+。
- seaborn 0.9+。

示例代码可在本书配套的代码包中找到。

1.2 为什么需要机器学习

数据无处不在。此时此刻，成千上万的系统正在收集构成特定服务的历史记录、日志、用户交互数据，以及许多其他相关元素。仅在几十年前，大多数公司甚至无法有效地管理1%的数据。出于这个原因，数据库会被定期清理，只有重要数据才能永久存储在服务器中。

而现如今，几乎每家公司都可以利用可扩展的云基础架构来应对不断增长的数据量。Apache Hadoop或Apache Spark等工具允许数据科学家和工程师实现大数据的复杂传输。在这一点上，所有的障碍都被扫除，大众化的进程已经到位。然而，这些大数据集合的真正价值又是什么呢？从商业角度看，信息只有在有助于做出正确决策、减少不确定性并提供更好的情境洞察时才有价值。这意味着，没有合适的工具和知识，一堆数据对于公司来说只会增加成本，需要限制以增加利润。

机器学习是计算机科学（特别是人工智能）的一个大分支，其目的是通过利用现有数据集来实现现实中**描述性**和**预测性**的模型。由于本书致力于实用的无监督解决方案，我们将只关注通过寻找隐藏原因和关系来描述此类情况的算法。虽然仅从理论角度出发，也有助于展示机器学习问题之间的主要差异，但是只有对目标有完全的认识（不局限于技术方面），才能对最初的问题产生理性回答。这就是我们需要机器学习的原因。

我们可以说人类非凡的认知能力启发了许多系统，但是当影响因素的数量显著增加时，人类就缺乏分析技能了。例如，如果你是第一次与班级学生见面的老师，在浏览整个小组后你能粗略地估计女生的百分比。通常，即便是对两个或更多人做出的估算，也可能是准确的或接近实际值的。然而，如果我们将全校所有人聚集在操场来重复这个实验，性别的区分就显得不那么明显了。这是因为所有学生在课堂上都是一目了然的，但是在操场里区分性别会受到某些因素的限制（例如较矮的人会被较高的人遮挡）。抛开这一层因素，我们可以认为大量的数据通常带有大量的信息。为了提取和分类信息，我们有必要采取自动化的方法。

在进入 1.2.1 节前，让我们讨论一下最初由高德纳（Gartner）定义的描述性分析（Descriptive Analysis）、诊断性分析（Diagnostic Analysis）、预测性分析（Predictive Analysis）和规范性分析（Prescriptive Analysis）的概念。但是，在这种情况下，我们希望关注正在分析的系统（例如通用情况），以便对其行为进行越来越多的控制。

描述性分析、诊断性分析、预测性分析和规范性分析的流程如图 1-1 所示。

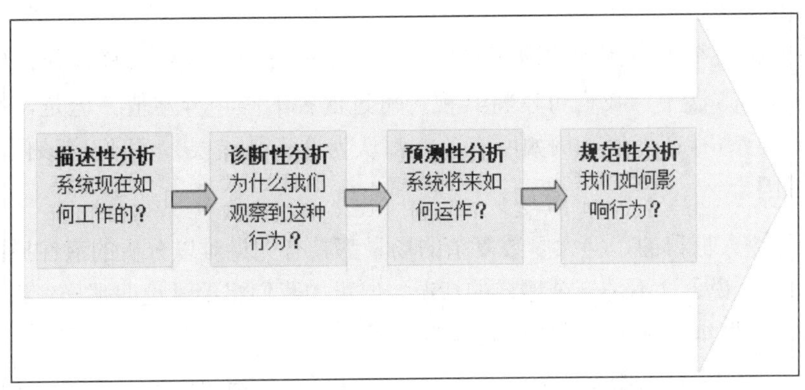

图 1-1 描述性分析、诊断性分析、预测性分析和规范性分析的流程

1.2.1 描述性分析

几乎所有的数据科学场景中要解决的第一个问题都是了解其本质。我们需要知道系统如何工作或数据集描述的内容是什么。如果没有这种分析，我们的知识又是有限的，将无法做出任何假设。例如我们可以通过图表观察一个城市几年的平均温度，但是如果我们无法描述发现现象的相关性、季节性、趋势性的时间序列，其他任何问题就不可能被解决。在具体情况下，如果没有发现对象组之间的相似性，就无法找到一种方法来总结它们的共同特征。数据科学家必须针对每个特定问题使用特定工具，但在此阶段结束时，所有可能（以及有用的）的问题将得到解答。

此外，这个过程具有明确的商业价值，让不同的利益相关者参与的目的是收集他们的知识并将其转化为共同语言。例如在处理医疗保健数据时，医生可能会谈论遗传因素，但就我们的目的而言，最好是某些样本之间存在相关性，因此我们并未完全将它们视为统计上的独立因素。一般而言，描述性分析的结果包含所有度量评估和结论的摘要，这些评估和结论是对某种情况进行限定和减少不确定性所必需的。在温度图表的例子中，数据科学家应该能够解答自动关联、峰值的周期、潜在异常值的数量以及趋势的出现等问题。

1.2.2　诊断性分析

到目前为止，我们已经处理了输出数据，这是在特定的基础流程生成之后观察到的。系统描述的自然问题与很多因素有关。温度更多取决于气象和地理因素，这些因素既易于观测，又可以完全隐藏。时间序列中的季节性显然受一年中的周期影响，但所出现的异常值又该如何解释呢？

例如我们在一个处于冬季的地区发现了一个温度峰值，我们怎样才能证明它的合理性呢？在简单的方法中，我们可以将其视为可过滤掉的噪声异常值。但是，如果该值已经被观察到并且有存在价值（例如所有各方都认为这不是错误），我们应该假设存在**隐藏**（或**潜在**）原因。

这可能是令人惊讶的，但大多数复杂的场景都具有大量难以分析的潜在原因（有时称为**因素**）。总的来说，这不是一个糟糕的情况，但正如我们将要讨论的那样，将它们包含在模型中并通过数据集了解它们的影响是非常重要的。

另一方面，决定丢弃所有未知元素意味着降低模型的预测能力，并且会成比例地降低准确性。因此，诊断分析的主要目标不一定是找出所有因素，而是列出可观察和可测量的因素（也称为**因子**），以及所有的潜在因素（通常概括为单个全局因素）。

在某种程度上，因为我们可以轻松监控效果，诊断分析通常类似于逆向工程的过程，但要检测潜在原因与可观察效果之间存在的关系就较为困难。因此这种分析通常是概率性的，并且有助于找出某个确定的原因带来特定影响的概率。这样，排除非影响分量和确定最初排除的关系也更容易。然而，这个过程需要更深入的统计学知识，除了一些例子如高斯混合之外，这类分析将不会在本书中讨论。

1.2.3　预测性分析

如果收集了整体描述性知识并且对潜在原因的认识已令人满意，那么我们就可以创建预测模型了。创建预测模型的目的是根据模型本身的历史和结构来推断未来的结果。在许多情况下，我们将这个阶段与下一个阶段一起分析，因为我们很少对系统的自由演变感兴趣（例如温度将在下个月如何变化），而是对我们可以影响输出的方式感兴趣。

也就是说，我们只关注预测，考虑最重要的因素。第一个需要考虑的因素就是流程性质。我们不需要机器学习用于确定性过程，除非这些过程的复杂性太高以至于我们不得不将它们视为黑匣子。在本章将要讨论的大多数例子都是无法消除不确定性的随机过程。例如一天中的温度可以建模为条件概率（例如高斯），具体取决于前面的观测值。因此，预测不是将系统变为确定性系统，而是减少分布的方差，使概率只有在小的温度范围内，才会很高。另外，正如我们所知，许多潜在因素在幕后工作，该选择会对最终的准确定性产生极大的不利影响，因此不能接受基于尖峰分布的模型（例如基于概率为 1 的单一结果）。

如果模型被参数化，变量受学习过程影响（例如高斯的均值和协方差矩阵），那么我们的目标是在**偏差-方差权衡**中找出最佳平衡。由于本章只是概述，我们不用数学公式讲解概念，只需要一个定义即可（更多细节可以在 *Mastering Machine Learning Algorithms* 一书中找到）。

定义统计预测模型的常用术语是**估计量**。**估计量偏差**受不正确的假设和学习过程可测量的影响。换句话说，如果一个过程的平均值是 5.0，但我们的估计量平均值为 3.0，那就可以说该模型是有偏差的。考虑到前面的例子，如果观测值和预测之间的误差不为零，则我们使用有偏估计。重要的是要理解并不是说每个估计都必须有一个零误差，而是在收集足够的样本并计算均值时，它的值应该非常接近零（只有无限样本才能为零）。当它大于零时，就意味着我们的模型无法正确预测训练值。很明显，我们正在寻找**无偏估计量**，这些估计量基本上可以产生准确的预测。

另一方面，**估计量方差**可以衡量不属于训练集的样本的鲁棒性。在本节开头，我们提到过程通常是随机的。这意味着任何数据集都必须被视为从特定数据生成过程 p_{data} 中提取的。如果我们有足够的代表性元素 $x_i \in X$，我们可以假设使用有限数据集 X 训练分类器会生成一个模型，该模型能够对从 p_{data} 中提取的所有潜在样本进行分类。

例如如果需要对仅限于肖像的面部分类器进行建模（不允许进一步的面部姿势），那么我们可以收集一些不同个体的肖像。建模过程需要关注的是不排除现实生活中可能存在的类别。假设我们有 10000 张不同年龄和性别的人物免冠照片，但没有任何戴帽子的肖像。当系统投入生产时，就会收到客户打来的电话，反映系统对许多图片进行了错误分类。经过分析，会发现发生错误分类的是戴帽子的人。显然，这个肖像模型对错误不负责，因为它用仅代表数据生成过程的一个区域的样本进行训练。因此，为了解决问题，我们要收集其他样本，并重复训练。但是，现在我们决定使用更复杂的模型，希望它能更好地运行。结果我们观察到更差的验证准确性（例如在训练阶段未使用子集的准确性）以及更高的训练精度。这里发生了什么？

当估计量学会完美地对训练集进行分类但是对未见过的样本分类能力较差时，我们可以说它是**过拟合**的，并且其方差对于特定任务来说太高（反之，一个**欠拟合**模型则具有较大的偏差，并且所有预测都非常不准确）。直观地讲，该模型对训练数据过于了解，已经失去了概括能力。为了更好地理解这个概念，让我们看一下高斯数据的生成过程，如图 1-2 所示。

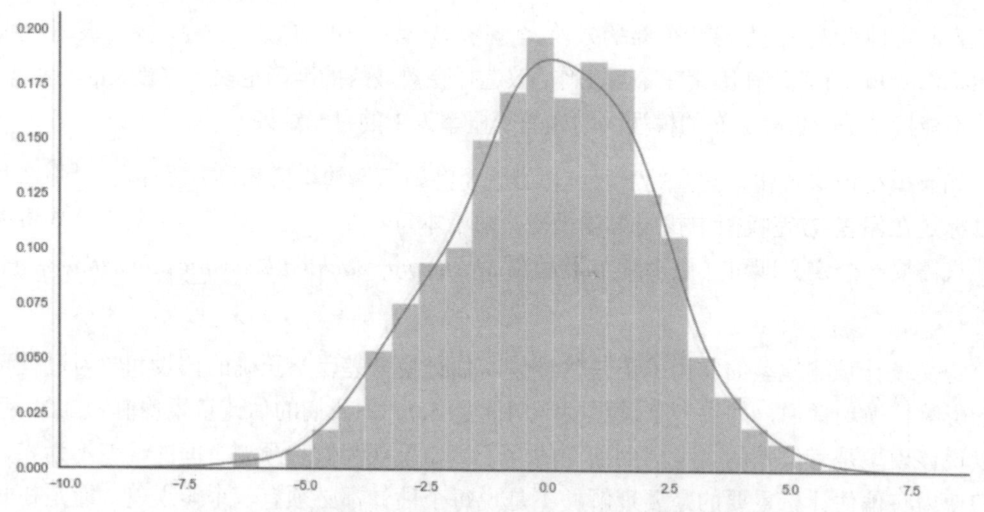

图 1-2 高斯数据的生成过程（实线）和样本数据的直方图

如果训练集没有以完全统一的方式，采样或者部分不平衡（某些类的样本比其他类少），或者模型过度拟合，则结果可能由不准确的分布表示，如图 1-3 所示。

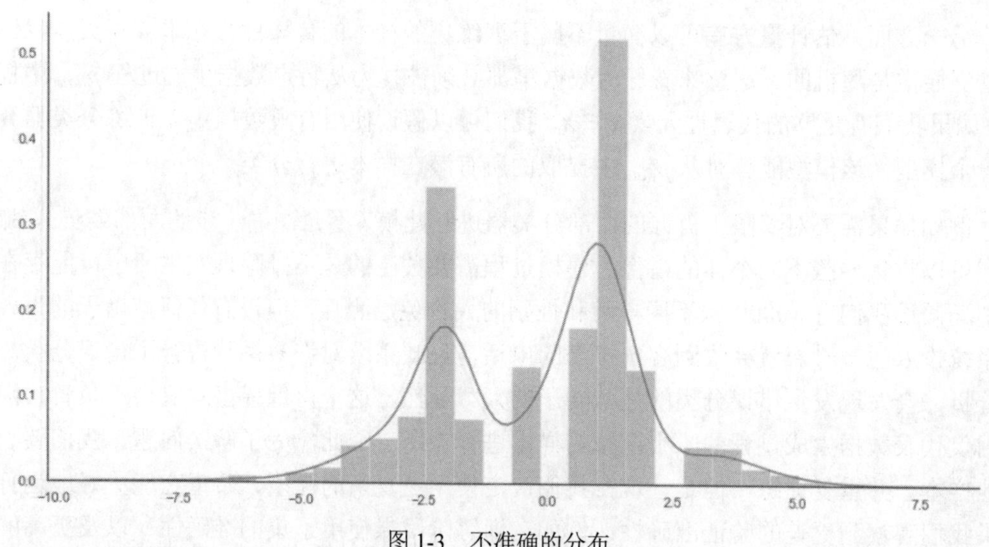

图 1-3 不准确的分布

在这种情况下，模型会被迫学习训练集的细节，直到它从分布中排除了许多潜在的样本。该结果不再是高斯分布，而是双峰分布，此时一些概率会偏低。当然，测试和验证集是从训练集未覆盖的小区域中采样的（因为训练数据和验证数据之间没有重叠），因此模型将在其任务中失败，从而提供完全错误的结果。

换句话说，模型已经学会了处理太多细节而导致方差太高，在合理的阈值范围内增加了不同分类的可能性范围。例如从肖像分类器可以了解到，戴蓝色眼镜的人是年龄范围在 30～40 岁的男性（这是不切实际的情况，因为细节水平通常非常低，但是对了解问题的本质是有帮助的）。

可以总结一下，一个好的预测模型必须具有非常低的偏差和适当低的方差。不幸的是，通常不可能有效地最小化这两个值，因此我们必须接受平衡。

具有良好泛化能力的系统可能具有较高的偏差，因为它无法捕获所有细节。相反，高方差允许非常小的偏差，但模型的能力几乎限于训练集。在本书中，我们不打算讨论分类器，但是你应该完全理解这些概念，以便理解在处理项目时可能遇到的不同行为。

1.2.4 规范性分析

这样做的主要目的是回答以下问题：如何影响系统的输出？为了避免混淆，最好将这个概念翻译成纯机器学习语言，因此问题可能是获得特定输出需要哪些输入值？

如 1.2.3 节所述，此阶段通常与预测性分析合并，因为模型通常用于这两个任务。但是，在某些特定情况下，预测仅限于**空输入**演变（例如在温度示例中），并且必须在规定阶段分析更复杂的模型。主要在于控制影响特定输出的所有因素。

有时，当没有必要时，我们就只做表面分析。当原因不可控时（例如气象事件），或者当包含全局潜在参数集更简单时，就会发生这种情况。后一种选择在机器学习中非常普遍，并且已经开发了许多算法，在已存在潜在因素（例如 EM 或 SVD 推荐系统）的情况下仍能够高效工作。出于这个原因，我们并没有关注这一特定方面（这在系统理论中非常重要），同时，我们隐含地假设模型有研究不同输入产生许多可能输出的能力。

例如在深度学习中，我们可以创建反向模型来生成输入空间的显著映射，从而强制产生特定的输出类。以肖像分类器为例，我们可能有兴趣发现哪些视觉因素会影响类的输出。诊断性分析通常对此是无效的，因为原因非常复杂并且其水平太低（例如轮廓的形状）。因此，反向模型可以通过显示不同几何区域的影响来帮助解决规范性问题。然而，完整的规范性分析超出了本书的范围，在许多情况下，也没有必要使用规范性分析，因此不会在后续章节中考虑这样的步骤。现在让我们来分析不同类型的机器学习算法。

1.3 机器学习算法的类型

在这一节，我们将简要介绍不同类型的机器学习，并重点关注它们的主要特点和差异。在接下来的部分中，我们将讨论非正式定义，以及正式定义。如果你不熟悉讨论中涉及的数学概念，则可以跳过详细信息。但是，研究所有未知的理论因素是非常明智的，因为它们对于理解后面章节的概念至关重要。

1.3.1 有监督学习算法

在有监督的场景中，模型的任务是查找样本的正确标签，假设在训练集时标记正确，并有可能将估计值与正确值进行比较。**有监督**这个术语源自外部**教学代理**的想法，其在每次预测之后提供精确和即时的反馈。模型可以使用此类反馈作为误差的度量，从而减少错误所需的更正。

更正式地说，如果我们假设一个数据生成过程，数据集 $p_{data}(\bar{x}, y)$ 的获取如下：

$$X = \{(\bar{x}_1, y_1)\}, \{(\bar{x}_2, y_2), \cdots, (\bar{x}_N, y_N)\}, 其中 (\bar{x}_i, y_i) \sim p_{data}(\bar{x}, y) 且 \bar{x}_i \in \mathbb{R}^M,$$
$$y_i \in (0, 1, \cdots, M) \ or \ y_i \in \mathbb{R}$$

如 1.2 节所述，所有样本必须是从数据生成过程中统一采样的**独立且同分布**（Independent and Identically Distributed，IID）的值。特别地，所有类别必须代表实际分布（例如，如果 $p(y=0)=0.4$ 且 $p(y=1)=0.6$，则该比例应为 40%或 60%）。但是，为了避免偏差，当类之间的差异不是很大时，合理的选择是完全统一的采样，并且对于 $y=1,2,\cdots,M$ 是具有相同数量的代表。

通用分类器 $c(\bar{x};\bar{\theta})$ 可以通过两种方式建模。

- 输出预测类的参数化函数。
- 参数化概率分布，输出每个输入样本的类概率。

对于第一种情况，我们有：

$$\tilde{y} = c(\bar{x};\bar{\theta}) = f(\bar{x};\bar{\theta}) 且 d_e(y, \tilde{y}) 是一个错误的测量结果$$

考虑整个数据集 X，可以计算全局成本函数 L：

$$L = \frac{1}{N}\sum_{i=1}^{N} d_e(y_i, \tilde{y}_i) = \frac{1}{N}\sum_{i=1}^{N} d_e(y_i, f(\bar{x}_i;\bar{\theta}))$$

由于 L 仅取决于参数向量（x_i 和 y_i 是常数），因此通用算法必须找到最小化成本函数的最佳参数向量。例如在**回归**问题（标签是连续的）中，误差度量可以是实际值和预测值之间的平方误差：

$$L = \frac{1}{N}\sum_{i=1}^{N} d_e(y_i, \tilde{y}_i) = \frac{1}{N}\sum_{i=1}^{N} (y_i - f(\bar{x}_i;\bar{\theta}))^2$$

这种成本函数可以用不同的方式优化（特定算法特有的），但一个非常常见的策略（尤其在深度学习中）是采用**随机梯度下降**（**Stochastic Gradient Descent，SGD**）算法。它由以下两个步骤的迭代组成。

- 使用少量样本 $x_i \in X$ 计算梯度 ∇L（相对于参数向量）。
- 更新权重并在梯度的相反方向上移动参数 $-\nabla L$（记住渐变始终指向最大值）。

对于第二种情况，当分类器是基于概率分布时，它应该表示为参数化的条件概率分布：

$$c(\bar{x};\bar{\theta}) = p(\tilde{y} \mid \bar{x};\bar{\theta})$$

换句话说，分类器现在将输出给定输入向量 y 的概率。现在的目标是找到最佳参数集，它将获得：

$$p(\tilde{y} \mid \bar{x};\bar{\theta}) \to p_{data}(y \mid \bar{x})$$

在前面的公式中，我们将 p_{data} 表示为条件分布。我们可以使用概率距离度量来进行优化，例如 **Kullback-Leibler** 散度 $\boldsymbol{D_{KL}}$（D_{KL} 始终为非负，且仅当两个分布相同时，$D_{KL}=0$）：

$$L = D_{KL}(p_{data} \parallel p) = \sum_{i=1}^{N} p_{data}(y_i \mid \bar{x}_i) \log \frac{p_{data}(y_i \mid \bar{x}_i)}{p(\tilde{y}_i \mid \bar{x}_i;\bar{\theta})}$$

通过一些简单的操作，我们得到：

$$L = \sum_{i=1}^{N} p_{data}(y_i \mid \bar{x}_i) \log p_{data}(y_i \mid \bar{x}_i) - \sum_{i=1}^{N} p_{data}(y_i \mid \bar{x}_i) \log p(\tilde{y}_i \mid \bar{x}_i;\bar{\theta}) = -H(p_{data}) + H(p, p_{data})$$

因此，生成的成本函数对应于 p 和 p_{data} 之间交叉熵的差值达到定值（数据生成过程的熵）。训练策略现在是基于使用独热编码表示的标签（例如如果有两个标签 0→（0,1）和 1→（1,0），那么所有元素的总和必须始终等于 1）并使用内在概率（例如在逻辑回归中）或 softmax 滤波器（其将 M 值转换为概率分布）输出。

在这两种情况下，很明显**隐藏教师模型**的存在提供了一致的误差测量，它允许模型相应地校正参数。特别地，第二种方法对达到我们的目的非常有用，因此如果你还不太清楚，我建议你进一步研究它（主要定义也可以在 *Machine Learning Algorithms, Second Edition* 一书中找到）。

我们现在讨论一个非常基本的监督学习示例，它是一个线性回归模型，可用于预测简单时间序列的演变。

有监督的 hello world！

在此示例中，我们要展示如何使用二维数据执行简单的线性回归。特别地，假设我们有一个包含 100 个样本的自定义数据集，如下所示：

```
import numpy as np
import pandas as pd
```

```
T = np.expand_dims(np.linspace(0.0, 10.0, num=100), axis=1)
X = (T * np.random.uniform(1.0, 1.5, size=(100, 1))) +
np.random.normal(0.0, 3.5, size=(100, 1))
df = pd.DataFrame(np.concatenate([T, X], axis=1), columns=['t', 'x'])
```

> 我们还创建了一个 pandas 的 DataFrame，因为使用 seaborn 库创建绘图更容易。在本书中，通常省略了图表的代码（使用 Matplotlib 或 seaborn），但它始终存在于库中。

我们希望用一种综合的方式表示数据集，如下所示：

$$x(t) = at + b$$

此任务可以使用线性回归算法执行，如下所示：

```
from sklearn.linear_model import LinearRegression

lr = LinearRegression()
lr.fit(T, X)

print('x(t) = {0:.3f}t + {1:.3f}'.format(lr.coef_[0][0], lr.intercept_[0]))
```

最后一个命令的输出如下：

```
X(t) = 1.169t + 0.628
```

我们还可以将数据集与回归线一起绘制，获得视觉确认，如图 1-4 所示。

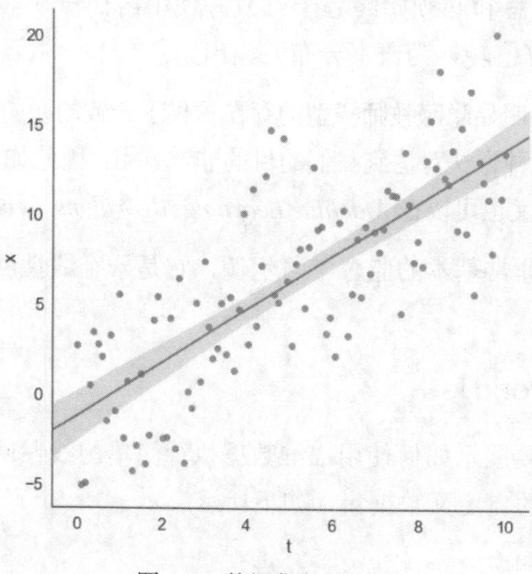

图 1-4　数据集与回归线

在该示例中，回归算法最小化了平方误差成本函数，试图减小预测值与实际值之间的差异。由于对称分布，所以高斯（空均值）噪声对斜率的影响最小。

1.3.2 无监督学习算法

很容易想象在无监督的场景中，没有隐藏的老师，因此主要目标与最小化基本事实的预测误差无关。实际上，在这种背景下，相同的基本事实的概念具有略微不同的含义。事实上，在使用分类器时，我们希望训练样本出现一个零错误（这意味着除了真正类之外的其他类永远不会被接受为正确类）。

相反，在无监督问题中，我们希望模型在没有任何正式指示的情况下学习一些信息。这种情况意味着唯一可以学习的因素是样本本身包含的。因此，无监督算法通常旨在发现样本之间的相似性和模式，或者在给定一组从中得出的向量的情况下，再现输入分布。现在让我们分析一些最常见的无监督模型类别。

1．聚类分析

聚类分析（通常称为**聚类**）是我们想要找出大量样本中共同特征的示例。在这种情况下，我们总是假设存在数据生成过程 $p_{data}(\bar{x})$，并且将数据集 X 定义为：

$$X=\{\bar{x}_1,\bar{x}_2,\cdots,\bar{x}_N\},\text{其中}\ \bar{x}_i \sim p_{data}(\bar{x})\ \text{且}\ \bar{x}_i \in \mathbb{R}^M$$

聚类算法基于一个隐含假设，即样本可以根据其相似性进行分组。特别是当给定两个向量，相似性函数被定义为度量函数的倒数或相反数。例如，如果我们在欧几里得空间中，则有：

$$d(\bar{x}_i,\bar{x}_j)=\sqrt{\sum_k (x_i^{(k)}-x_j^{(k)})^2}\ \text{且}\ s(\bar{x}_i,\bar{x}_j)=\frac{1}{d(\bar{x}_i,\bar{x}_j)+\varepsilon}$$

在前面的公式中，引入了常数 ε 以避免除以零。很明显，$d(a,c)<d(a,b) \Rightarrow s(a,c)>s(a,b)$。因此，给定每个聚类 $\bar{\mu}_i$ 的代表，我们可以根据规则创建一组分配的向量：

$$C_i=\{\bar{x}_j : d(\bar{x}_j,\bar{\mu}_i)<d(\bar{x}_j,\bar{\mu}_k)\ \forall k \in (1,2,\cdots,i-1,i+1,\cdots,N_c)\}$$

换句话说，聚类包含代表距离同所有其他代表相比最小的所有元素。这意味着聚类包含同所有代表相比与代表的相似性最大的样本。此外，在分配之后，样本获得与同一聚类的其他成员共享其功能的权利。

事实上，聚类分析最重要的应用之一是尝试提高被认为相似样本的同质性。例如推荐引擎可以基于用户向量的聚类（包含有关用户兴趣和购买产品的信息）来进行推荐。一旦定义了组，属于同一聚类的所有因素都被认为是相似的，因此我们被隐式授权**共享差异**。

如果用户 A 购买了产品 P 并对其进行了积极评价，我们可以向没有购买产品的用户 B 推荐此商品，反之亦然。该过程看似随意，但是当因素的数量很大并且特征向量包含许多判别因素（例如评级）时，因素就变得非常有效了。

2．生成模型

另一种无监督方法是基于**生成模型**。这个概念与我们已经讨论的有监督算法的概念没有太大区别，但在这种情况下，数据生成过程不包含任何标签。因此，我们的目标是对参数化分布进行建模并优化参数，以便将候选分布与数据生成过程之间的距离最小化：

$$q(\bar{x};\bar{\theta}) = p(\bar{x};\bar{\theta})$$

该过程通常基于 Kullback-Leibler 散度或其他类似度量：

$$L = D_{KL}(p_{data} \parallel p) = \sum_{i=1}^{N} p_{data}(\bar{x}_i)\log\frac{p_{data}(\bar{x}_i)}{p(\bar{x}_i;\bar{\theta})}$$

在训练阶段结束时，我们假设 $L \to 0$，所以 $p \approx p_{data}$。通过这种方式，我们不会将分析限制在可能样本的子集，而是限制在整个分布。使用生成模型，我们可以绘制与训练过程选择样本截然不同的新样本，但它们始终属于相同的分布。因此，它们（可能）总是可以接受的。

例如**生成式对抗网络**（**Generative Adversarial Network，GAN**）是一种特殊的深度学习模型，它能够学习图像集的分布，生成与训练样本几乎无法区分的新样本（从视觉语义的角度来看）。无监督学习是本书的主题，因此我们不会在此处进一步讨论 GAN。所有这些概念将在第 9 章（用实际例子）进行深入讨论。

3．关联规则

我们正在考虑的最后一种无监督方法是基于**关联规则**的，它在数据挖掘领域非常重要。常见的情形是由一部分商品组成的商业交易集合，目标是找出商品之间最重要的关联（例如购买 P_i 和 P_j 的概率为 70%）。特定算法可以有效地挖掘整个数据库，突出所有可以考虑到的战略和物流目的之间的关系。例如在线商店可以使用这种方法来促销那些经常与其他商品一起购买的商品。此外，预测方法允许通过建议所有很可能售罄的商品来简化供应流程，这要归功于其他项目的销售增加。

在这一点上，读者了解无监督学习的实际例子是有帮助的。不需要特别的先决条件，但你最好具备概率论的基本知识。

4．无监督的 hello world！

由于本书完全致力于无监督算法的讲解，在此不将简单的聚类分析显示为 hello world！

示例，而是假设一个非常基本的生成模型。假设我们正在监控每小时到车站的列车数量，因为我们需要确定车站所需的管理员数量。特别地，要求每列列车至少有 1 名管理员，每当管理员数量不足时，我们将被罚款。

此外，在每小时开始时发送一个组更容易，而不是逐个控制管理员。由于问题非常简单，我们也知道泊松分布是一个好的分布，参数 μ 同样也是平均值。从理论上讲，我们知道这种分布可以在独立的主要假设下有效地模拟在固定时间范围内发生的事件的随机数。在一般情况下生成模型基于参数化分布（例如神经网络），并且不对其系列进行具体假设。仅在某些特定情况下（例如高斯混合），选择具有特定属性的分布是合理的，并且在不损失严谨性的情况下，我们可以将该示例视为此类方案之一。

泊松分布的概率质量函数为：

$$p(k;\mu)=\frac{\mu^k}{k!}\mathrm{e}^{-\mu},\ k\in\mathbb{N}$$

此分布描述了在预定义的间隔内观察 k 个事件的概率。在我们的例子中，间隔始终是 1 小时，我们希望观测 10 多趟列车，然后估计概率。我们如何才能获得 μ 的正确数值？

最常见的策略称为**最大似然估计（Maximum Likelihood Estimation，MLE）**。该策略通过收集一组观测值，然后找到 μ 的值，该值使分布生成所有点的概率最大化。

假设我们已经收集了 N 个观测值（每个观测值是一小时内到达的列车数量），则相对于所有样本的 μ 的似然度是在使用以下公式计算的概率分布下所有样本的联合概率 μ（为简单起见，假设为 IID）：

$$L(\mu;k_1,k_2,\cdots,k_N)=p(k_1,k_2,\cdots,k_N;\mu)=\prod_{i=1}^{N}\frac{\mu_i^k}{k_i!}\mathrm{e}^{-\mu}$$

当我们使用乘积和指数时，计算**对数似然**是一种常见的规则：

$$\log L(\mu;k_1,k_2,\cdots,k_N)=\log\prod_{i=1}^{N}\frac{\mu_i^k}{k_i!}\mathrm{e}^{-\mu}=\sum_{i=1}^{N}\log\frac{\mu_i^k}{k_i!}\mathrm{e}^{-\mu}$$

一旦计算出对数似然，我们就可以将 μ 的导数设置为 0，以便找到最佳值。在这种情况下，我们省略了证明（直接获得）并直接得出 μ 的最大似然估计值：

$$\mu_{opt}=\frac{1}{N}\sum_{i=1}^{N}k_i=Avg(k_i)$$

很幸运的是最大似然估计值只是到达时间的平均值。这意味着，如果我们观察到 N 个平均值为 μ 的值，则有很大可能生成它们的泊松分布，其特征系数为 μ。因此，从这种分布中抽取的任何其他样本将与观察到的数据集兼容。

我们现在可以从第一次模拟开始。假设我们在工作日的下午收集了25个观察结果，如下所示：

```
import numpy as np

obs = np.array([7, 11, 9, 9, 8, 11, 9, 9, 8, 7, 11, 8, 9, 9, 11, 7, 10,
9, 10, 9, 7, 8, 9, 10, 13])
mu = np.mean(obs)

print('mu = {}'.format(mu))
```

最后一个命令的输出如下：

```
mu = 9.12
```

因此，每小时平均到达9趟列车。初始分布的直方图如图1-5所示。

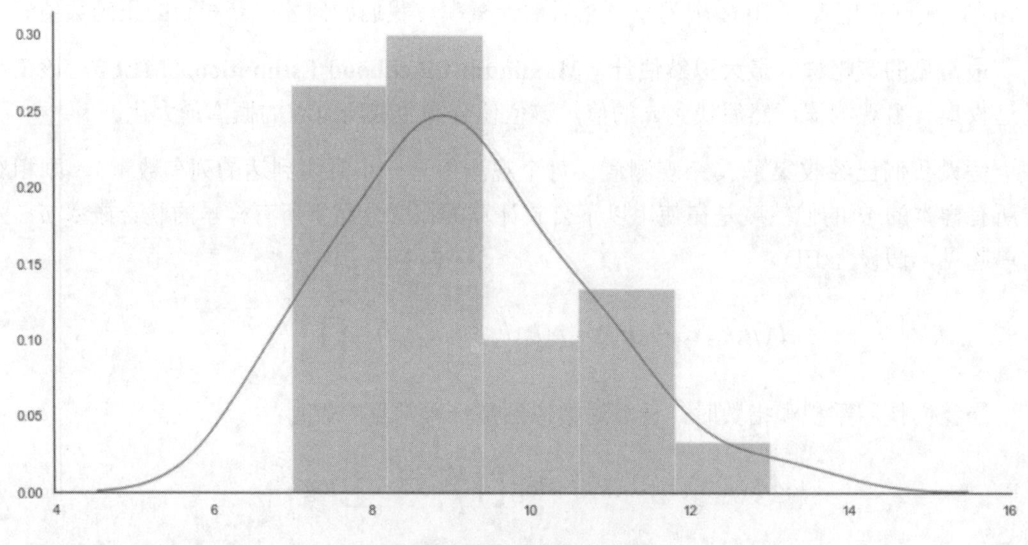

图1-5 初始分布的直方图

要计算请求的概率，我们需要使用**累积分布函数**（**Cumulative Distribution Function，CDF**），它在SciPy中实现（在scipy.stats包中）。特别地，由于我们感兴趣的是观察到的列车数量超过固定值的概率，因此有必要使用与*1-CDF*相对应的**生存函数**（**Survival Function，SF**），如下所示：

```
from scipy.stats import poisson
```

```
print('P(more than 8 trains) = {}'.format(poisson.sf(8, mu)))
print('P(more than 9 trains) = {}'.format(poisson.sf(9, mu)))
print('P(more than 10 trains) = {}'.format(poisson.sf(10, mu)))
print('P(more than 11 trains) = {}'.format(poisson.sf(11, mu)))
```

上述代码段的输出如下所示：

```
P(more than 8 trains) = 0.5600494497386543
P(more than 9 trains) = 0.42839824517059516
P(more than 10 trains) = 0.30833234660452563
P(more than 11 trains) = 0.20878680161156604
```

正如预期的那样，能观测 10 多趟列车的概率很低（30%），派 10 名管理员似乎不合理。但是，由于我们的模型是自适应的，我们可以继续收集观测值（例如在清晨），如下所示：

```
new_obs = np.array([13, 14, 11, 10, 11, 13, 13, 9, 11, 14, 12, 11, 12,14,
8, 13, 10, 14, 12, 13, 10, 9, 14, 13, 11, 14, 13, 14])

obs = np.concatenate([obs, new_obs])
mu = np.mean(obs)

print('mu = {}'.format(mu))
```

μ 的新值如下所示：

```
mu = 10.641509433962264
```

现在平均每小时 11 趟列车。假设我们收集了足够的样本（考虑所有潜在的事故），我们可以重新估计概率，如下所示：

```
print(P(more than 8 trains) = {}'.format(poisson.sf(8, mu)))
print(P(more than 9 trains) = {}'.format(poisson.sf(9, mu)))
print(P(more than 10 trains) = {}'.format(poisson.sf(10, mu)))
print(P(more than 11 trains) = {}'.format(poisson.sf(11, mu)))
```

输出如下：

```
P(more than 8 trains) = 0.734624391080037
P(more than 9 trains) = 0.6193541369812121
P(more than 10 trains) = 0.49668918740243756
P(more than 11 trains) = 0.3780218948425254
```

使用新数据集观测超过 9 趟列车的概率约为 62%（这证实了我们最初的选择），但现在观测超过 10 趟列车的概率约为 50%。由于我们不想承担支付罚款的风险（这比管理员的成本高），因此最好派 10 名管理员。为了得到进一步的确认，我们决定从分布中抽取 2000 个值，如下所示：

```
syn = poisson.rvs(mu, size=2000)
```

相应的直方图如图 1-6 所示。

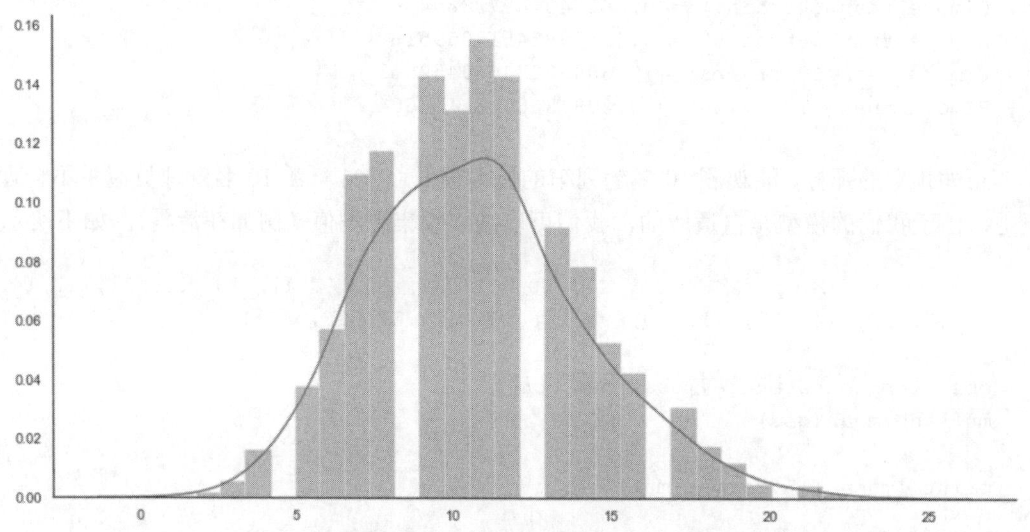

图 1-6 从最终泊松分布中抽取 2000 个值的直方图

该图在 10（表示 10 名管理员）之后（非常接近 11 时）达到峰值，然后从 k=13 开始快速衰减，这是使用有限数据集发现的（比较直方图的形状以进一步确认）。但是，在这种情况下，我们正在生成无法存在于观察集中的潜在样本。MLE 保证了概率分布与数据一致，并且新样本将相应地进行加权。这个例子非常简单，其目的只是展示生成模型的动态性。

我们将在本书的后续章节中讨论许多更复杂的模型和示例。许多算法常见的一个重要技术在于不是选择预定义的分布（这意味着先验知识），而是选择灵活的参数模型（例如神经网络）来找出最优分布。只有基础随机过程存在较高的置信度时，优先选择预定义（如本例所示）才合理。在其他情况下，最好避免任何假设，只依赖数据，以便找到数据生成过程中的最适当的近似值。

1.3.3 半监督学习算法

半监督场景可以被视为标准监督场景，它利用了一些属于无监督学习技术的特征。事实上，当很容易获得大的未标记数据集，而标签成本又非常高时，就会出现一个非常普遍的问题。因此，只标记部分样本并将标签传播到所有未标记样本，这些样本与标记样本的距离就会低于预定义阈值。如果从单个数据生成过程中抽取数据集并且标记的样本均匀分布，则半监督算法可以实现与有监督算法相当的精度。在本书中，我们不讨论这些算法，但有必要简要介绍两个非常重要的模型。

- 标签传播。
- 半监督支持向量机。

第一个称为**标签传播**（**Label Propagation**），其目的是将一些样本的标签传播到较大的群体。我们可以通过图形来实现该目标，其中每个顶点表示样本并且每条边都使用距离函数进行加权。通过迭代，所有标记的样本将其标签值的一小部分发送给它们所有的近邻，并且重复该过程直到标签停止变化。该系统具有最终稳定点（即无法再演变的配置），算法可以通过有限的迭代次数轻松到达该点。

标签传播在某些样本可以根据相似性度量进行标记的情况下非常有用。例如在线商店可能拥有大量客户，但只有 10%的人透露了自己的性别。如果特征向量足够丰富以表示男性和女性用户的常见行为，则可以使用标签传播算法来猜测未公开信息的客户性别。当然，请务必记住，所有分配都基于相似样本具有相同标签的假设。在许多情况下都是如此，但是当特征向量的复杂性增加时，也可能会产生误导。

第二个重要的半监督算法系列是基于标准**支持向量机**（**Support Vector Machine**，**SVM**）的，对包含未标记样本的数据集的扩展。在这种情况下，我们不想传播现有标签，而是传播分类标准。换句话说，我们希望使用标记数据集来训练分类器，并将分类规则扩展到未标记的样本。

与仅能评估未标记样本的标准过程相反，半监督 SVM 使用它们来校正分离超平面。假设始终基于相似性：如果 A 的标签为 1，而未标记样本 B 的 $d(A, B)<\varepsilon$（其中 ε 是预定义的阈值），则可以合理地假设 B 的标签也是 1。通过这种方式，即使仅手动标记了一个子集，分类器也可以在整个数据集上实现高精度。与标签传播类似，这种类型的模型只有在数据集的结构不是非常复杂时，特别是当相似性假设成立时（不幸的是，在某些情况下，找到合适的距离度量非常困难，因此许多类似的样本确实不相似，反之亦然）才是可靠的。

1.3.4　强化学习算法

强化学习可以被视为有监督的学习场景，其中隐藏教师仅在模型的每个决策后提供近似反馈。更正式地说，强化学习的特点是代理和环境之间的持续互动。前者负责决策（行动），最终增加其回报，而后者则为每项行动提供反馈。反馈通常被视为奖励，其价值可以是积极的（行动已成功）或消极的（行动不能复用）。当代理分析环境（状态）的不同配置时，每个奖励必须被视为绑定到元组（行动，状态）。因此，我们的最终目标是找到一种方针（建议在每种状况下采取最佳行动的一种策略），使预期总回报最大化。

强化学习的一个非常经典的例子是学习如何玩游戏的代理。在一个事件中，代理会测试所有遇到状态中的操作并收集奖励。算法校正策略以减少非积极行为（即奖励为正的行为）的可能性，并增加在事件结束时可获得的预期总奖励。

强化学习有许多有趣的应用，这些应用并不仅限于游戏。例如推荐系统可以根据用户提供的二进制反馈（例如拇指向上或向下）来更正建议。强化学习和有监督学习之间的主要区别在于环境提供的信息。事实上，在有监督的场景中，更正通常与其成比例，而在强化学习中，必须分析一系列行动和未来的奖励。因此，更正通常基于预期奖励的估计，并且它们的影响受后续行动的价值影响。例如有监督模型没有内存，因此其更正是立竿见影的，而强化学习代理必须考虑一个事件的部分展开，以决定一个操作是否是负的。

强化学习是机器学习的一个有趣分支。遗憾的是，这个主题超出了本书的范围，因此我们不会详细讨论它（你可以在 *Hands-On Reinforcement Learning with Python* 和 *Mastering Machine Learning Algorithms* 中找到更多细节）。

我们现在可以简要解释一下为什么选择 Python 作为探索无监督学习的主要语言。

1.4 为什么用 Python 进行数据科学和机器学习

在继续进行更多技术讨论之前，我认为解释一下选择 Python 作为本书的编程语言是有意义的。因为在过去十年中，数据科学和机器学习领域的研究呈指数级增长，诞生了数千篇有价值的论文和数十种完整的工具。特别地，由于 Python 的高效、优雅和紧凑性，已被许多研究人员和程序员选中，用以创建一个免费发布的完整科学生态系统。

如今，诸如 scikit-learn、SciPy、NumPy、Matplotlib、pandas 等许多软件包代表了数百种可用于生产系统的支柱，并且它们的使用量还在不断增长。此外，复杂的深度学习应用程序（如 Theano、TensorFlow 和 PyTorch）允许每个 Python 用户在没有任何速度限制的情况下创建和训练复杂模型。事实上，请务必注意 Python 不再是脚本语言。它支持许多特定任务（例如 Web 框架和图形），并且可以与用 C 或 C++编写的本机代码对接。

出于这些原因，Python 几乎是任何数据科学项目的最佳选择。由于其特性，所有具有不同背景的程序员都可以在短时间内轻松学会并有效地使用它。还有一些其他可用的免费解决方案（例如 R、Java 或 Scala），然而在使用 R 的情况下，虽然 R 完全覆盖了统计和数学函数，但它缺少构建完整应用程序所必需的支持框架。相反，Java 和 Scala 拥有完整的用于生产环境的库生态系统，但 Java 并不像 Python 那样紧凑且易于使用，此外对本机代码的支持要复杂得多，并且大多数库完全依赖于 JVM（随之而来的是性能损失）。Scala 因其功能特性和 Apache Spark 等框架（可用于使用大数据执行机器学习任务）在大数据全景图中占据了重要位置。但是，考虑到所有的优点和缺点，Python 仍然是最佳选择，这就是它被本书选中的原因。

1.5 总结

在本章中，我们讨论了使用机器学习模型的主要原因，以及如何分析数据集以描述其特征，列举特定行为背后的原因，预测未来行为并对其进行影响。

我们还探讨了有监督、无监督、半监督和强化学习之间的差异，重点讨论了前两个模型。我们还使用了两个简单的例子来理解有监督和无监督的方法。

在第 2 章中，我们将介绍聚类分析的基本概念，重点讨论一些非常著名的算法，如 K-means 和 **K-Nearest Neighbors** 以及最重要的评估指标。

1.6 问题

1．当有监督学习不适用时，无监督学习是最常见的替代方法吗？

2．贵公司的首席执行官要求你找出决定销售趋势为负的因素。你需要执行哪种分析？

3．给定独立样本数据集和候选数据生成过程（例如高斯分布），可以通过对所有样本的概率求和来获得似然性。正确吗？

4．根据哪种假设，可能性可以通过单一概率的乘积来计算？

5．假设我们有一个学生数据集，其中包含一些未知的数值特征（例如年龄、标记等）。你希望将男女学生分开，因此你决定将数据集分为两组。不幸的是，两个聚类都有大约 50%的男生和 50%的女生。你怎么解释这个结果？

6．考虑问题 5，但重复实验并将其分为 5 组。你期望在它们中找到什么（列出一些合理的可能性）？

7．你已经对一家网店的顾客进行了聚类。给定一个新样本，你可以做出什么样的预测？

第 2 章 聚类基础知识

在本章中，我们将介绍聚类分析的基本概念，并将注意力集中在被许多算法共享的主要原则以及可用于评估方法性能的最重要的技术上。

本章将着重讨论以下主题。

- 聚类和距离函数简介。
- K-means 和 K-means++。
- 评估指标。
- **K-近邻（K-Nearest Neighbors，KNN）**。
- **向量量化（Vector Quantization，VQ）**。

2.1 技术要求

本章中的代码需求如下。

- Python 3.5+（强烈推荐 Anaconda 发行版）。
- 库。
  - SciPy 0.19+。
  - NumPy 1.10+。
  - scikit-learn 0.20+。
  - pandas 0.22+。

- Matplotlib 2.0+。
- seaborn 0.9+。

数据集可以通过 UCI 数据集获得，除了在加载阶段添加列名外，不需要任何预处理。

示例代码可在本书配套的代码包中找到。

2.2 聚类介绍

正如我们在第 1 章中所解释的，聚类分析的主要目的是根据相似性度量或邻近性标准对数据集的元素进行分组。在本章的前半部分中，我们将重点关注前一种方法，而在后半部分和第 3 章中，我们将分析利用数据集的其他几何特征的更通用的方法。

让我们采用数据生成过程 $p_{data}(x)$并从中抽取 N 个样本：

$$X=\{\bar{x}_1,\bar{x}_2,\cdots,\bar{x}_N\},\text{其中}\bar{x}_i\sim p_{data}(\bar{x})\text{ 且 }\bar{x}_i\in\mathbb{R}^M$$

假设 $p_{data}(x)$的概率空间可以分割成（可能是无限的）包含 K（$K=1,2,\cdots$）个区域的配置，因此 $p_{data}(x;k)$表示属于聚类 k 的样本的概率。通过这种方式我们声明，当确定 $p_{data}(x)$时，每个可能的聚类结构就都已经存在了。我们可以对更接近 $p_{data}(x)$的聚类概率分布做出进一步的假设（正如我们将要在第 5 章中看到的）。但是，当我们尝试将概率空间（和相应的样本）拆分为内聚组时，我们可以假设两种可能的策略。

- **硬聚类**：在这种情况下，$x_p\in X$ 的每个样本分配给群集 K_i，并且 $K_i\cap K_j=\varnothing$（$i\neq j$）。我们将要讨论的大多数算法都属于这一类。在这种情况下，问题可以表示成一个为每个输入样本分配一个聚类的参数化函数：

$$k=c(\bar{x};\bar{\theta}),\text{当}k=0,1,2,\cdots,K$$

- **软聚类**：通常被细分为概率和模糊聚类，这种方法确定属于预定聚类的每个样本 $x_p\in X$ 的概率 $p(x)$。因此，如果有聚类 K，我们有一个概率向量 $p(x)=[p_1(x),p_2(x),...,p_k(x)]$，其中 $p_i(x)$表示分配给聚类 i 的概率。在这种情况下，聚类不是脱节的，通常情况下样本将属于所有具有等效概率的成员级的聚类（此概念是模糊聚类所特有的）。

为达到我们的目的，在本章中仅假设 X 是从一个数据生成过程中提取的，该过程的空间（在给定度量函数的情况下）可分割为彼此分离的紧凑区域。事实上，我们的主要目的是找到满足**最大内聚**和**最大分离**双重属性的聚类 K。在讨论 K-means 算法时，这个概念将更加清晰。然而，我们可以将聚类想象成一个斑点，其密度远高于分隔两个或多个斑点的空间中的密度，如图 2-1 所示。

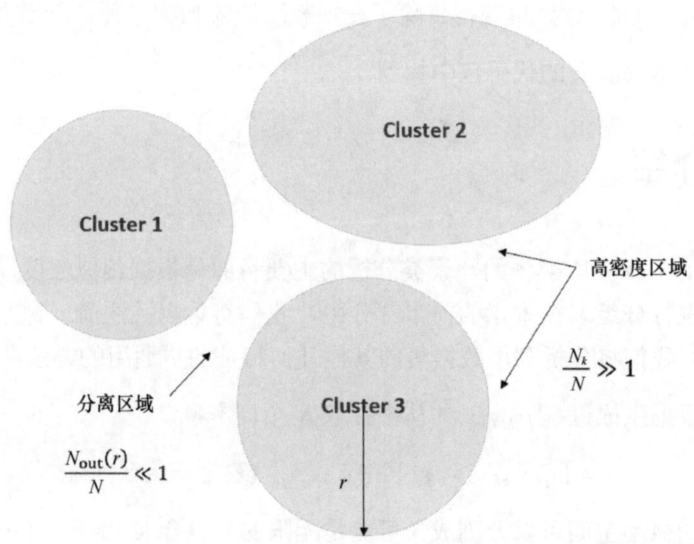

图 2-1　二维聚类结构遵循最大内聚和最大分离的原则。N_k 表示属于聚类 k 的样本数，而 $N_{\text{out}}(r)$是在以每个聚类中心为原点的最大半径 r 的球体外的样本数

在图 2-1 中，在考虑样本与中心的最大距离的前提下，我们假设大多数样本将被其中一个球捕获。然而，我们不想对球的生长施加任何限制（也就是说，它可以包含任意数量的样本），因此最好不要考虑半径，并通过样本少的子区域（整个空间）来评估分离区域，并收集它们的密度。

在一个完美的场景中，聚类跨越一些密度为 D 的子区域，而分离区的特征是密度 $d \ll D$。关于几何属性的讨论可能变得非常复杂，并且在许多情况下，它是非常理论化的。此后，我们只考虑属于不同聚类的最近点之间的距离。如果该值远小于样本与其所有聚类与聚类中心之间的最大距离，我们可以确保分离是有效的，并且很容易区分聚类和分离区域。相反，当使用距离度量（例如在 K-means 中）时，我们需要考虑的另一个重要因素是聚类的**凸性**。如果 $\forall x_1, x_2 \in C$，并且属于 x_1 和 x_2 段上的所有点都属于 C，则通用集 C 是凸的。关于凸聚类和非凸（凹）聚类的对比，如图 2-2 所示。

遗憾的是，由于距离函数的对称性，诸如 K-means 算法是无法管理非凸聚类的。在我们的探索中，将展示这一局限性以及其他方法是如何克服该局限性的。

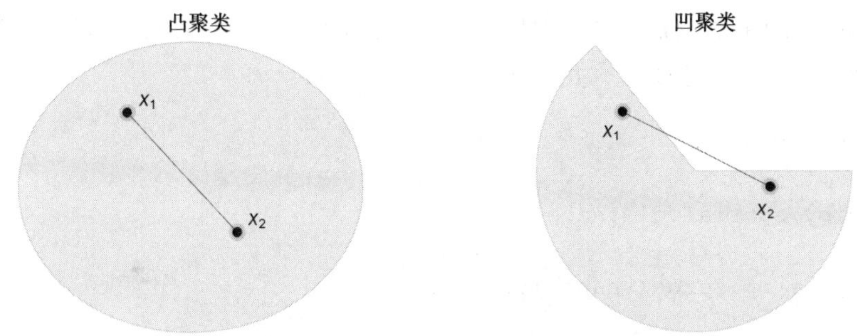

图 2-2 凸聚类（左）和凹聚类（右）示例

距离函数

聚类的一般定义通常基于**相似性**的概念，也很容易使用其相反概念，即由**距离函数**（差异度量）表示。最常见的选择是**欧氏距离**（**Euclidean Distance**），但是在选择它之前，必须考虑其特性及它在高维空间中的行为。我们先介绍一下**闵可夫斯基距离**（**Minkowski Distance**）作为欧氏距离的推广。如果样本 $x_i \in \mathfrak{R}^N$，则定义如下：

$$d_p(\overline{x}_1, \overline{x}_2) = \left(\sum_{i=1}^{N} | \overline{x}_1^{(i)} - \overline{x}_2^{(i)} |^p \right)^{\frac{1}{p}}$$

当 $p = 1$ 时，我们得到**曼哈顿**（或**城市街区**）距离；当 $p = 2$ 时，对应标准欧氏距离。我们想要了解的是 $p \to \infty$ 时 d_p 的行为。假设我们在一个二维空间中，并且有一个中心点为 $x_c = (0,0)$的聚类和一个采样点 $x = (5,3)$，对于不同点 p 的距离 $d_p(x_c, x)$是：

$$\begin{cases} d_1(\overline{x}_c, \overline{x}) = 8 \\ d_2(\overline{x}_c, \overline{x}) \approx 5.83 \\ d_5(\overline{x}_c, \overline{x}) \approx 5.075 \\ d_{10}(\overline{x}_c, \overline{x}) \approx 5.003 \\ d_{100}(\overline{x}_c, \overline{x}) \approx 5.0 \end{cases}$$

很显然地（并且很容易证明），如果$| x_1^j - x_2^j |$是最大的分量绝对差，那么当 $p \to \infty$时，$d_p(x_c, x) \to | x_1^j - x_2^j |$。这意味着，如果我们考虑由所有分量的不同而导致的相似性（或差异），则需要为 p 选择一个最小值（例如 p=1 或 2）。另一方面，如果两个样本仅根据分量之间的最大绝对差被视为不同，那么 p 取较高的值才合适。通常，这种选择是非常依赖上下文的，并且不易推广。出于我们的目的，通常只考虑欧式距离，这在大多数情况下是合理的。另外，当 $N \to \infty$时选择较大的 p 值具有重要的意义。先从一个例子开始吧。我们想测量不同

的 p 和 N 值的 1N-向量（属于 $\mathfrak{R}^N$ 且所有分量等于 1 的向量）与原点之间的距离（使用对数刻度来压缩 y 轴），可按如下方式完成：

```
import numpy as np

from scipy.spatial.distance import cdist

distances = np.zeros(shape=(8, 100))

for i in range(1, distances.shape[0] + 1):
    for j in range(1, distances.shape[1] + 1):
        distances[i -1, j -1] = np.log(cdist(np.zeros(shape=(1, j)), np.
ones(shape=(1, j)), metric='minkowski', p=i)[0][0])
```

距离如图 2-3 所示。

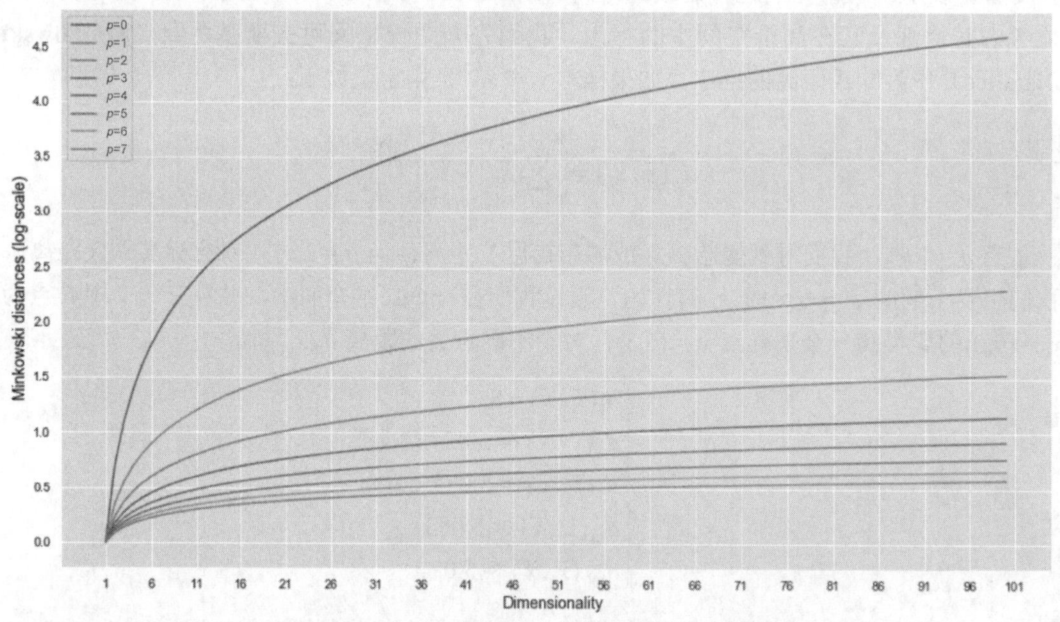

图 2-3　p 和 N 的不同值的闵可夫斯基距离（对数刻度）

第一个结论是如果我们为 N 选择一个值，当 $p\to\infty$ 时距离收缩并达到饱和，这是闵可夫斯基距离结构的正常结果，但是敏锐的读者可能会注意到另一个因素。让我们想象一下将 1N-向量的一个分量设置为 0.0。这相当于从 N 维超立方体的顶点移动到另一个顶点。距离怎么样了？我们很容易用一个例子来证明，当 $p\to\infty$ 时，两个距离收敛到相同的值。尤其是 Aggarwal、

Hinneburg 和 Keim（参见 *On the Surprising Behavior of Distance Metrics in High Dimensional Space*）证明了重要的结果。

假设我们有一个 $p(x)$分布的 $x_i \in (0, 1)^d$ 的二进制样本 M。如果我们使用 Minkowski 度量，则可以计算从 $p(x)$采样到的两个点和原点之间的最大（D_{max}^p）和最小（D_{min}^p）距离（一般来说，这个距离可以通过分析计算出来，但也可以使用迭代过程持续采样直到 D_{max}^p 和 D_{min}^p 停止变化为止）。作者证明了以下不等式是成立的：

$$C_p \leqslant \lim_{d \to \infty} E\left[\frac{D_{\max}^p - D_{\min}^p}{d^{\frac{1}{p}-\frac{1}{2}}}\right] \leqslant (M-1)C_p, \text{其中} C_p \geqslant 0$$

在前面的公式中，C_p是一个依赖于 p 的常数。当 $p \to \infty$时，在边界 $k_1 C_p d^{1/p-1/2}$ 与$(M-1)C_p d^{1/p-1/2}$ 之间获取预期值 $E[D_{max}^p - D_{min}^p]$的极限。当 $p > 2$、$d \to \infty$，且项 $d^{1/p-1/2} \to 0$ 时，最大和最小距离差的期望值收敛到 0。这意味着，与样本无关；当维数足够高时并且 $P > 2$ 时，用闵可夫斯基距离来区分两个样本几乎是不可能的。当我们发现距离函数的相似性时，这一定理警告我们在 $d \gg 1$时，选择大的 p 值。当 $d \gg 1$时，欧几里得度量的常见选择也非常可靠（即使 $P = 1$ 是最佳选择），因为它对分量的权重影响最小（可以假设它们具有相同的权重），并保证在高维空间中的可区分性。相反，在高维空间中 $P \gg 2$ 时，所有样本距离无法区分，最大分量保持不变，而其他所有样本都被修改（例如如果 $x = (5,0) \to (5,a)$其中$|a|<5$），如下例所示：

```
import numpy as np

from scipy.spatial.distance import cdist

distances = []

for i in range(1, 2500, 10):
    d = cdist(np.array([[0, 0]]), np.array([[5, float(i / 500)]]), metric=
'minkowski', p=15)[0][0]
    distances.append(d)

print('Avg(distances) = {}'.format(np.mean(distances)))
print('Std(distances) = {}'.format(np.std(distances)))
```

输出如下：

```
Avg(distances) = 5.0168687736484765
Std(distances) = 0.042885311128215066
```

因此，对于 p=15，$x\in[0.002, 5.0)$的所有样本（5, x）距原点的距离，其平均值约为 5.0，标准差约为 0.04。当 p 变大时，Avg(distances) = 5.0 并且 Std(distances) = 0.04。

在这一点的基础上，我们可以开始讨论最常见和最广泛采用的聚类算法之一：K-means。

2.3 K-means

K-means 是最大分离和最大内聚原则的最简单实现。假设我们有一个数据集 $X\in \Re^{M\times N}$（即 M 个 N 维样本），并且要分成 K 个聚类和一组 K **质心**对应分配给每个聚类 K_j 的样本均值：

$$M^{(0)} = \{\overline{\mu}_0^{(0)}, \overline{\mu}_1^{(0)}, \cdots, \overline{\mu}_K^{(0)}\} \text{ 其中 } \overline{\mu}_i^{(t)} \in \mathbb{R}^N$$

集合 M 和质心有一个附加索引（作为上标）指示迭代步骤。从最初的猜测 $M^{(0)}$开始，K-means 试图最小化称为**惯性**的目标函数（即分配给聚类 K_j 的样本与其质心 μ_j 之间的总平均聚类内距离）：

$$S(t) = \sum_{k=1}^{K} \sum_{\overline{x}_i \in K_j} \| \overline{x}_i - \overline{\mu}_k^{(t)} \|^2$$

很容易理解不能将 $S(t)$视为绝对度量，因为其值受样本方差的影响很大。然而 $S(t+1)<S(t)$，这意味着质心正在接近一个最佳位置，在这个位置上，分配给一个聚类的点与相应的质心有着最小可能距离。因此，迭代过程也称为**劳埃德算法**（**Lloyd's Algorithm**）通过给 $M^{(0)}$初始化随机值开始。下一步是给 $x_i\in X$ 的每个样本分配其质心与 x_i 距离最小的聚类：

$$c(\overline{x}_i; M^{(t)}) = argmin_j^{(t)} d(\overline{x}_i, \overline{\mu}_j^{(t)})$$

完成所有分配后，新的质心将重新计算作为算术平均值：

$$\overline{\mu}_j^{(t)} = \frac{1}{N_{K_j}} \sum_{\overline{x}_i \in K_j} \overline{x}_j = \langle \overline{x}_j \rangle K_j$$

重复该过程直到质心停止变化（这也意味着序列 $S(0)>S(1)>\cdots> S(t_{end})$）。读者应该能立刻理解最初的猜测对计算时间有很大的影响。如 $M^{(0)}$非常接近 $M^{(t_{end})}$，通过几次迭代即可找到最佳配置。相反，当 $M^{(0)}$纯粹是随机的时候，无效的初始选择的概率接近 1（也就是说，每个初始的统一随机选择在计算复杂性方面几乎是等价的）。

K-means++

找到最佳初始配置相当于最小化惯性；然而，Arthur 和 Vassilvitskii（在 *K-means++: The*

Advantages of Careful Seeding 和 *Proceedings of the Eighteenth Annual ACM-SIAM Symposium on Discrete Algorithms* 中）提出了另一种初始化方法（称为 **K-means++**），该方法通过选择有更高概率接近最终质心的初始质心，从而显著提高了收敛速度。该方法完整的证明是相当复杂的，可以在上述的参考资料中找到。因此，我们直接提供最终结果和一些重要的成果。

让我们来考虑函数 $D(\bullet)$，其被定义为：

$$D(\bar{x}, i) = min_i d(\bar{x}, \bar{\mu}_i) \ \forall i \in [1, p] \ where \ p \leqslant K$$

$D(\bullet)$表示样本 $x \in X$ 与已经选定的质心之间的最短距离。计算函数后，就可以确定概率分布 $G(x)$：

$$G(\bar{x}) = \frac{D(\bar{x}, i)^2}{\sum_{j=1}^{M} D(\bar{x}_j, i_j)^2}$$

第一质心 μ_1 是从均匀分布中取样。此时，可以为所有 $x \in X$ 的样本计算 $D(\bullet)$，因此可以计算概率分布 $G(x)$。很坦率地说，如果我们从 $G(x)$中采样，在稠密区域中选择一个值的概率远大于均匀采样或在分离区域中选择质心的概率。因此，我们继续从 $G(x)$中采样 μ_2。重复该过程直到确定所有的 K 质心。当然，由于这是一种概率方法，我们无法保证最终配置是最优的。然而，K-means++是具有 O（log K）竞争性的。事实上，如果 S_{opt} 是 S 在理论上的最佳值，作者证明了以下不等式是成立的：

$$E[S] \leqslant 8S_{opt}(\log K + 2)$$

当 S 由于更好的选择而减少时，前面的公式将为预期值 $E[S]$设置一个上限，大致与 log K 成正比。例如对于 K=10，$E[S] \leqslant 19.88 \bullet S_{opt}$；而对于 K=3，$E[S] \leqslant 12.87 \bullet S_{opt}$。这一结果揭示了两点：第一点是 K-means++在 K 不是非常大时表现更好；第二个点可能也是最重要的点，就是单个 K-means++初始化不足以获得最佳配置。因此，常见的实现（例如 scikit-learn）是执行可变数量的初始化，并选择初始惯性最小的初始化。

2.4 威斯康星州乳腺癌数据集分析

在本节中，我们使用著名的**威斯康星州乳腺癌数据集**（**Breast Cancer Wisconsin dataset**）进行聚类分析。最初数据集的提出是为了训练分类器；然而，它对于非平凡的聚类分析非常有用。它包含由 32 个属性（包括诊断和识别号）组成的 569 个记录。所有的属性都严格地与肿瘤的生物学和形态学特性相关，但我们的目标是考虑基本事实（良性或恶性）

和数据集的统计特性来验证一般假设。在继续之前，我们必须澄清一些要点。数据集是高维的，并且聚类是非凸的（所以我们不能指望一个完美的分割）。此外，我们的目标不是使用聚类算法来获得分类器的结果；因此，必须只将基本事实作为潜在分组的一般指示加以考虑。这个例子的目的是展示如何执行一个简短的初步分析，选择最佳的聚类数，并验证最终的结果。

下载后（如技术要求部分所述），CSV 文件必须放在我们通常将其命名为<data_folder>的文件夹中。第一步是加载数据集并通过 pandas DataFrame 公开的函数 describe()执行全局统计分析，如下所示：

```
import numpy as np
import pandas as pd

bc_dataset_path = '<data_path>\wdbc.data'

bc_dataset_columns = ['id','diagnosis', 'radius_mean', 'texture_mean',
 'perimeter_mean',
 'area_mean', 'smoothness_mean', 'compactness_mean', 'concavity_mean',
 'concave points_mean', 'symmetry_mean', 'fractal_dimension_mean',
 'radius_se','texture_se', 'perimeter_se', 'area_se', 'smoothness_se',
 'compactness_se', 'concavity_se', 'concave points_se', 'symmetry_se',
 'fractal_dimension_se', 'radius_worst', 'texture_worst', 'perimeter_worst',
 'area_worst', 'smoothness_worst', 'compactness_worst', 'concavity_worst',
 'concave points_worst', 'symmetry_worst', 'fractal_dimension_worst']

df = pd.read_csv(bc_dataset_path, index_col=0,
names=bc_dataset_columns).fillna(0.0)
print(df.describe())
```

我强烈建议使用 Jupyter Notebook（在这种情况下，命令必须仅有 df.describe()），其中所有命令都产生内联输出。此处仅显示了表格输出的第一部分（包含前 8 个属性），如表 2-1 所示。

表 2-1　数据集的前 8 个属性的统计报告

	radius_mean	texture_mean	perimeter_mean	area_mean	smoothness_mean	compactness_mean	concavity_mean	concave points_mean
count	569.000000	569.000000	569.000000	569.000000	569.000000	569.000000	569.000000	569.000000
mean	14.127292	19.289649	91.969033	654.889104	0.096360	0.104341	0.088799	0.048919
std	3.524049	4.301036	24.298981	351.914129	0.014064	0.052813	0.079720	0.038803

续表

	radius_mean	texture_mean	perimeter_mean	area_mean	smoothness_mean	compactness_mean	concavity_mean	concave points_mean
min	6.981000	9.710000	43.790000	143.500000	0.052630	0.019380	0.000000	0.000000
25%	11.700000	16.170000	75.170000	420.300000	0.086370	0.064920	0.029560	0.020310
50%	13.370000	18.840000	86.240000	551.100000	0.095870	0.092630	0.061540	0.033500
75%	15.780000	21.800000	104.100000	782.700000	0.105300	0.130400	0.130700	0.074000
max	28.110000	39.280000	188.500000	2501.000000	0.163400	0.345400	0.426800	0.201200

当然，即使我们将注意力仅仅关注在子集上，我也建议读者检查所有属性的值。特别是需要观察前 8 个属性存在的不同比例。标准差范围从 0.01 到 350，这意味着许多向量可能仅由于一个或两个属性就非常相似。另一方面，使用方差缩放来规范化值，将使所有属性具有相同的责任（例如 area_mean 介于 143.5 和 2501 之间，而 smoothness_mean 介于 0.05 和 0.16 之间。强迫它们具有相同的差异会影响这些因素对生物学的影响，而且由于没有任何具体的指示，我们没有被授权做出这样的选择）。显然，一些属性在聚类过程中具有更高的权重，我们将接受它们作为上下文相关条件的主要影响。

现在我们开始初步的分析，考虑 perimeter_mean、area_mean、smoothness_mean、concavity_mean 和 symmetry_mean，如图 2-4 所示。

非对角线上的图表示所有其他属性的函数，而对角线上的图则表示每个属性的分布，这些分布被拆分为两个部分（在本例中，这就是诊断）。因此，第二个非对角线图（左上角）是 perimeter_mean 与 area_mean 的函数关系图，依此类推。快速分析突出了一些有趣的元素。

- area_mean 和 perimeter_mean 有明确的相关性，并确定明显的分离。当 area_mean 大于 1000 时，周长明显增大，诊断由良性突然转为恶性。因此，这两个属性是最终结果的决定因素，并且其中一个可能是多余的。
- 其他绘图（例如 perimeter_mean/area_mean 与 smoothness_mean，area_mean 与 symmetry_mean，concavity_mean 与 smoothness_mean，以及 concavity_mean 与 symmetry_mean）具有水平间隔（将其垂直反转为轴）。这意味着，对于自变量假设的几乎所有值（*x* 轴），都有一个阈值将另一个变量的值分为两组（良性和恶性）。
- 有一些图（例如 perimeter_mean/area_mean 与 concavity_mean/concavity_mean 与 symmetry_mean）显示略微负的倾斜对角线分隔。这意味着，当自变量越来越小时，几乎所有因变量的诊断值都保持不变，而另一方面，当自变量越来越大时，诊断将按比例切换到相反的值。例如对于小的 perimeter_mean 值，concavity_mean 可以在不影响诊断的情况下达到最大值（良性），而 perimeter_mean>150 时总是能独立于 concavity_mean 做出恶性诊断。

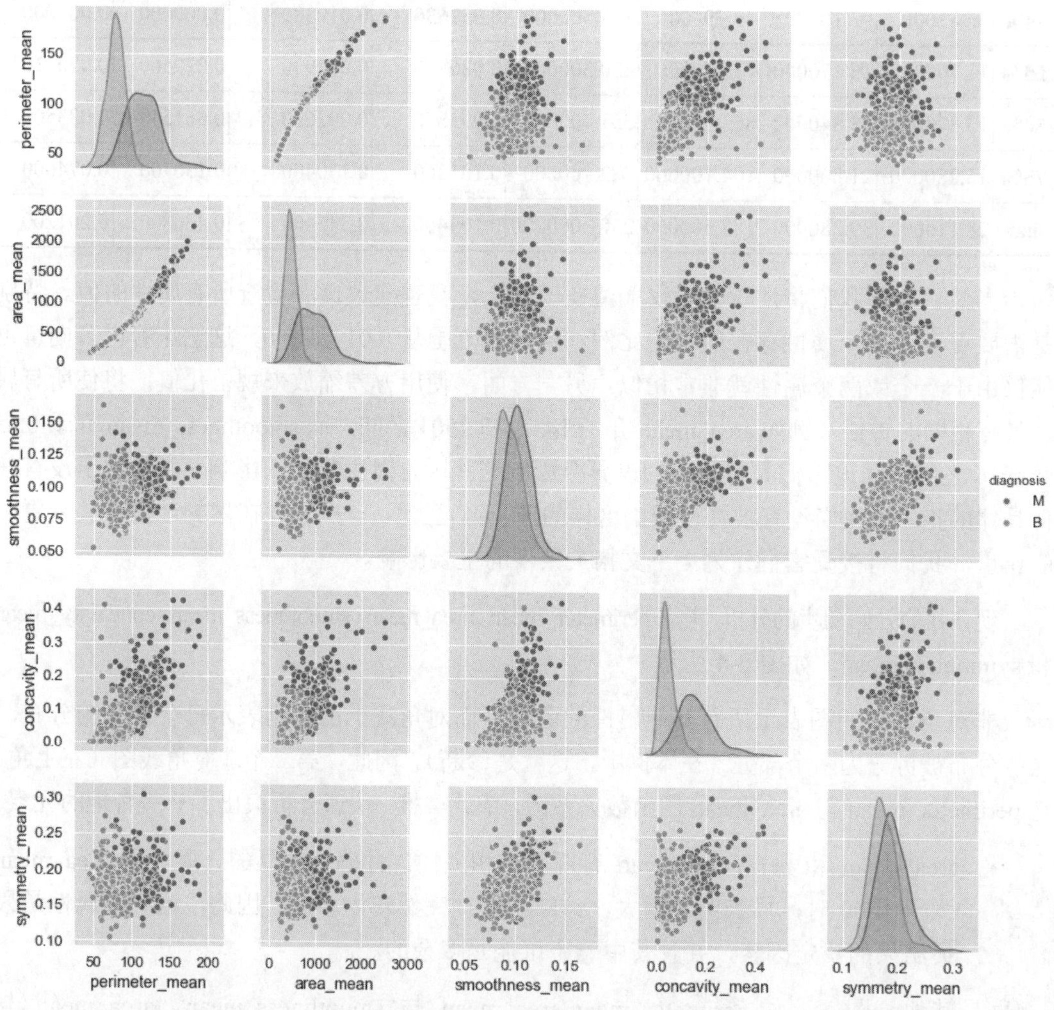

图 2-4 perimeter_mean、area_mean、smoothness_mean、concavity_mean、symmetry_mean

当然，我们不能轻易地从拆分分析中得出结论（因为需要考虑所有相互作用），但是此活动有助于为每个聚类提供语义标签。此时，通过 **t 分布随机近邻嵌入**（**t-Distributed Stochastic Neighbor Embedding**，**t-SNE**）在二维平面上转换有利于可视化数据集（无非结构属性）（有关更多详细信息，请参考 *Journal of Machine Learning Research* 的 *Visualizing Data using t-SNE*）。具体可以按照以下步骤进行：

```
import pandas as pd

from sklearn.manifold import TSNE

cdf = df.drop(['diagnosis'], axis=1)

tsne = TSNE(n_components=2, perplexity=10, random_state=1000)
data_tsne = tsne.fit_transform(cdf)

df_tsne = pd.DataFrame(data_tsne, columns=['x', 'y'], index=cdf.index)
dff = pd.concat([df, df_tsne], axis=1)
```

威斯康星州乳腺癌数据集的二维 t-SNE 图，如图 2-5 所示。

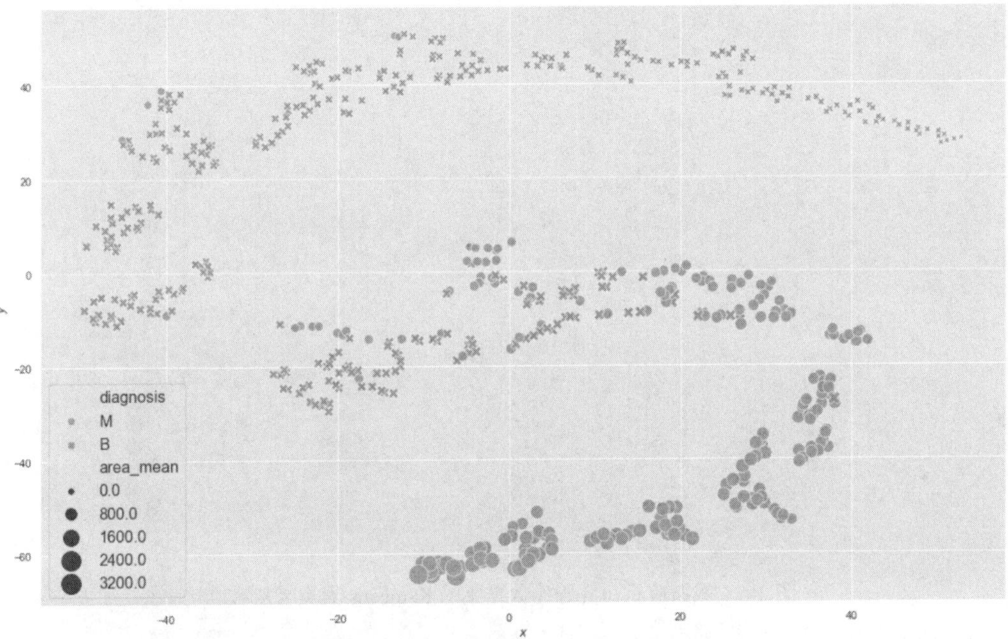

图 2-5 威斯康星州乳腺癌数据集的二维 t-SNE 图

该图是高度非线性的（不要忘记这是一个从 $\Re^{30}$ 到 $\Re^{2}$ 的投影），但大部分恶性样本位于 $y<0$ 的半平面内。不幸的是，在这个区域也有中等比例的良性样本，因此我们不希望使用 $K=2$ 来实现完美分离（在这种情况下，很难理解真实的几何图形，但 t-SNE 保证二维分布与原始的高维分布具有最小的 Kullback-Leibler 散度）。现在让我们用 $K=2$ 进行初始聚类。我们将使用 n_clusters = 2 和 max_iter = 1000 创建 KMeans scikit-learn 类的实例（在任何可能的情况下，random_state 始终设置为 1000）。

其余参数为默认值（使用 10 次尝试的 K-means ++初始化），如下所示：

```
import pandas as pd

from sklearn.cluster import KMeans

km = KMeans(n_clusters=2, max_iter=1000, random_state=1000)
Y_pred = km.fit_predict(cdf)

df_km = pd.DataFrame(Y_pred, columns=['prediction'], index=cdf.index)
kmdff = pd.concat([dff, df_km], axis=1)
```

威斯康星州乳腺癌数据集的 K-means 聚类（K=2），如图 2-6 所示。

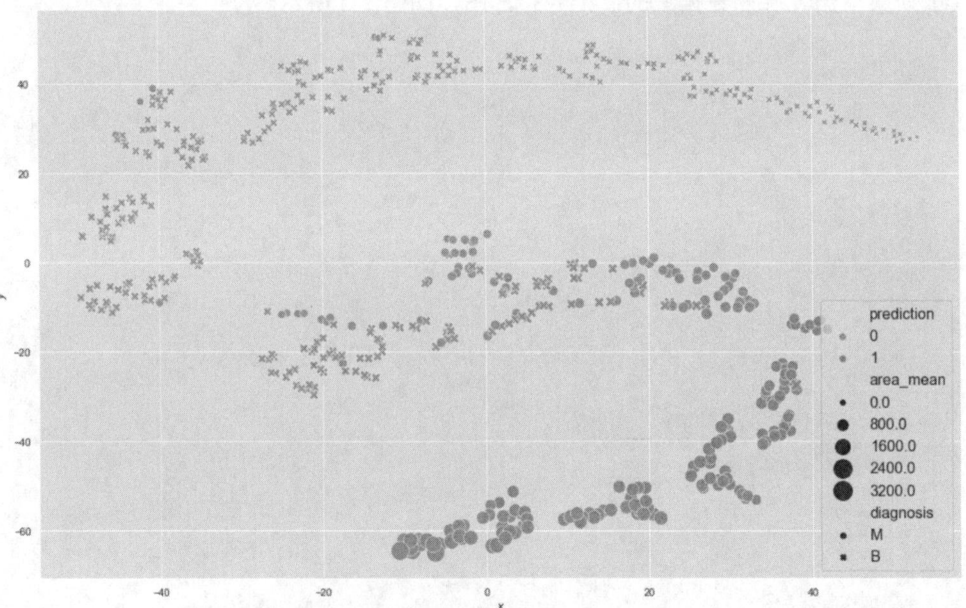

图 2-6 威斯康星州乳腺癌数据集的 K-means 聚类（$K=2$）

毫不奇怪，对于 $y<-20$ 结果相当准确，但是算法不能同时包含边界点（$y\approx0$）进入主要恶性聚类中。这主要是由原始集的非凸性造成的，用 K-means 来解决这个问题非常困难。此外，在投影中，大多数 $y\approx0$ 的恶性样本与良性样本混合在一起，因此基于邻近度的其他方法也具有较高的误差概率。正确分离这些样品的唯一机会来自原始分布。事实上，如果属于同一类别的点可以被 $\mathfrak{R}^{30}$ 中的球捕获，那么 K-means 也可以成功。不幸的是，在这种情况下，混合集似乎具有很强的内聚性，因此我们不能期望在没有转换的情况下提高性能。然而，为了达到我们的目的，这个结果允许我们应用主要的评估指标，然后从 $K=2$ 移至更大的值。在 $K>2$ 的情况下，我们将分析某些聚类，并将它们的结构与配对图进行比较。

2.5　评估指标

在本节中，我们将分析一些常用的方法，这些方法可用于评估聚类算法的性能，并有助于找到最佳的聚类数。

2.5.1　最小化惯性

K-means 及其类似算法的最大缺点之一是对聚类数量的明确要求。有时，这一信息是由外部约束（例如在乳腺癌的例子中，只有两种可能的诊断）强加的，但在许多情况下（当需要探索性分析时），数据科学家必须检查不同的配置并评估它们。评估 K-means 性能并选择适当数量聚类的最简单方法是基于不同最终惯性的比较。

让我们从下面的简单示例开始，该示例基于 scikit-learn 的函数 make_blobs()生成的 12 个非常紧凑的高斯斑点：

```
from sklearn.datasets import make_blobs

X, Y = make_blobs(n_samples=2000, n_features=2, centers=12,
                  cluster_std=0.05, center_box=[-5, 5],random_state=100)
```

这些斑点如图 2-7 所示。

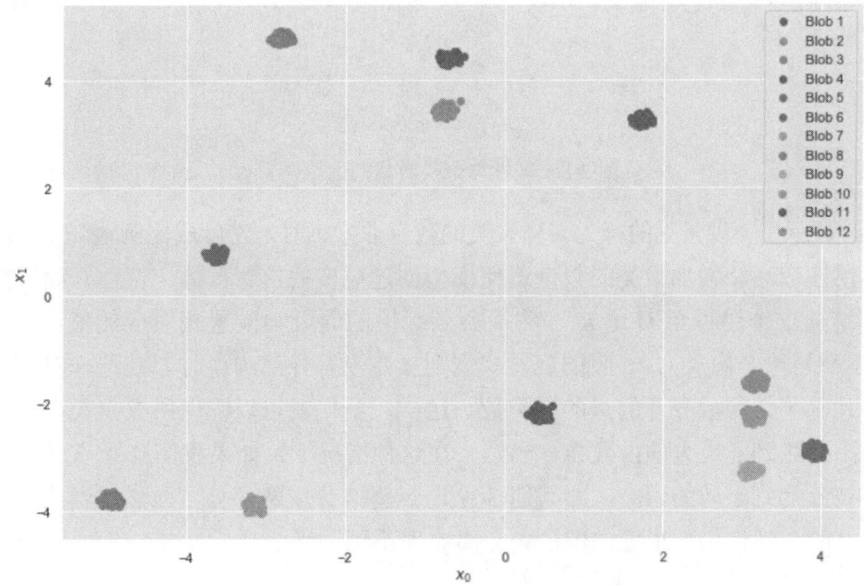

图 2-7　数据集由 12 个不相交的二维斑点组成

现在我们来计算聚类数量 $K\in[2, 20]$的惯性（在一个训练有素的 KMeans 模型中可用作实例化变量 inertia_），如下所示：

```
from sklearn.cluster import KMeans

inertias = []

for i in range(2, 21):
    km = KMeans(n_clusters=i, max_iter=1000, random_state=1000)
    km.fit(X)
    inertias.append(km.inertia_)
```

函数关系如图 2-8 所示。

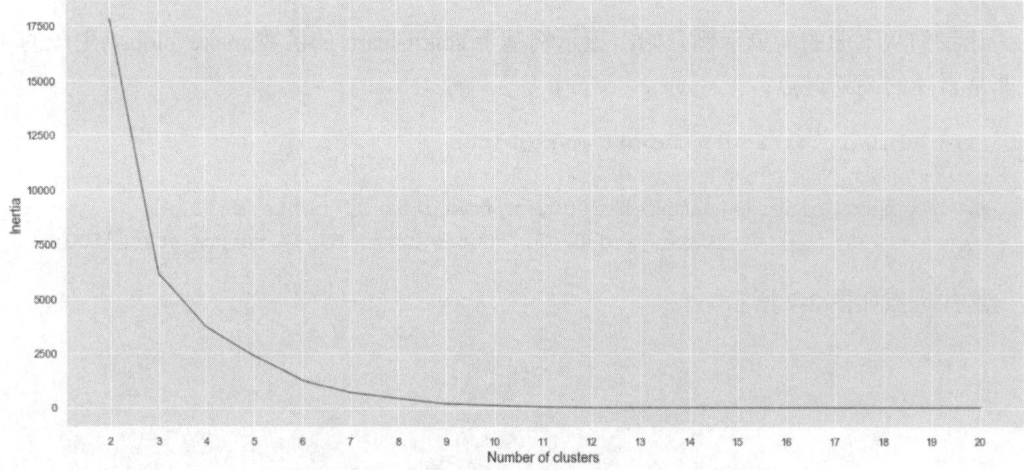

图 2-8 惯性与聚类数量的函数关系

图 2-8 显示了一种常见的行为。当聚类的数目非常小时，密度成比例地降低，因此内聚力较低，惯性较高。增加聚类的数量迫使模型创建更多的内聚群体，惯性开始突然减少。如果我们继续这个过程至 $M \gg K$，将观察到缓慢的逼近与配置相对应的值，其中 $K = M$（每个样本都是一个聚类）。一般的启发式规则（在没有外部约束时）是选择对应于将高变化区域与几乎平坦区域分开的点的聚类数。这样，我们就可以确保所有聚类在没有内部碎片的情况下都达到了最大的内聚力。当然，在这种情况下，如果我们选择 $K = 15$，其中 9 个斑点将被分配到不同的聚类，而其他 3 个斑点将被分成两部分。显然，当我们分割一个高密度区域时，惯性仍然很低，但最大分离原理不再适用。

我们现在可以用 $K\in[2, 50]$的威斯康星州乳腺癌数据集重复该试验，如下所示：

```
from sklearn.cluster import KMeans

inertias = []

for i in range(2, 51):
    km = KMeans(n_clusters=i, max_iter=1000, random_state=1000)
    km.fit(cdf)
    inertias.append(km.inertia_)
```

函数关系如图 2-9 所示。

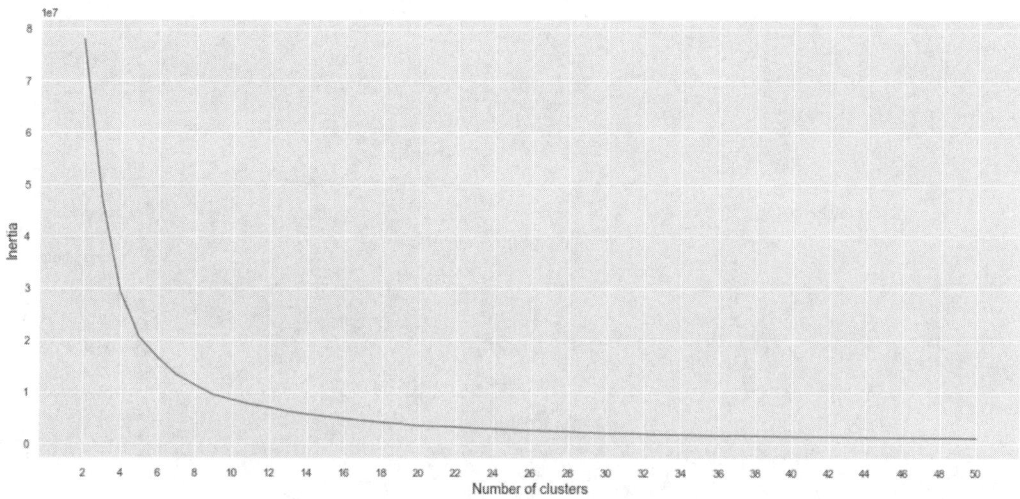

图 2-9　惯性与威斯康星州乳腺癌数据集聚类数量的关系函数

在这种情况下，基本事实建议我们应该根据诊断结果分成两组。然而，该图显示了一个急剧的下降，结束于 $K=8$ 并继续向下倾斜直到大约 $K=40$。在初步分析过程中，我们可以发现二维投影是由许多具有相同诊断的孤立斑点组成的。因此，我们可以决定采用例如 $K=8$ 并分析每个聚类对应的特征。由于这不是一个分类任务，因此基本事实可以作为主要参考，但是正确的探索性分析应该尝试理解子结构的组成，以便为技术人员（例如医生）提供进一步的细节。

现在让我们在威斯康星州乳腺癌数据集上执行一个具有 8 个聚类的 K-means 聚类分析，以描述两个样本组的结构，如下所示：

```
import pandas as pd

from sklearn.cluster import KMeans
```

```
km = KMeans(n_clusters=8, max_iter=1000, random_state=1000)
Y_pred = km.fit_predict(cdf)

df_km = pd.DataFrame(Y_pred, columns=['prediction'], index=cdf.index)
kmdff = pd.concat([dff, df_km], axis=1)
```

聚类结果如图 2-10 所示。

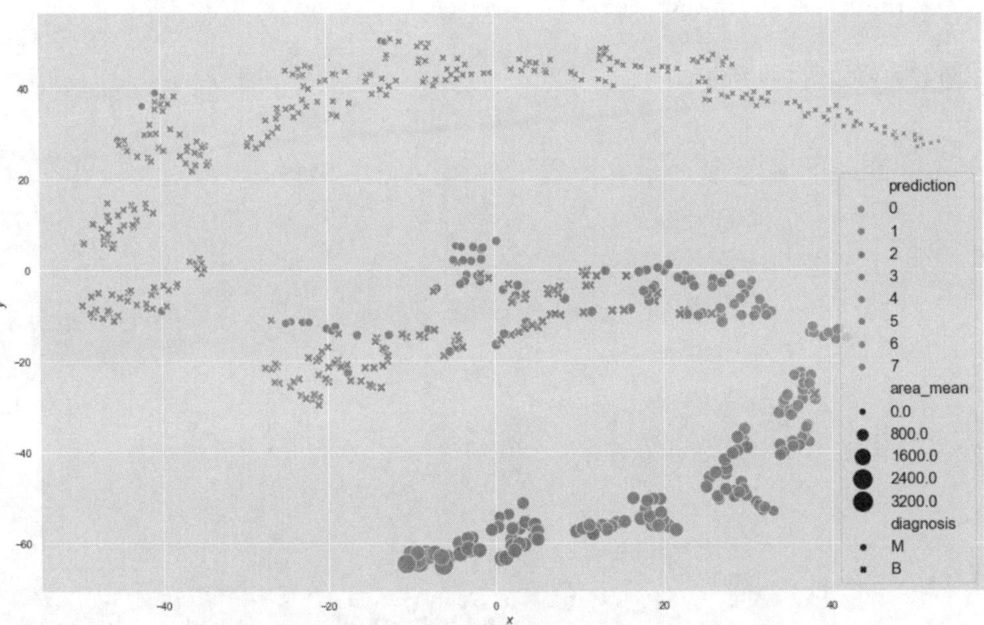

图 2-10 威斯康星州乳腺癌数据集的 K-means 聚类（K=8）结果

现在我们来考虑位于图底部的子聚类（$-25 < x < 30$ 和 $-60 < y < -40$），如下所示：

```
sdff = dff[(dff.x > -25.0) & (dff.x < 30.0) & (dff.y > -60.0) & (dff.y <
-40.0)]
print(sdff[['perimeter_mean', 'area_mean', 'smoothness_mean',
            'concavity_mean', 'symmetry_mean']].describe())
```

恶性聚类的统计描述的友好打印版本如表 2-2 所示。

表 2-2 恶性聚类的统计描述

	perimeter_mean	area_mean	smoothness_mean	concavity_mean	symmetry_mean
count	58.000000	58.000000	58.000000	58.000000	58.000000
mean	129.822414	1199.527586	0.100231	0.176981	0.193281

续表

	perimeter_mean	area_mean	smoothness_mean	concavity_mean	symmetry_mean
std	6.503630	98.030806	0.010427	0.063437	0.027702
min	110.000000	904.600000	0.080200	0.086900	0.142800
25%	125.675000	1138.000000	0.091568	0.134600	0.176925
50%	130.000000	1210.500000	0.100200	0.161000	0.189750
75%	133.800000	1271.750000	0.107600	0.212650	0.209100
max	143.700000	1386.000000	0.128600	0.375400	0.290600

根据基本事实，我们知道所有这些样本都是恶性的，但我们可以尝试找到一个规律。area_mean/perimeter_mean 约为 9.23，与平均值相比，相对标准差很小。这意味着这些样本代表了很窄范围内的扩展肿瘤。而且，concavity_mean 和 symmetry_mean 均大于整体值。因此（在没有科学合理分析的假设下），我们可以得出这样的结论：分配给这些聚类的样本代表了已经进入晚期的非常严重的肿瘤。

为了与良性样本进行比较，现在让我们考虑由 $x > -10$ 和 $20 < y < 50$ 界定的区域，如下：

```
sdff = dff[(dff.x > -10.0) & (dff.y > 20.0) & (dff.y < 50.0)]
print(sdff[['perimeter_mean', 'area_mean', 'smoothness_mean',
           'concavity_mean', 'symmetry_mean']].describe())
```

良性聚类的统计描述如表 2-3 所示。

表 2-3 良性聚类的统计描述

	perimeter_mean	area_mean	smoothness_mean	concavity_mean	symmetry_mean
count	114.000000	114.000000	114.000000	114.000000	114.000000
mean	64.997719	318.138596	0.095768	0.044920	0.181869
std	6.752474	62.522359	0.014881	0.058654	0.029075
min	43.790000	143.500000	0.052630	0.000000	0.106000
25%	60.437500	275.075000	0.085127	0.012688	0.164000
50%	65.800000	321.600000	0.096720	0.028290	0.179550
75%	70.790000	373.075000	0.104275	0.056798	0.195175
max	75.460000	409.100000	0.163400	0.410800	0.274300

在这种情况下，area_mean/perimeter_mean 约为 4.89，但是 area_mean 具有较大的标准差（实际上，其最大值约为 410）。concavity_mean 相对于恶性聚类来说非常小（即使标准差大致相同），而 symmetry_mean 几乎等同。从这个简短的分析中，我们可以推断出 symmetry_mean 不是判别特征，而当 area_mean/perimeter_mean 小于 5.42（考虑最大值）与 concavity_mean 小于或等于 0.04 时可以保证一个良性的结果。由于 concavity_mean 的最大值可以达到非常大（大于与恶性样本相关的值），因此还需要考虑其他特征，以确定其值是否应被视为警报。然而，我们可以得出这样的结论，即属于这些聚类的所有样本都是良性的，误差概率可以忽略不计。我想重复一下，这更多的是一个练习，而不是一个实际的分析。在这种情况下，数据科学家的主要任务是收集支持结论的上下文信息。即使在存在基本事实的情况下，这种验证过程也始终是强制性的，因为潜在原因的复杂性可能导致完全错误的陈述和规则。

2.5.2 轮廓分数

在不了解基本事实的情况下，评估聚类算法性能的最常用方法是**轮廓分数**（**Silhouette Score**）。它提供了每个样本索引和全局图形表示，显示了聚类的内部一致性和分离水平。为了计算分数，我们需要引入两个辅助度量。第一个是假设$|K_j| = n(j)$基数的样本 $x_i \in K_j$ 的平均聚类内距离：

$$a(\bar{x}_i) = \frac{1}{n(j)} \sum_t d(\bar{x}_i, \bar{x}_t) \ \forall \ \bar{x}_t \in K_j$$

对于 K-means，假设距离为欧氏距离，没有具体的限制。但是 $d(\bullet)$必须与聚类过程中使用的距离函数相同。

给出一个样本 $x_i \in K_j$，让我们引入第二个辅助度量，将最近的聚类表示为 K_C。这样，我们还可以定义最小的最近聚类距离（作为平均最近聚类距离）：

$$b(\bar{x}_i) = \frac{1}{n(c)} \sum_t d(\bar{x}_i, \bar{x}_t) \ \forall \ \bar{x}_t \in K_c$$

通过这两个度量，我们可以定义 $x_i \in X$ 的轮廓分数：

$$s(\bar{x}_i) = \frac{b(\bar{x}_i) - a(\bar{x}_i)}{max(a(\bar{x}_i), b(\bar{x}_i))}$$

分数 $s(\bullet) \in (-1, 1)$。当 $s(\bullet) \to -1$，这意味着 $b(\bullet) \ll a(\bullet)$，因此样本 $x_i \in K_j$ 比分配给 K_j 的其他样本更接近最近的聚类 K_c。此情况表示分配错误。相反，当 $s(\bullet) \to 1$, $b(\bullet) \gg a(\bullet)$时，样本 x_i 更接近它的近邻（属于同一个聚类），而不是分配给最近聚类的任何其他点。显然，这是最佳条件，也是微调算法时采用的参考。然而，由于这个指标不是全局的，所以引入轮廓图是很有帮助的，它显示了每个样本获得的分数，按聚类分组并按降序排序。

让我们考虑一下 $K = \{2、4、6、8\}$时威斯康星州乳腺癌数据集的轮廓图（完整代码包含在存储库中），如图 2-11 所示。

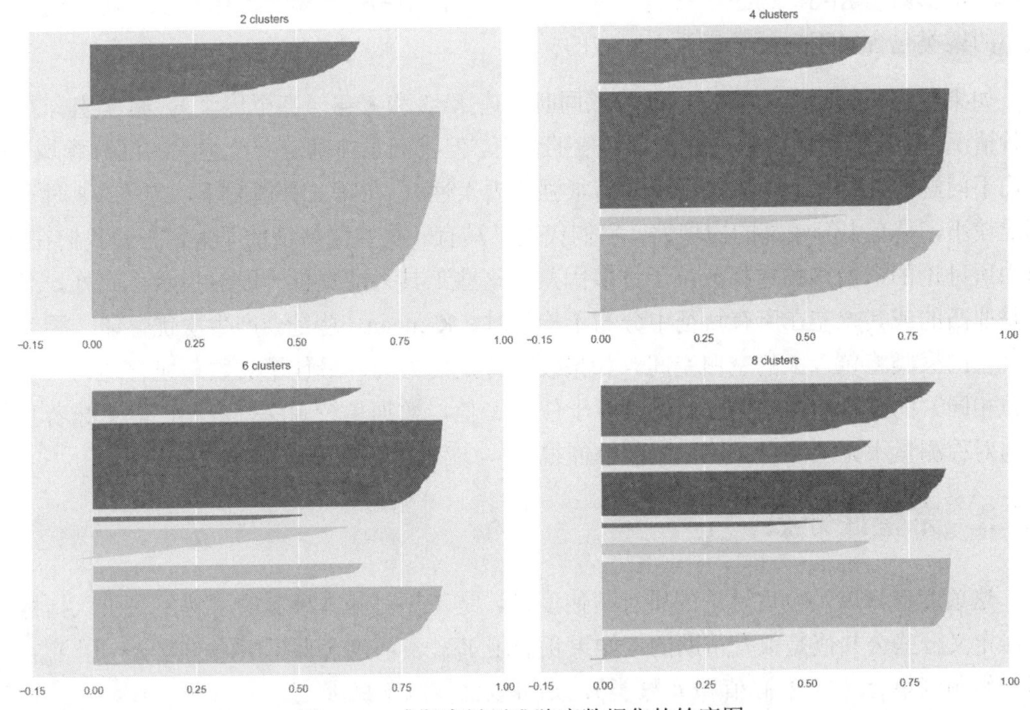

图 2-11 威斯康星州乳腺癌数据集的轮廓图

第一个图显示的是 K=2 的自然聚类。第一个轮廓非常锐利，表明平均聚类间距离有很大的差异。此外，一个聚类比另一个聚类有更多的分配（即使它不那么锐利）。从数据集描述中，我们知道这两个类是不平衡的（357 个良性对 212 个恶性），因此不对称是部分合理的。然而，一般来说，当数据集平衡时，一个好的轮廓图的特征是均匀的聚类，其圆形轮廓应接近 1.0。事实上，当形状类似于长雪茄时，这意味着聚类内距离非常接近它们的平均值（高内聚力），并且相邻聚类之间有明显的分离。当 K=2 时我们有合理的分数，因为第一个聚类达到 0.6，而第二个的峰值大约为 0.8。然而，在后者中，大多数样本的特征是 $s(\cdot) > 0.75$，在前一个样本中，大约一半样本低于 0.5。这一分析表明，较大的聚类更为均匀，K-means 更容易分配样本（即在度量方面，$x_i \in K_2$ 的方差较小，在高维空间中，代表 K_2 的球比代表 K_1 的球更均匀）。

其他的图显示了类似的场景，因为已经检测到非常内聚的聚类和一些锐利的聚类。这意味着宽度差异非常一致。然而，增加 K 使得分配的样本数量趋于相似，所以我们得到了更均匀的聚类。一个非常圆（几乎是矩形）的聚类存在于 $s(\cdot) > 0.75$，确认了数据集至少包含一组非常内聚的样本，这些样本相对于分配给其他聚类的任何其他点的距离非常近。我们知道恶性聚类（即使其基数更大）更紧凑，而良性聚类则分布在更宽的子空间上。因此，我们可以假设所有 K，最圆的聚类是由恶性样本组成的，其他的都可以根据它们的锐度来区分。例如对于 K=8，第三个聚类很可能与第一个图中第二个聚类的中心部分相对应，而较小的聚类包含属于良性子集孤立区域的样本。

如果我们不知道基本事实，则应该同时考虑 K=2 和 K=8（甚至更大）。事实上，在第一种情况下，我们可能会丢失许多细粒度的信息，但我们正在确定一个强大的细分领域（假设由于问题的性质，一个聚类并不具有很强的内聚性）。在第二种情况下，当 K＞8 时聚类明显较小，具有中等较高的内聚性，它们代表了具有一些共同特征的子集。正如我们在 2.4 节中所讨论的，最终的选择取决于许多因素，这些工具只能提供一般的指示。此外，当聚类是非凸的或其方差在所有特征中分布不均匀时，K-means 总是会产生次优性能，因为由此产生的聚类将包含大的空白空间。如果没有特定的方向，最佳聚类数与包含均匀（宽度大致相同）的圆形的图相关联。如果对于任何 K 值，数据集轮廓保持锐利，则意味着几何体与对称测量不完全兼容（例如聚类拉伸很大），应考虑其他方法。

2.5.3 完整性分数

这项度量（以及今后讨论的所有其他度量）是基于对基本事实的了解。在引入指标之前，定义一些公共值是很有帮助的。如果我们用 Y_{true} 表示包含真正赋值的集合，用 Y_{pred} 表示一组预测集合（包含 M 值和 K 聚类），则可以估算以下概率：

$$\begin{cases} p(Y_{true}=k\in K)=\dfrac{n_{true}(k)}{M} \\ p(Y_{pred}=k\in K)=\dfrac{n_{pred}(k)}{M} \end{cases}$$

在前面的公式中，$n_{true/pred}(k)$表示属于聚类 $k\in K$ 的真实/预测的样本数。此时，我们可以计算 Y_{true} 和 Y_{pred} 的熵。

$$\begin{cases} H(Y_{true})=-\sum_k \dfrac{n_{true}(k)}{M}\log\left(\dfrac{n_{true}(k)}{M}\right) \\ H(Y_{pred})=-\sum_k \dfrac{n_{pred}(k)}{M}\log\left(\dfrac{n_{pred}(k)}{M}\right) \end{cases}$$

考虑到熵的定义，$H(\bullet)$通过均匀分布最大化，而均匀分布反过来又对应于每个分配的最大不确定性。出于我们的目的，我们还必须引入给定 Y_{pred} 的 Y_{true} 的条件熵（表示已知另一个分布的不确定性）：

$$\begin{cases} H(Y_{true} \mid Y_{pred}) = -\sum_i \sum_j \frac{n(i,j)}{M} \log\left(\frac{n(i,j)}{n_{pred}(j)}\right) \\ H(Y_{pred} \mid Y_{true}) = -\sum_i \sum_j \frac{n(i,j)}{M} \log\left(\frac{n(i,j)}{n_{true}(i)}\right) \end{cases}$$

函数 $n(i, j)$在第一种情况下，表示分配给 K_j 的具有真实标签 i 的样本数；在第二种情况下，表示分配给 K_i 的具有真实标签 j 的样本数。

完整性分数定义为：

$$c = 1 - \frac{H(Y_{pred} \mid Y_{true})}{H(Y_{pred})}$$

很容易理解当 $H(Y_{pred}|Y_{true}) \to 0$ 时，Y_{true} 的已知减少了预测的不确定性，因此，$c \to 1$。这相当于所有具有相同真实标签的样本都被分配到同一个聚类。相反，当 $H(Y_{pred}|Y_{true}) \to H(Y_{pred})$ 时，则意味着基本事实不会提供任何减少预测不确定性的信息，并且 $c \to 0$。

当然，一个好的聚类的特征是 $c \to 1$。在威斯康星州乳腺癌数据集的案例中，使用 scikit-learn 的函数 completeness_score()（也适用于文本标签）和 $K = 2$（唯一与基本事实相关的配置）计算的**完整性分数**如下：

```
import pandas as pd

from sklearn.cluster import KMeans
from sklearn.metrics import completeness_score

km = KMeans(n_clusters=2, max_iter=1000, random_state=1000)
Y_pred = km.fit_predict(cdf)

df_km = pd.DataFrame(Y_pred, columns=['prediction'], index=cdf.index)
kmdff = pd.concat([dff, df_km], axis=1)

print('Completeness: {}'.format(completeness_score(kmdff['diagnosis'],
kmdff['prediction'])))
```

代码段的输出如下：

```
Completeness: 0.5168089972809706
```

这个结果证实了当 $K = 2$ 时，K-means 不能完全分离内聚。因为正如我们所看到的，有一些恶性样本错误地分配给了包含绝大多数良性样本的聚类。但是，由于 c 不是非常小，我们可以确定两个类的大多数样本都已分配给不同的聚类。请读者使用其他方法（将在第3章中讨论）来检验该值，并对不同结果作简要说明。

2.5.4 同质性分数

这个**同质性分数**是对完整性分数的补充，它基于这样的假设：聚类必须只包含具有相同真实标签的样本。定义如下：

$$h = 1 - \frac{H(Y_{true} \mid Y_{pred})}{H(Y_{true})}$$

与完整性分数类似，当 $H(Y_{true}|Y_{pred}) \to H(Y_{true})$时，意味着赋值对条件熵没有影响，因此在聚类之后不确定性不会降低（例如每个聚类包含属于所有类的样本），并且 $h \to 0$。相反，当 $H(Y_{true}|Y_{pred}) \to 0$ 时，$h \to 1$，因为对预测的了解减少了对真实分配的不确定性，并且聚类几乎只包含具有相同标签的样本。重要的是要记住，仅仅用这个分数评估是不够的，因为它不能保证一个聚类包含所有具有相同真实标签的 $x_i \in X$ 样本。这就是同质性分数总是和完整性分数一起评估的原因。

威斯康星州乳腺癌数据集在 $K=2$ 时，我们得出以下结论：

```
from sklearn.metrics import homogeneity_score

print('Homogeneity:{ }'.format(homogeneity_score(kmdff['diagnosis'],kmdff
['prediction'])))
```

相应输出如下：

```
Homogeneity: 0.42229071246999117
```

这个值（特别是 $K=2$）证实了我们最初的分析，至少有一个聚类（具有大多数良性样本的聚类）不是完全同质的，因为它包含属于这两类的样本。但是，由于该值不是太接近0，我们可以确定分配是部分正确的。考虑到 h 和 c 这两个值，我们可以推断 K-means 的表现不是很好（可能是因为非凸性），但它能够正确地分离最近聚类高于特定阈值的所有样本。不言而喻，在了解基本事实的情况下，我们无法轻易接受 K-means，而应该寻找另一种能够同时满足 h 和 $c \to 1$ 的算法。

使用 V-measure 在同质性和完整性之间进行权衡

熟悉监督学习的读者应该知道 F-score（或 F-measure）的概念，这是精确率和召回率的调和平均值。在给出基本事实的情况下评估聚类结果时，我们也可以采用同样的权衡方式。

事实上，在许多情况下，采用一个兼顾同质性和完整性的单一度量是有帮助的。使用 **V-measure**（或 V-score）可以很容易实现这样的结果，该定义为：

$$V = \frac{2}{\frac{1}{Homogeneity} + \frac{1}{Completeness}} = \frac{2 \cdot Homogeneity \cdot Completeness}{Homogeneity + Completeness}$$

对于威斯康星州乳腺癌数据集，使用 V-measure 的示例如下：

```
from sklearn.metrics import v_measure_score

print('V-Score: {}'.format(v_measure_score(kmdff['diagnosis'],kmdff
['prediction'])))
```

代码段的输出如下：

```
V-Score: 0.46479332792160793
```

正如预期的那样，在这种情况下 V-Score 是一个平均度量，它受到较低同质性的负面影响。当然，这个指标没有提供任何不同的信息，因此它只对在单个值中合成完整性和同质性有帮助。通过一些简单但乏味的数学操作，可以证明 V-measure 也是对称的（即 $V(Y_{pred}|V_{true}) = V(Y_{true}|Y_{pred})$），因此，给出了两个独立的分配 Y_1 和 Y_2，$V(Y_1|Y_2)$是它们之间一致性的度量。这种情况并不十分常见，因为其他措施可以取得更好的效果。但是，我们可以使用这样的分数，例如检查两个算法（可能基于不同的策略）是否倾向于生成相同的分配，或者它们是否不一致。在后一种情况下，即使基本事实是未知的，数据科学家也可以理解一种策略肯定不如另一种策略有效，并开始探索过程以找出最佳的聚类算法。

2.5.5 调整后的相互信息分数

这一分数的主要目标是在不考虑排列的情况下评估 Y_{true} 和 Y_{pred} 之间的一致性水平。这样一个目标可以用**相互信息**（**Mutual Information，MI**）的信息论概念来衡量。在我们的例子中，它被定义为：

$$MI(Y_{true};Y_{pred}) = \sum_i \sum_j \frac{n(i,j)}{M} \log\left(\frac{M \cdot n(i,j)}{n_{true}(i) \cdot n_{pred}(j)}\right)$$

这个函数与前面定义的相同。当 $MI \to 0$、$n(i,j) \to n_{true}(i)n_{pred}(j)$时，其项分别与 $p(i,j)$和 $p_{true}(i)p_{pred}(j)$成正比。因此，这个条件等于说 Y_{true} 和 Y_{pred} 在统计上是独立的，缺乏共享信

息。另一方面，通过一些简单的操作，我们可以将 MI 重写为：

$$MI(Y_{true};Y_{pred}) = -H(Y_{pred} \mid Y_{true}) + H(Y_{pred})$$

因此，若 $H(Y_{pred}|Y_{true}) \leqslant H(Y_{pred})$，当对基本事实的了解减少了 Y_{pred} 的不确定性时，将导致 $H(Y_{pred}|Y_{true}) \to 0$ 以及 MI 最大化。出于我们的目的，我们最好考虑一个标准化的版本（界定在 0 和 1 之间），也可以根据概率调整（也就是说，考虑到一个真正的任务可能是有一定的概率的）。这个**调整后的相互信息（Adjusted Mutual Information，AMI）**分数的完整推导是非同寻常的，并且超出了本书的范围，其定义如下：

$$AMI(Y_{true};Y_{pred}) = \frac{MI(Y_{true};Y_{pred}) - E[MI(Y_{true};Y_{pred})]}{mean(H(Y_{true}), H(Y_{pred})) - E[MI(Y_{true};Y_{pred})]}$$

此值在完全没有约定的情况下等于 0，当 Y_{true} 和 Y_{pred} 完全一致时（在存在排列的情况下也是如此）等于 1。威斯康星州乳腺癌数据集在 $K=2$ 时，我们得出以下结论：

```
from sklearn.metrics import adjusted_mutual_info_score

print('Adj. Mutual info:
{}'.format(adjusted_mutual_info_score(kmdff['diagnosis'],kmdff['prediction'])))
```

输出如下：

```
Adj. Mutual info: 0.42151741598216214
```

这项约定是适度的并与其他度量兼容。假设存在排列和分配偶发的可能性，Y_{true} 和 Y_{pred} 共享中等级别的信息。因为正如我们所讨论的，K-means 能够正确分配重叠概率忽略的所有样本，而它倾向于考虑良性在两个聚类边界上有许多恶性样本（相反，它不会对良性样本进行错误的分配）。在没有任何进一步的指示下，该指数还建议检验其他可以管理非凸聚类的聚类算法，因为缺乏共享信息主要是由于无法使用标准球（尤其是在重叠更为显著的子空间中）捕获复杂的几何结构。

2.5.6 调整后的兰德分数

调整后的兰德分数是真实标签分布和预测标签分布之间差异的度量。为了计算它，有必要按如下方式定义数量。

- ***a***：表示具有相同真实标签$(y_i, y_j): y_i = y_j$并分配给同一个聚类 K_c 的样本对(x_i, x_j)的数目。
- ***b***：表示具有不同真实标签$(y_i, y_j): y_i \neq y_j$ 并分配给不同聚类 K_c 和 K_d，且 $c \neq d$ 的样

本对(x_i, x_j)的数目。

如果有 M 个值，则使用 $k=2$ 的二项式系数获得二进制组合的总数，因此差异的初始度量为：

$$R=\frac{a+b}{\binom{M}{2}}$$

显然，这个值可以由 a 或 b 来主导。在这两种情况下，较高的分数表明分配符合基本事实。但是，a 和 b 都可能会因偶发的分配而产生偏差。这就是为什么要引入调整后的兰德分数。更新后的公式为：

$$R_A=\frac{R-E[R]}{max(R)-R}$$

该值在−1 和 1 之间。一方面，当 $R_A \to -1$ 时，a 和 b 都很小，且绝大多数的分配都是错误的。另一方面，当 $R_A \to 1$ 时，预测的分布非常接近真实情况。对于威斯康星州乳腺癌数据集，当 $K=2$ 时，我们得出以下结论：

```
from sklearn.metrics import adjusted_rand_score

print('Adj. Rand score: {}'.format(adjusted_rand_score(kmdff['diagnosis'],
kmdff['prediction'])))
```

代码段的输出如下：

```
Adj. Rand index: 0.49142453622455523
```

由于该值大于−1（负的极值），所以它优于其他指标。它证实了分布之间的差异不是很明显，这主要是样本的子集有限所致。该分数是非常可靠的，并且可以作为评价聚类算法性能的单一指标。接近 0.5 的分值证实了 K-means 不太可能是最优解，但数据集的几何结构几乎可以完全被对称球捕获，除了一些具有高重叠概率的非凸区域。

2.5.7 列联矩阵

列联矩阵 C_m 是一个在已知真实情况时显示聚类算法性能的非常简单且强大的工具。如果有 m 个类，$C_m \in \Re^{m \times m}$ 且每个元素 $C_m(i, j)$表示具有已分配给聚类 j 的样本 $Y_{true}=i$ 的数量。因此，一个完美的列联矩阵是对角的，而所有其他单元格中有元素存在时，则表示聚类错误。

在我们的案例中，可以得到以下信息：

```
from sklearn.metrics.cluster import contingency_matrix

cm = contingency_matrix(kmdff['diagnosis'].apply(lambda x: 0 if x == 'B'
else 1), kmdff['prediction'])
```

代码段的输出可以可视化为一个热图（变量 cm 是一个 2 × 2 的矩阵），如图 2-12 所示。

这一结果表明，几乎所有良性样本都已被正确聚类，而中等比例的恶性样本被错误地分配到第一个聚类。我们已经确认使用了其他指标，但与分类任务中的混淆矩阵类似，列联矩阵允许立即可视化最难分离的类，来帮助数据科学家寻找更有效的解决方案。

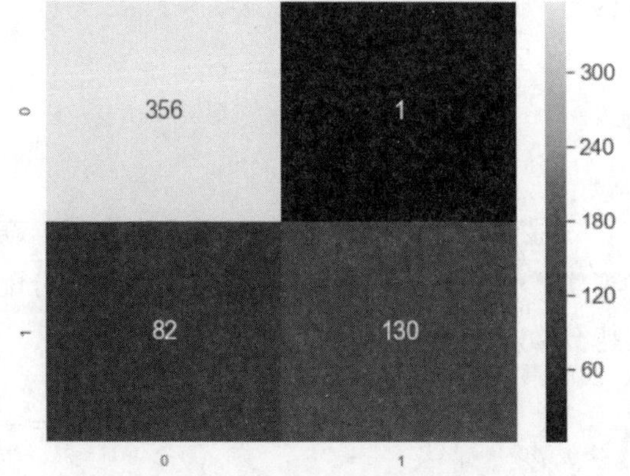

图 2-12 列联矩阵的图形表示

2.6 K-近邻

K-近邻是属于**基于实例学习**类别的一种方法。在这种情况下，没有参数化的模型，而是重新排列样本以加速特定的查询。在最简单的情况下（也被称为暴力搜索），假设我们有一个包含 M 个样本 $x_i \in \Re^N$ 的数据集 X。给定距离函数 $d(x_i, x_j)$，可以定义测试样本 x_i 的半径邻域为：

$$v(\overline{x}_i) = \{\overline{x}_t : d(\overline{x}_i, \overline{x}_j) \leqslant R\}$$

集合 $v(x_i)$是以 x_i 为中心的球，包含了距离小于或等于 R 的所有样本。它可以只计算前 k 个最近邻域，即更接近 x_i（通常，此集合是 $v(x_i)$的子集，但是 k 非常大时也会发生相反的情况）的样本 k。这个过程很简单，但遗憾的是，从计算的角度来看太昂贵了。实际上，对于每次查询，都需要计算 M^2 的 N 维距离（即假设每次距离计算需要 N 次操作，则计算复杂程度是 $O(NM^2)$），这一条件使得暴力搜索受到维数的灾难性影响。例如使用 $N = 2$ 和 $M = 1000$，复杂度是 $O(2\times10^6)$，但使用 $N = 1000$ 和 $M = 10000$ 时，它变成了 $O(10^{11})$。例如如果每个操作需要 1 纳秒，查询将需要 100 秒，这在许多实际情况下超出了可容忍限度。此外，对于 64 位浮点值，每次计算的成对距离矩阵需要约 764 MB，考虑到任务的性质，这可能也是一个过度的请求。

出于这些原因，KNN 仅在 M 非常小，且在所有其他情况都依赖于稍微复杂的结构时才使用暴力搜索来具体实现。第一种替代方法是基于 **kd-trees** 数据结构（一种二叉树对多维数据集的自然扩展）。

一个具有三维向量的 kd-tree 示例，如图 2-13 所示。

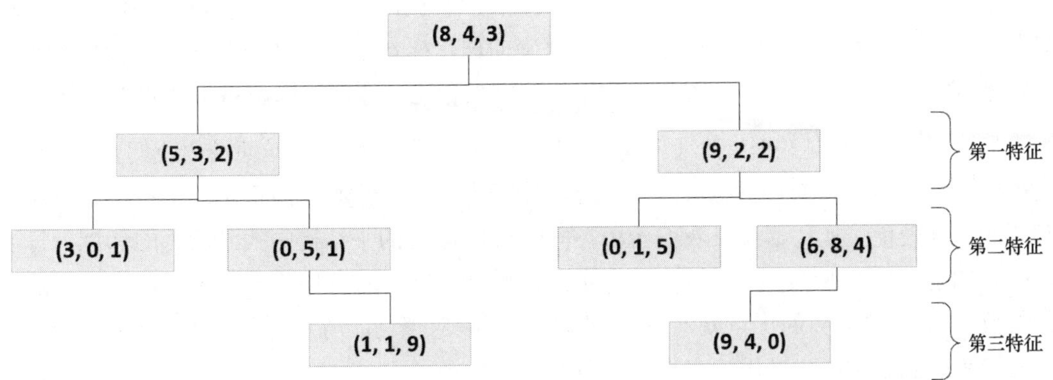

图 2-13 具有三维向量的 kd-tree 示例

kd-tree 的构造非常简单。给定根样本($a_1, a_2, \cdots, a_N$)，第一个拆分操作考虑第一特征，使左分支包含（$b_1 < a_1, \cdots$）以及右分支包含（$c_1 > a_1, \cdots$）。该过程继续执行第二特征、第三特征等，依此类推，直到第一特征到达叶节点为止（分配给叶子的样本数是一个要调整的超参数。在 scikit-learn 中参数称为 leaf_size，默认值为 30 个样本）。

当维数 N 不是非常大时，计算复杂度变成 $O(N \log M)$，这比暴力搜索要好得多。例如使用 $N = 1000$ 和 $M = 10000$，计算复杂度变成 $O(4000) \ll O(10^{11})$。不幸的是，当 N 很大时，kd-tree 查询将变为 $O(NM)$。因此，考虑到前面的例子，复杂度为 $O(10^7)$，比暴力搜索要好些，但有时对实时查询来说仍然太昂贵。

KNN 中常用的第二种数据结构是 **ball-tree**。在这种情况下，根节点由 R_0-ball 表示，精确定义为样本的邻域：

$$\beta_{R_0}(\overline{x}_i) = \{\overline{x}_t : d(\overline{x}_i, \overline{x}_t) \leqslant R_0\}$$

选择第一个球以捕获所有样本。此时，其他较小的球被嵌入 $\beta_{R_0'}$ 中，确保每个样本始终属于一个球。一个简单的 ball-tree 示例，如图 2-14 所示。

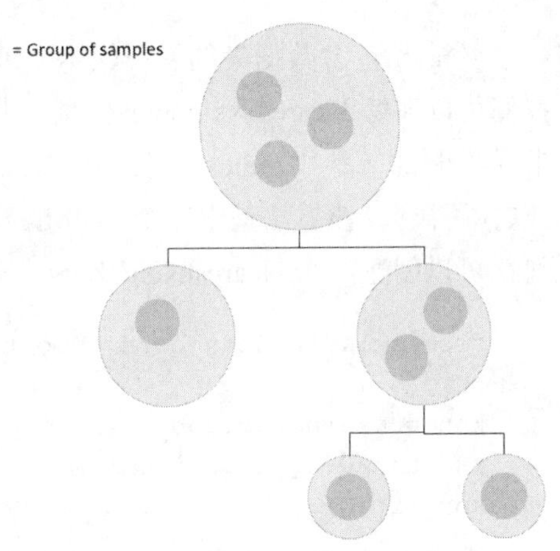

图 2-14 简单的 ball-tree 示例

因为每个球都是由它的中心 c_j 决定的，对测试样本 x_i 的查询需要计算距离 $d(x_i, c_j)$。所以，我们从底部（最小球的位置）开始，执行完整的扫描。如果没有一个球包含样本，则会增加级别，直到到达根节点为止（请记住，样本可以属于单个球）。由于球的特性（也就是说，在给定中心和半径的情况下，可以通过单个距离计算来检查样本的隶属关系），计算的复杂度现在总是 $O(N \log M)$。一旦确定了正确的球，样本 x_i 的邻域需要计算有限数量的成对距离（该值小于叶子大小，因此与数据集的维数相比，通常可以忽略不计）。

当然，这些结构是在训练阶段构建的，在生产阶段不进行修改。这意味着我们要仔细选择最小半径或分配给叶节点的样本数。事实上，由于查询通常需要多个邻域 k，只有当 $k < |v(x_i)|$ 时才能达到最优。换句话说，我们希望在同一个包含 x_i 的子结构中找到所有的邻域。每当 $k > |v(x_i)|$时，算法还必须检查相邻结构并合并结果。当然，当叶子大小太大时（与样本 M 的总数相比），这些树的优点就消失了，因为为了响应查询，需要计算太多的成对距离。我们必须考虑到软件的生产用途来选择正确的叶子大小。

例如如果推荐系统需要一个 100 个邻域的初始查询以及一些（例如 5 个）具有 10 个邻域的后续查询，那么等于 10 的叶子大小将优化改善阶段，但对第一个查询有负面影响。相反，选择一个等于 100 的叶子大小将减慢这 10 个邻域查询的速度。权衡一下可能 25 个邻域适合些，可以减少第一个查询的负担，但对改善查询的成对距离的计算有一定的负面影响。

我们现在可以基于 Olivetti 面部数据集（由 scikit-learn 直接提供）分析一个简短的例子。它由 400 幅 64 像素×64 像素的代表不同人物肖像的灰度图像组成。让我们先加载数据集，如下所示：

```
from sklearn.datasets import fetch_olivetti_faces

faces = fetch_olivetti_faces()
X = faces['data']
```

变量 X 包含数据集的展平版本（400 个已在 0 和 1 之间规范化的 4096 维实例）。此时，我们可以训练 NearestNeighbor 模型，假设默认查询有 10 个样本（参数 n_neighbors）以及半径等于 20（参数 radius）。我们保持默认的 leaf_size (30)并显式设置 Minkowski 度量为 p=2（欧氏距离）。该算法基于一个 ball-tree，但我建议读者测试不同的度量以及 kd-tree。我们现在可以创建一个 NearestNeighbors 实例并继续训练模型：

```
from sklearn.neighbors import NearestNeighbors

knn = NearestNeighbors(n_neighbors=10, metric='minkowski', p=2,
radius=20.0, algorithm='ball_tree')
knn.fit(X)
```

训练好模型后，使用噪声测试面部查找 10 个最近邻域，如下所示：

```
import numpy as np

i = 20
test_face = X[i] + np.random.normal(0.0, 0.1, size=(X[0].shape[0]))
```

噪声测试面部的绘制如图 2-15 所示。

图 2-15 噪声测试面部

我们可以使用仅提供测试样本的方法 kneighbors()来执行具有默认邻域数的查询（如果邻域数量不同，则必须调用函数并提供参数 n_neighbors）。如果参数 return_distance=True，该函数返回包含（distances,neighbors）的元组，如下所示：

```
distances, neighbors = knn.kneighbors(test_face.reshape(1, -1))
```

测试样本的最近邻域及其相对距离如图 2-16 所示。

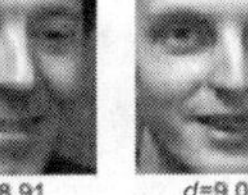

图 2-16 测试样本的最近邻域及其相对距离

第一个样本始终是测试样本（在这种情况下，它被降噪所以其距离不是零）。正如我们所看到的，即使距离是一个累积函数，第二个和第四个样本也指的是同一个人，而其他的共享不同的解剖元素。当然，欧式距离不是测量图像之间差异的最合适方法，但这个例子证实了在一定程度上，当图像相当相似时，全局距离也可以为我们提供有价值的工具，用来寻找相似的样本。

现在让我们用方法 radius_neighbors()在设置 radius=100 的条件下执行一个半径查询，

如下所示：

```
import numpy as np

distances, neighbors = knn.radius_neighbors(test_face.reshape(1, -1),
radius=100.0)
sd, sd_arg = np.sort(distances[0]), np.argsort(distances[0])
```

包含前 20 个邻域的结果如图 2-17 所示。

图 2-17　使用半径查询的前 20 个邻域

可以注意到，有趣的是距离并没有很快地发散（第二个样本 d=8.91 而第 20 个 d=10.26）。这主要是由于两个因素：第一个是样本之间的全局相似性（几何元素和色调方面），第二个可能与欧式距离对 4096 维向量的影响有关。正如在谈到聚类基本原理时所解释的那样，高维样本可能缺乏可分辨性（特别是当 $p \gg 1$ 时）。在这种情况下，图片不同部分的平均效果可以产生与分类系统完全不兼容的结果。特别地，深度学习模型往往倾向于，通过使用可以学习检测不同层次上特定特征的卷积网络来避免这种陷阱。我建议用不同的度量重复这个例子，并观察 p 对半径查询样本所显示的实际差异的影响。

2.7　向量量化

向量量化是一种利用无监督学习对样本 $x_i \in \Re^N$ 或整个数据集 X 进行有损压缩的方法（为了简单起见，我们假设多维样本被展平）。其主要的思想是找到包含多个条目 $C \ll N$ 的代码本 Q，并将每个元素与一个条目 $q_i \in Q$ 相关联。在单个样本的情况下，每个条目将表示一个或多个特征组（例如它可以是平均值），因此，该过程可以描述为一个变换 T，其一般表示为：

$$\overline{x}_i = \left(x_i^{(1)}, x_i^{(2)}, \cdots, x_i^{(N)}\right) \xrightarrow{T} (\overline{q}_i, \overline{q}_j, \cdots, \overline{q}_C) = \overline{x}_i^q$$

代码本定义为 $Q = (q_1, q_2, \cdots, q_C)$。因此，给定由一组特征聚合（例如一组两个连续元素）组成的合成数据，VQ 会关联一个代码本条目：

$$[(x_1,x_2,\cdots),(x_i,x_j,\cdots),\cdots]\xrightarrow{T}q_i$$

由于输入样本使用汇总整个组的固定值组合来表示，该过程被定义为量化。类似地，如果输入的是数据集 X，则转换将按样本组进行操作，就像任何标准的聚类过程一样。KNN 和 VQ 主要区别在于目的：VQ 用来表示具有质心的每个聚类，从而减少了数据集的方差。这个过程是不可逆的。一旦转换完成，就不可能重建原始聚类（唯一可行的方法是从具有相同原始均值和协方差的分布中采样，但显然重建的是一个近似值）。

让我们从一个非常简单的高斯数据集的例子开始，如下所示：

```
import numpy as np

nb_samples = 1000
data = np.random.normal(0.0, 1.5, size=(nb_samples, 2))

n_vectors = 16
qv = np.random.normal(0.0, 1.5, size=(n_vectors, 2))
```

我们的目标是用 16 个向量表示数据集。VQ 示例向量的初始配置如图 2-18 所示。

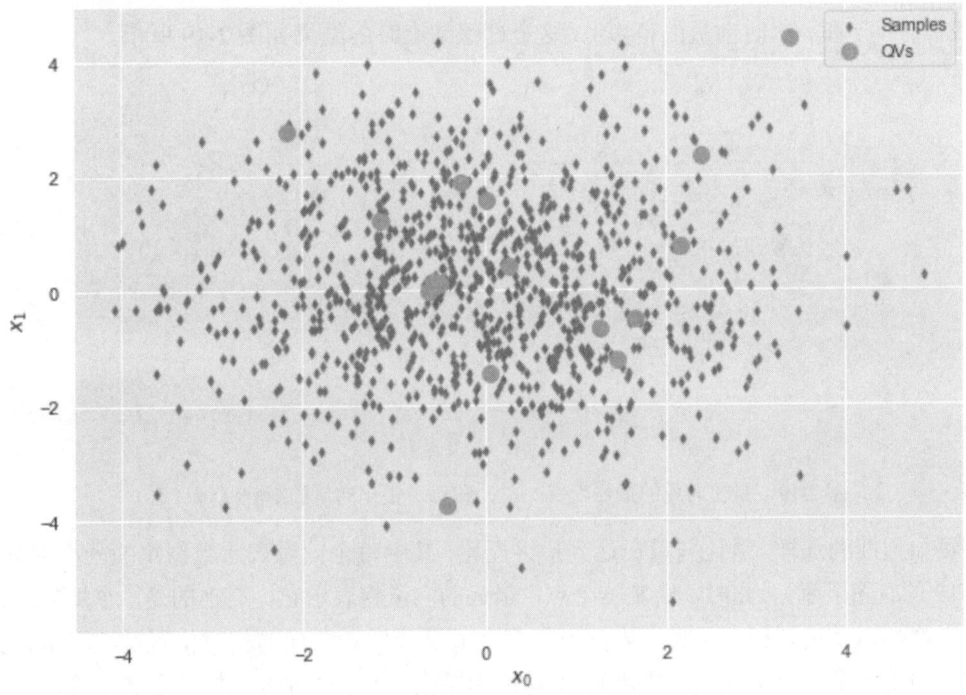

图 2-18 VQ 示例向量的初始配置

当我们使用随机数时，同一代码的后续执行会产生不同的初始配置。该程序迭代所有样本，选择最近的量化向量，并将其距离减少一个固定量 delta=0.05，如下所示：

```
import numpy as np

from scipy.spatial.distance import cdist

delta = 0.05
n_iterations = 1000

for i in range(n_iterations):
    for p in data:
        distances = cdist(qv, np.expand_dims(p, axis=0))
        qvi = np.argmin(distances)
        alpha = p -qv[qvi]
        qv[qvi] += (delta * alpha)

distances = cdist(data, qv)
Y_qv = np.argmin(distances, axis=1)
```

除了固定的 for 循环，我们还可以使用 while 循环来检查量化向量是否已达到稳定状态（比较在时间 t 和 t+1 时向量的范数）。这个过程结束时的结果如图 2-19 所示。

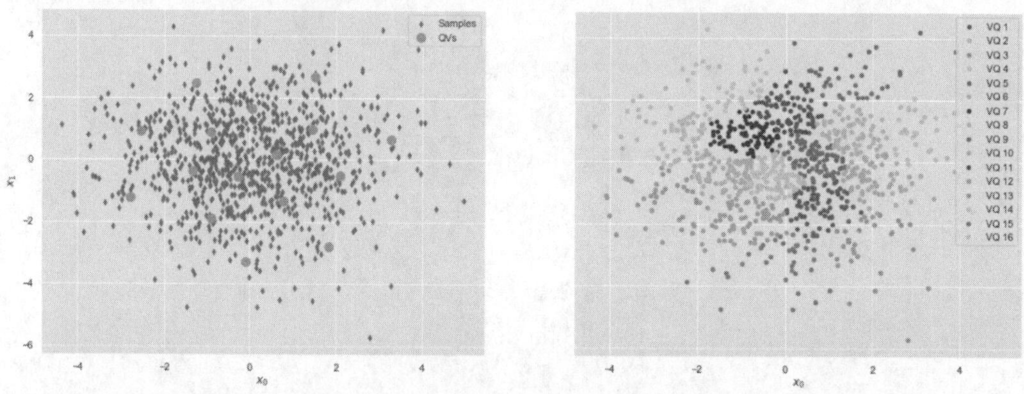

图 2-19 量化向量的最终配置（左）和每个量化向量的影响区域（右）

正如预期的那样，量化向量已达到最终配置，其中每个向量表示数据集的一小部分（如图 2-19 的右图所示）。此时，给定一个点，最近的向量将表示它。有趣的是，全局方差没有受到影响，但是选择任何子集，内部方差都会显著降低。向量的相对位置反映了数据集的密度，因为一个区域中的更多样本吸引了更多向量。通过这种方式构建距离矩阵，就可以得到粗略的密度估计（例如当一个向量与其近邻之间的平均距离较高时，这意味着潜在区域的密度较低）。我们将在第 6 章中更详细地讨论这个主题。

现在让我们来考虑一个示例，其中一个样本表示浣熊的图像。处理过程可能很长。第一步是加载 RGB 图像样本（由 SciPy 提供），并将其尺寸调整为 192 像素 × 256 像素，如下所示：

```
from scipy.misc import face
from skimage.transform import resize

picture = resize(face(gray=False), output_shape=(192, 256), mode='reflect')
```

VQ 示例的 RGB 图像样本（已在[0, 1]范围内标准化）如图 2-20 所示。

图 2-20 VQ 示例的 RGB 图像样本

我们要用 2 × 2 的正方形区域（由包含 2 × 2 × 3 个扁平化的向量）计算 24 个向量来执行 VQ。但是，我们不需要从头开始执行这个过程，而是使用 K-means 算法来找到质心。第一步是收集所有的正方形区域，如下所示：

```
import numpy as np

square_fragment_size = 2
n_fragments = int(picture.shape[0] * picture.shape[1] /(square_fragment_
size**2))

fragments = np.zeros(shape=(n_fragments, square_fragment_size**2 *picture.
shape[2]))
idx = 0
```

```
for i in range(0, picture.shape[0], square_fragment_size):
    for j in range(0, picture.shape[1], square_fragment_size):
        fragments[idx] = picture[i:i + square_fragment_size,
                                 j:j + square_fragment_size, :].flatten()
        idx += 1
```

此时，可以使用 24 个量化向量执行 K-means 聚类，如下所示：

```
from sklearn.cluster import KMeans

n_qvectors = 24

km = KMeans(n_clusters=n_qvectors, random_state=1000)
km.fit(fragments)

qvs = km.predict(fragments)
```

在训练结束时，变量 qvs 将包含与每个正方形区域相关联的质心的索引（通过实例变量 cluster_centers 获得）。

现在可以使用质心构建量化图像，如下所示：

```
import numpy as np

qv_picture = np.zeros(shape=(192, 256, 3))
idx = 0

for i in range(0, 192, square_fragment_size):
    for j in range(0, 256, square_fragment_size):
        qv_picture[i:i + square_fragment_size,
                   j:j + square_fragment_size, :] = \
            km.cluster_centers_[qvs[idx]].\
                reshape((square_fragment_size, square_fragment_size, 3))
        idx += 1
```

24 个向量量化图像如图 2-21 所示。

这很明显是原始图像的有损压缩版本。每个组都可以用一个指向代码本（km.cluster_centers_）中条目的索引（例如在我们的例子中，它可以是一个 8 位整数）来表示。所以，如果最初有 192 × 256 × 3= 147456 个 8 位值，那么量化后有 12288 个 8 位索引（2 × 2 × 3 块）加上 24 个 12 维量化向量。为了理解 VQ 对图像的影响，可以绘制原始图像和量化图像的 RGB 直方图，如图 2-22 所示。

图 2-21 24 个向量量化图像

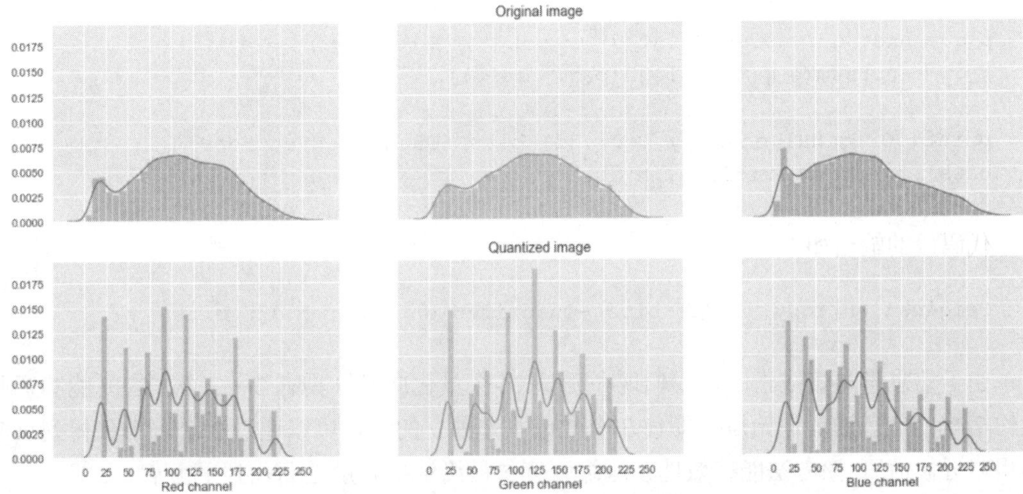

图 2-22 原始图像（上）和量化图像（下）的 RGB 直方图

对于不熟悉柱状图的读者，我们可以简单地将其描述为拥有一个数据集 X 以及固定数量的柱状。每个单元格都分配一个范围（从 min(X)开始，结束于 max(X)），并且每个范围（a,b）与样本数量相关，使得 $a \leqslant x < b$。结果与生成 X 的实际概率分布的近似值成比例。在我们的例子中，在 x 轴上，每个通道（8 位）的每个像素都有所有可能的值，而 y 轴代表估计的频率（Nx/像素总数）。

可以看出，量化减少了信息量，但直方图倾向于重现原来的信息量。增加量化向量的数量具有减少近似值的效果，生成不太明显差异的直方图。对这一主题的全面分析超出了本书的范围；然而，我建议读者用其他图像和不同数量的量化向量来测试这个过程，也可以将原始图像的（协）方差（或熵）与量化图像进行比较，找到一个保持在 80%方差的阈值。例如只考虑红色通道并使用频率统计近似每个值（0 ÷ 255）的概率，我们得出以下结果：

```
import numpy as np

hist_original, _ = np.histogram(picture[:, :, 0].flatten() * 255.0,bins=256)
hist_q, _ = np.histogram(qv_picture[:, :, 0].flatten() * 255.0, bins=256)

p_original = hist_original / np.sum(hist_original)
H_original = -np.sum(p_original * np.log2(p_original + 1e-8))

p_q = hist_q / np.sum(hist_q)
H_q = -np.sum(p_q * np.log2(p_q + 1e-8))

print('Original entropy: {0:.3f} bits -Quantized entropy: {1:.3f}
bits'.format(H_original, H_q))
```

代码段的输出如下：

```
Original entropy: 7.726 bits -Quantized entropy: 5.752 bits
```

由于信息量与熵成正比，我们现在确认 24 个量化向量（具有 2 × 2 个方块）能够解释大约 74%的红色通道原始熵（即使 3 个通道不是独立的，也可以通过 3 个熵求和得到总熵的粗略近似值）。该方法能有效地在压缩强度与最终结果质量之间找到平衡点。

2.8 总结

在本章中，我们从相似性的概念以及如何度量相似性出发，阐述了聚类分析的基本概念。我们讨论了 K-means 算法及其优化变体 K-means++，并分析了威斯康星州乳腺癌数据集。然后，我们讨论了最重要的评估指标（无论是否了解基本事实），并了解了哪些因素会影响性能。接下来有两个主题，一个是关于 KNN 的，这是一种非常著名的算法，可以用来在给定的查询向量下找到最相似的样本；另一种是关于 VQ 的，这是一种利用聚类算法来查找样本（例如图像）或数据集的有损表示的方法。

在下一章中，我们将介绍一些非常重要的高级聚类算法，展示它们如何轻松地解决非凸问题。

2.9 问题

1．如果两个样本有等于 10 的闵可夫斯基距离（$p = 5$），那么你能说出它们的曼哈顿距离吗？

2．对 K-means 收敛速度产生负面影响的主要因素是数据集的维数。正确吗？

3．对 K-means 性能产生积极影响的最重要的因素之一是聚类的凸性。正确吗？

4．聚类应用程序的同质性分数等于 0.99。这意味着什么？

5．调整后的兰德分数等于−0.5 意味着什么？

6．考虑问题 5，不同数量的聚类能产生更好的分数吗？

7．基于 KNN 的应用程序平均每分钟需要 100 个 5-NN 基本查询。每分钟执行 2 个 50-NN 查询（每个查询需要 4 秒，叶子大小=25），然后立即执行 2 秒的阻塞任务。假设没有其他延迟，叶子大小等于 50 时，每分钟可以执行多少次基本查询？

8．由于 ball-tree 结构存在维数灾难，所以不适合对高维数据进行管理。正确吗？

9．一个从 3 个二维高斯分布中采样 1000 个样本的数据集：$N([-1.0, 0.0], diag[0.8, 0.2])$，$N([0.0, 5.0], diag[0.1, 0.1])$和 $N([-0.8, 0.0], diag[0.6, 0.3])$。哪一个最有可能是聚类的数量？

10．是否可以用 VQ 来压缩文本文件（例如建立一个字典，其中 10000 个单词统一映射在[0.0, 1.0]范围内，将文本拆分为标记，并将其转换为一个浮点序列）？

第 3 章 高级聚类

在本章中，我们将继续探索可用于非凸任务（例如 K-means 无法同时获取内聚和分离，典型的示例是交错的几何结构）的更加复杂的聚类算法。我们还将演示如何将基于密度的算法应用于复杂数据集，以及如何根据所需结果正确选择超参数和评估性能。通过这种方式，数据科学家可以在面对不同类型的问题时，排除价值较低的解决方案，而只专注于最有希望的解决方案。

本章将着重讨论以下主题。

- 谱聚类。
- 均值漂移。
- **基于密度的噪声应用空间聚类（Density-based Spatial Clustering of Applications with Noise，DBSCAN）**。
- 其他评估指标：Calinski-Harabasz 分数和聚类不稳定性。
- K-medoids。
- 联机聚类（Mini-batch K-means 以及使用层次结构的**平衡迭代减少和聚类（Balanced Iterative Reducing and Clustering using Hierarchies，BIRCH）**）。

3.1 技术要求

本章中的代码需求如下。

- Python 3.5+（强烈推荐 Anaconda 发行版）。
- 库。

- SciPy 0.19+。
- NumPy 1.10+。
- scikit-learn 0.20+。
- pandas 0.22+。
- Matplotlib 2.0+。
- seaborn 0.9+。

数据集可以通过 UCI 数据集获得，除了在加载阶段添加列名外，不需要任何预处理。

示例代码可在本书配套的代码包获得。

3.2 谱聚类

可以管理非凸簇的最常见的一种算法是谱聚类。其主要思想是将数据集 X 投影到可以通过超球体捕获聚类的空间（例如使用 K-means）。用不同的方式都可以实现这一结果，但是由于算法的目标是去除通用形状区域的凹陷，第一步始终是用图形 $G=\{V, E\}$来表示数据集 X，其中顶点 $V \equiv X$ 和加权边表示与每对样本 x_i, x_j（$x_i, x_j \in X$）通过参数（$w_{ij} \geqslant 0$）的接近度。生成的图形可以是完整的（全连接的），也可以是仅在某些样本对（即无权重的设置为 0）之间具有边。部分图形示例如图 3-1 所示。

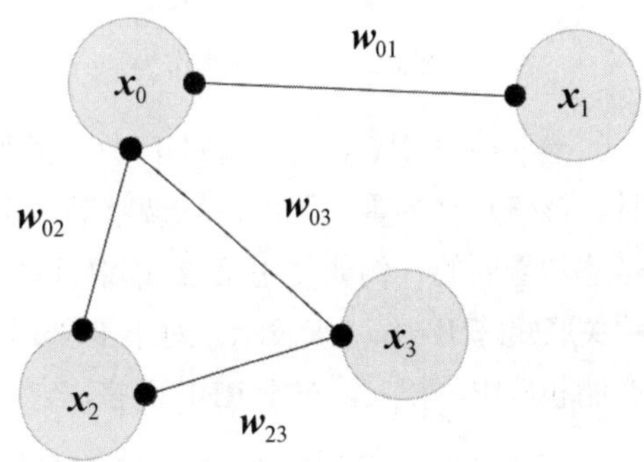

图 3-1 图形示例：点 x_0 是唯一连接到 x_1 的点

有两种主要策略可用于确定权重 w_{ij}: KNN 和**径向基函数（Radial Basis Function，RBF）**。第一个就是在第 2 章讨论的算法。考虑到 k 个邻域，数据集表示为 ball-tree 或者 kd-tree，并且对于每个样本 x_i，计算 $kNN(x_i)$集合。此时，给定另一个样本 x_j，权重计算如下：

$$w_{ij} = \begin{cases} 1 & \bar{x}_j \in kNN(\bar{x}_i) \\ 0 & \text{其他} \end{cases}$$

在这种情况下，图像并不包含实际距离的任何信息。因此，考虑到在 KNN 中使用的同样的距离函数 $d(\bullet)$，最好将 w_{ij} 表示为：

$$w_{ij}=\begin{cases}d(\bar{x}_i,\bar{x}_j) & \bar{x}_j\in kNN(\bar{x}_i)\\0 & \text{其他}\end{cases}$$

该方法简单并且很可靠，但生成的图像并不是完全连接的。通过采用 RBF 可以轻易地实现完全连接，定义如下：

$$w_{ij}=\mathrm{e}^{-\gamma\|\bar{x}_i-\bar{x}_j\|^2}$$

通过这种方式，所有样本对都会根据距离自动加权。由于 RBF 是高斯曲线，在 $x_i=x_j$ 时等于 1 且与平方距离 $d(x_i, x_j)$（表示为差值的范数）成比例下降。参数 γ 确定半钟形曲线的振幅（通常默认值是 $\gamma=1$）。当 $\gamma<1$ 时，振幅增大，反之亦然。因此，$\gamma<1$ 表示对距离的灵敏度较低，而当 $\gamma>1$ 时，RBF 下降得更快，如图 3-2 所示。

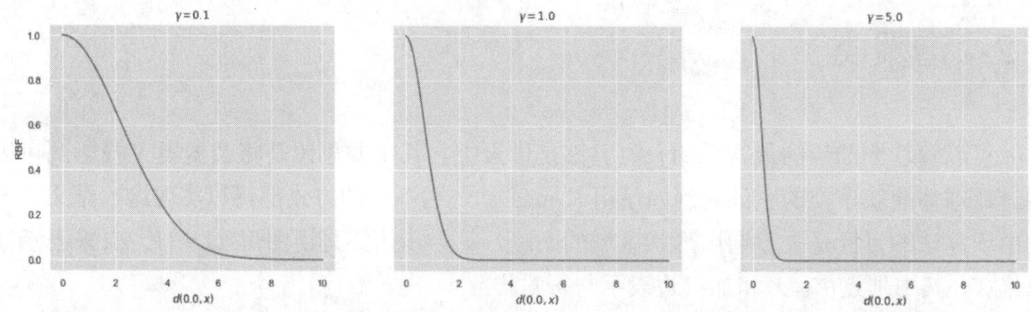

图 3-2　二维 RBF 作为 $\gamma=0.1$、1.0 和 5.0 时，计算 x 和 0 之间的距离的函数

当 $\gamma=0.1$ 时，$x=1$（相对于 0.0）的加权约为 0.9；当 $\gamma=1.0$ 时，该值约为 0.5；当 $\gamma=5.0$ 时，该值几乎为零。因此，在调整谱聚类模型时，考虑 γ 的不同值并选择产生最佳性能的值是非常重要的（例如使用第 2 章中讨论的标准进行评估）。一旦创建了图形，就可以使用对称**关联矩阵** $W=\{w_{ij}\}$来表示。对于 KNN 而言，W 通常是稀疏的，可以使用专有库进行有效的存储和操作。相反，对于 RBF 而言，它总是密集的，如果 $X\in\Re^{N\times M}$，则需要存储 N^2 的值。

不难证明，我们迄今分析的程序相当于将 X 分割为多个内聚区域。事实上，让我们考虑一个通过 KNN 关联矩阵获取图形的例子。连通分量 C_i 是子图，其中每对顶点 $x_a, x_b\in C_i$ 通过属于 C_i 顶点的路径连接，并且没有将任何属于 C_i 的顶点同不属于 C_i 的顶点相连接的边。换句话说，连通分量是内聚的子集 $C_i\in G$，表示聚类选择的最佳候选。从图形中提取的连通分量示例，如图 3-3 所示。

在原始空间中，点 $\boldsymbol{x}_0$、$\boldsymbol{x}_2$ 和 $\boldsymbol{x}_3$ 通过 $\boldsymbol{x}_1$ 连接到 $\boldsymbol{x}_n$、$\boldsymbol{x}_m$ 和 $\boldsymbol{x}_q$。这可以表示非常简单的非凸几何结构，如半月形。实际上，在这种情况下，凸性假设对于最佳分离不再是必要的，因为正如我们将要看到的，这些分量被提取并投影到具有平坦几何形状的子空间（可以轻易通过诸如 K-means 算法管理）。

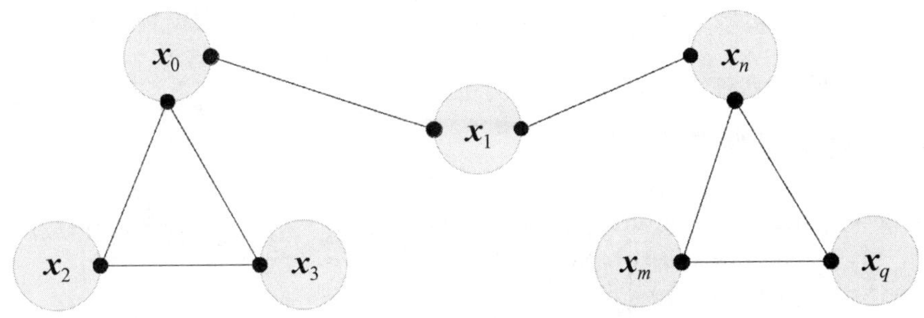

图 3-3 从图形中提取的连通分量示例

当使用 KNN 时，这个过程更为明显。但一般地，我们可以说当区域间距离（例如两个最近点之间的距离）与平均的区域间距离相当时，可以将两者合并。Shi 和 Malik 已经提出了解决该问题的最常用方法之一（在期刊 *IEEE Transactions on Pattern Analysis and Machine Intelligence* 的论文 *Normalized Cuts and Image Segmentation* 中），它被称为标准化切割。整个证明超出了本书的范围，但我们可以讨论主要概念。给定一个图形，可以构建规范化图形的拉普拉斯算子（Laplacian 算子），定义如下：

$$L = I - D^{-1}W, \text{其中} D = diag\left(\sum_j w_{ij}\right)$$

对角矩阵 D 称为**次数矩阵**，每个元素 d_{ii} 是对应行的权重之和。上述算子可以证明以下陈述。

- 在特征分解 L（考虑到未标准化的图形的拉普拉斯算子 $L_u = D-W$ 并且求解方程 $L_u v=\lambda Dv$，很容易计算技术特征值和特征向量）后，空特征值总是以多重性 p 存在。
- 如果 G 是无向图（因此 $w_{ij} \geqslant 0 \forall i,j$），则连通分量的数量等于 p（空特征值的多重性）。
- 如果 $A \subseteq \Re^N$ 和 Θ 是 A 的可数子集（即 X 是可数子集，因为样本的数量始终是有限的），则在给定 $\theta_i \in \Theta$ 的情况下，向量 $v \in \Re^N$ 被称为 Θ 的**指标向量**。如果 $\theta_i \in A$ 则 $v^{(i)}=1$，否则 $v^{(i)}=0$。例如我们有两个向量 $a=(1, 0)$和 $b=(0, 0)$（那么 $\Theta=\{a, b\}$），我们考虑 $A=\{(1,n)$，其中 $n\in[1,10]\}$，向量 $v=(1,0)$是一个指标向量，因为 $a\in A$ 且 $b\notin A$。
- L 的第一个特征向量 p（对应于空特征值）是由每个连通分量 $C_1,C_2,\cdots,C_p$ 跨越的本征空间的指标向量。

因此，如果数据集是由 M 个 $x_i \in \Re^N$ 的样本组成，并且图形 G 与关联矩阵 $W^{M\times M}$ 相关联，Shi 和 Malik 建议构建包含第一个 p 特征向量作为列的矩阵 $B \in \Re^{M\times p}$，并使用简单方法（如 K-means）对行进行聚类。事实上，每行表示样本投影在 p 维子空间上，其中非凸性由可以包围成规则球的子区域表示。

现在让我们应用谱聚类来分离用以下代码段生成的二维正弦数据集：

```
import numpy as np

nb_samples = 2000

X0 = np.expand_dims(np.linspace(-2 * np.pi, 2 * np.pi, nb_samples), axis=1)
Y0 = -2.0 -np.cos(2.0 * X0) + np.random.uniform(0.0, 2.0,
size=(nb_samples, 1))

X1 = np.expand_dims(np.linspace(-2 * np.pi, 2 * np.pi, nb_samples), axis=1)
Y1 = 2.0 -np.cos(2.0 * X0) + np.random.uniform(0.0, 2.0, size=(nb_samples, 1))

data_0 = np.concatenate([X0, Y0], axis=1)
data_1 = np.concatenate([X1, Y1], axis=1)
data = np.concatenate([data_0, data_1], axis=0)
```

谱聚类示例的正弦数据集如图 3-4 所示。

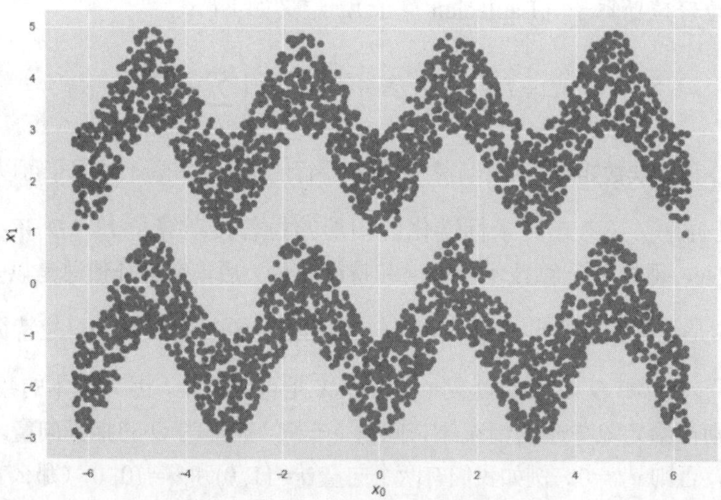

图 3-4　谱聚类示例的正弦数据集

我们没有说明任何事实真相，我们的目标是分离两个正弦曲线（非凸的）。检查捕获正弦波的球是否也包含属于其他正弦子集的许多样本是很容易的。为了显示单纯的 K-means 与谱聚类（scikit-learn 实现了 Shi-Malik 算法，然后是 K-means 聚类）之间的差异，我们将训练两个模型，后者使用 $\gamma = 2.0$（gamma 参数）的 RBF（affinity 参数）。当然，我建议大家也测试其他值以及 KNN 的亲和力。基于 RBF 的解决方案显示在以下代码段中：

```
from sklearn.cluster import SpectralClustering, KMeans

km = KMeans(n_clusters=2, random_state=1000)
sc = SpectralClustering(n_clusters=2, affinity='rbf', gamma=2.0,
random_state=1000)

Y_pred_km = km.fit_predict(data)
Y_pred_sc = sc.fit_predict(data)
```

结果如图 3-5 所示。

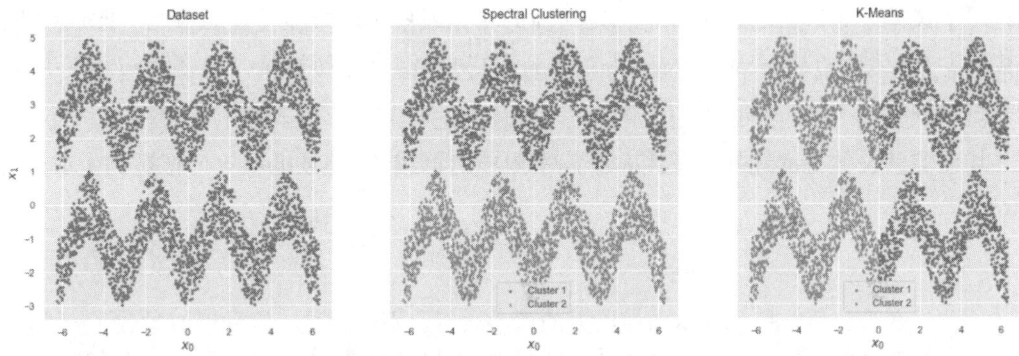

图 3-5 原始数据集（左），谱聚类结果（中）和 K-means 结果（右）

正如你所见，K-means 沿 x 轴用两个球对数据集进行分割，而谱聚类则成功且正确地分离了两个正弦曲线。无论何时聚类的数量以及数据集 X 的维数都不是太大时（在此情况下，拉普拉斯算子的特征分解可能变得十分昂贵），该算法是非常强大的。此外，由于该算法是基于图形切割过程的，因此很适合聚类数量均匀的时候。

3.3 均值漂移

让我们考虑从多变量数据生成过程 p_{data} 中提取的数据集 $X \in \Re^{M \times N}$（M 个 N 维样本）。应用于聚类问题的均值漂移算法的目标是查找 p_{data} 的最大区域，并将周围区域中包含的样本关联到同一个聚类。由于 p_{data} 是**概率密度函数（Probability Density Function，PDF）**，因此可以将其表示为常规 PDF（例如高斯）的总和，其特征在于具有一小部分的参数，如均值和方差。这样，我们可以假设样本由具有最高概率的 PDF 生成。我们将在第 5 章和第 6 章中讨论此过程。出于我们的目的，将问题重构为迭代过程是会有帮助的，该过程会更新平均向量（质心）的位置直到它们达到最大值。当质心达到其最终位置时，使用标准近邻函数将样本分配给每个聚类。

该算法的第一步是确定近似 p_{data} 的合适方法。一种经典的方法（将在第6章中讨论）是基于 **Parzen 窗口**（**Parzen Windows**）的使用。现在，可以说 Parzen 窗口是一个非负核函数 $f(\bullet)$，其特征是一个称为**带宽**（**Bandwidth**）的参数（有关进一步的细节，请查看原始论文 *On Estimation of a Probability Density Function and Mode*）。顾名思义，这一参数的作用是扩大或限制 Parzen 窗口接近其最大值区域。与高斯分布进行类比，带宽与方差的作用相同。因此，小的带宽将产生均值周围值非常高的函数，而较大的值则与更平坦的函数相关联。不难理解，在这种特殊情况下，聚类的数量是由带宽和其他方式隐式地决定的。出于此原因，大多数实现（如 scikit-learn）仅使用一个参数并计算另一个参数。考虑到此算法设计用于概率分布，自然的选择是指定所需的带宽或者实现最佳带宽的检测。此过程看起来比施加特定数量的聚类更复杂，但是在许多实际情况下，特别是当少部分的基本事实已知时，更加容易测试不同带宽的结果。

均值漂移最常见的选择是使用 n 个扁平内核的总和（n 是质心数）近似数据生成过程：

$$p_{data} \approx \sum_{i=1}^{n} K_r(\bar{x} - \bar{x}_i) \ where \ K_r(\bar{x}) = \begin{cases} 1 & \|\bar{x}\| \leqslant r \\ 0 & 其他 \end{cases}$$

因此，在收敛后，每个样本由最接近的质心表示。不幸的是，这种近似导致了一个不太可能代表真实过程的分段函数。因此，最好使用基于相同底层内核的平滑 Parzen 窗口 $K(\bullet)$：

$$p_{data} \approx \sum_{i=1}^{n} K\left(\frac{\|\bar{x} - \bar{x}_i\|^2}{h^2}\right)$$

$K(\bullet)$是平方距离（如标准球）和带宽 h 的函数。有太多的候选函数可以被使用，但是最明显的就是高斯内核（RBF），其中 h^2 起到了方差的作用，其得到的近似值非常平滑，n 个峰值对应于质心（即均值）。一旦定义函数后，就可以计算质心 $x_1, x_2, \cdots, x_n$ 的最佳位置。

给定质心和近邻函数（为简单起见，我们假定使用半径为 h 且 $K(x) \neq 0 \ \forall \ x \in B_r$ 的标准球 B_h），相应的均值漂移矢量定义为：

$$\bar{m}(\bar{x}_i) = \frac{\sum_{\bar{x}_h \in B_h(\bar{x}_i)} [K(\bar{x}_h - \bar{x}_i)\bar{x}_h]}{\sum_{\bar{x}_h \in B_h(\bar{x}_i)} K(\bar{x}_h - \bar{x}_i)}$$

正如可以看到的，$m(\bullet)$是使用 $K(\bullet)$加权的所有邻近样本的均值。显然由于 $K(\bullet)$是对称的并且与距离相关的，当 x_i 达到真实均值时 $m(\bullet)$将趋于稳定。现在应该更清楚的是，小的值迫使算法引入更多的质心以便将所有样本分配给聚类。相反，大的带宽可能导致单个聚类的最终配置。迭代过程以初始化的质心猜测 $x_1^{(0)}, x_2^{(0)}, \cdots, x_n^{(0)}$ 开始，并使用规则校正向量：

$$\overline{x}_i^{(t)} = \overline{x}_i^{(t-1)} + \overline{m}\left(\overline{x}_i^{(t-1)}\right) \ \forall i = 1, \cdots, n$$

前面的公式很简单，在每个步骤，质心移动（位移）更接近 $m(\bullet)$。这样，由于 $m(\bullet)$与相对于 x_i 计算的邻域密度成比例，当 x_i 达到概率最大的位置时，$m(\bullet) \rightarrow m_{final}$，不再需要更新。当然，收敛速度受到样本数量的影响很大。对于非常大的数据集，该过程会因为每个均值漂移向量所需邻域的预先计算而变得非常缓慢。另一方面，当聚类标准由数据密度定义时，该算法非常有用。

例如现在让我们考虑一个合成数据集，其中包含 3 个具有对角协方差的多元高斯生成的 500 个二维样本，如下所示：

```
import numpy as np

nb_samples = 500

data_1 = np.random.multivariate_normal([-2.0, 0.0], np.diag([1.0, 0.5]),
size=(nb_samples,))
data_2 = np.random.multivariate_normal([0.0, 2.0], np.diag([1.5, 1.5]),
size=(nb_samples,))
data_3 = np.random.multivariate_normal([2.0, 0.0], np.diag([0.5, 1.0]),
size=(nb_samples,))

data = np.concatenate([data_1, data_2, data_3], axis=0)
```

平均位移算法示例的样本数据集如图 3-6 所示。

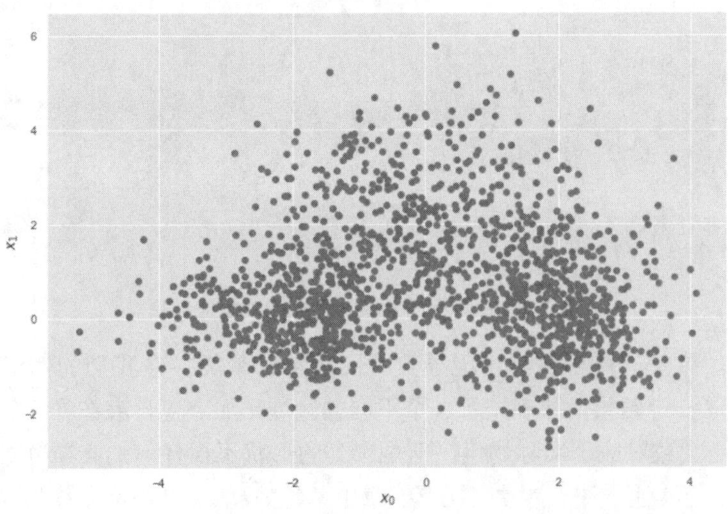

图 3-6 平移位移算法示例的样本数据集

在这种情况下，我们知道基本事实，但是需要测试不同的带宽并比较结果。由于生成的高斯彼此非常接近，一些外部区域可以识别为聚类。为了重点研究最优参数，我们可以观察到平均方差（考虑不对称性）是 1。因此，我们可以考虑值 $h=0.9$、1.0、1.2 和 1.5。此时，我们可以实例化 scikit-learn 的类 MeanShift，通过参数 bandwidth 传递 h 值，如下所示：

```
from sklearn.cluster import MeanShift

mss = []
Y_preds = []
bandwidths = [0.9, 1.0, 1.2, 1.5]

for b in bandwidths:
    ms = MeanShift(bandwidth=b)
     Y_preds.append(ms.fit_predict(data))
     mss.append(ms)
```

在密度分析后，训练过程会自动地选择质心的数量和初始位置。不幸的是，这个数字通常大于最终数字（因为局部密度差异）。因此该算法会优化所有的质心，但是在完成之前，会执行合并过程以消除所有太靠近其他质心的质心（即重复的质心）。scikit-learn 提供了参数 bin_seeding，可根据带宽对样本空间进行离散化（分箱），从而加速这一研究。通过这种方式，可以减少合理精度下损失的候选者数量。

4 个训练过程结束时的聚类结果，如图 3-7 所示。

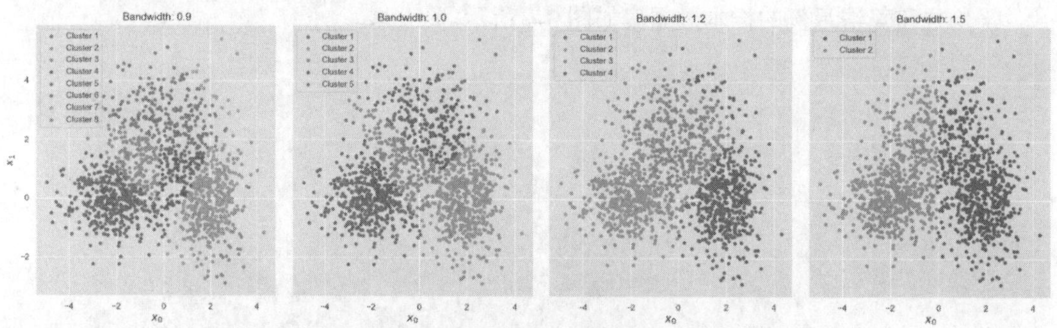

图 3-7 针对不同带宽的均值漂移聚类结果

如你所见，带宽的微小差异可能导致不同数量的聚类。在我们的例子中，最优值是 h=1.2，这产生了一个结果，即确定了 3 个不同的区域（加上包含潜在异常值的额外聚类）。最大聚类的质心大致对应于实际均值，但是聚类的形状不像任何的高斯分布，这是一个缺陷，可以通过采用其他方法来解决（在第 5 章中讨论）。事实上均值漂移与局部近邻一起使用，并且不假定 p_{data} 属于特定分布。因此，最终的结果是将数据准确地分割成高密度区域

（注意最大分离不再是必需的），也可以从多个标准分布的叠加中派生出来。在没有任何先验假设的情况下，我们不能指望结果是非常规律的，但是将该算法与 VQ 进行比较，很容易注意到分配是基于找到每个密集斑点的最佳代表的想法。因此，由具有低概率的高斯 $N(\mu, \Sigma)$生成的一些点被分配给不同的聚类，高斯的质心比 μ 更具代表性（就距离而言）。

3.4 DBSCAN

DBSCAN 是另一种基于数据集密度估计的聚类算法。然而与均值漂移相反，DBSCAN 没有直接参考数据生成过程。实际上，在这种情况下，该过程通过自下而上的分析建立样本间的关系，从 X 由低密度区域分隔的高密度区域（斑点）组成的一般假设开始。因此 DBSCAN 不仅需要最大分离约束，而且还强制执行此类条件以确定聚类的边界。此外，该算法不允许指定所需的聚类数量，这是 X 结构的结果，但是与均值漂移类似，可以控制过程的粒度。

特别地，DBSCAN 基于两个基本参数：ε 表示以样本 x_i 为中心的球 $B_\varepsilon(x_i)$的半径，$n_{\min}$ 是必须包含在 $B_\varepsilon(x_i)$中的最小样本数，以便将 x_i 视为核心点（即可以被认定为聚类的实际成员的点）。从形式上讲，给定函数 $N(\bullet)$计算集合中包含的样本数量，如果符合以下情况，则样本 $x_i \in X$ 称为核心点：

$$N(B_\varepsilon(\bar{x}_i)) \geqslant n_{\min}$$

所有 $x_j \in B_\varepsilon(x_i)$的点被定义为从 x_i **直接密度可达**（**Directly Density-Reachable**）。这种条件是点之间的最强关系，因为它们都属于以 x_i 为中心的同一个球，并且 $B_\varepsilon(x_i)$中包含的样本总数足够大，足以将邻域视为密集子区域。此外，如果存在一个序列 $x_i \to x_{i+1} \to \cdots \to x_j$，其中 x_{i+1} 被定义为从 x_i 直接密度可达（对于所有顺序对），x_j 被定义为从 x_i **密度可达**（**Density-Reachable**）。这个概念非常直观，如图 3-8 所示。

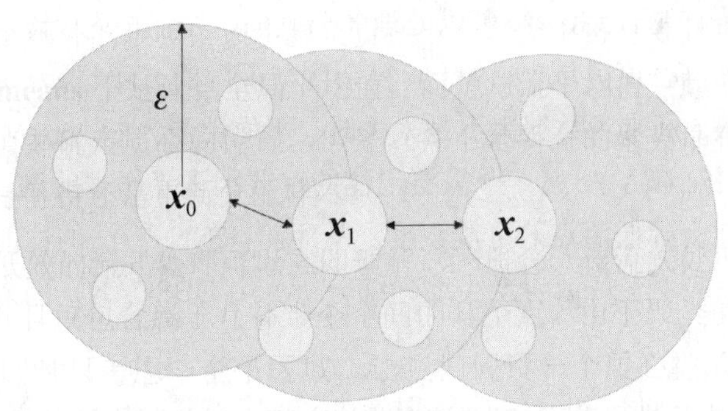

图 3-8　如果 $n_{min} = 4$，则点 x_2 从 x_0 密度可达

如果我们设置样本的最小数等于 4，$\boldsymbol{x}_0$、$\boldsymbol{x}_1$ 和 $\boldsymbol{x}_2$ 都是核心点，$\boldsymbol{x}_1$ 从 $\boldsymbol{x}_0$ 是直接密度可达，$\boldsymbol{x}_2$ 从 $\boldsymbol{x}_1$ 是直接密度可达。因此，$\boldsymbol{x}_2$ 是从 $\boldsymbol{x}_0$ 密度可达。换句话说，这意味着可以定义一系列重叠的密集球（$N(\bullet) \geqslant n_{min}$），从 $\boldsymbol{x}_0$ 开始到 $\boldsymbol{x}_2$ 结束。我们可以通过增加进一步的定义将此概念扩展到属于球的所有其他点：给定点 x_k，如果 x_i 和 x_j 是从 x_k 密度可达的，则点 x_i 和 x_j 是**密度连接**（**Density-Connected**）的。

请务必了解这样的条件比密度可达性要弱，因为为了保证密集链，有必要考虑第三个点，它表示两个密集子区域之间的连接器。事实上，可能有两个密度连接点 a 和 b，其中 a 不能从 b 密度可达（反之亦然）。只要满足最小样本数量仅在一个方向上移动（即属于球的样本不均匀分布，但倾向于在小的超体积中累积），这种情况就会发生。

因此，举例来说，如果 $N(a) \gg n_{min}$ 且 $N(a_1) \ll N(a)$，则 $a \rightarrow a_1$ 的转换可以允许构建也包含 a_1 的球 $B_\varepsilon(a)$（以及许多其他点）。然而，在逆转换 $a_1 \rightarrow a$ 中，$B_\varepsilon(a_1)$不能足够密集以建立直接密度可达的条件。

因此，在两个方向中的一个方向上移动时，我们可以破坏较长的序列，从而导致密度可达性的损失。现在应该更清楚的是，在 x_i 和 x_j 两点之间的密度连接允许我们避免这个问题的前提是要有另一个点可以同时到达 x_i 和 x_j。

所有 x_i，$x_j \in X$ 的密度连接点对（x_i，x_j）将被分配给相同的聚类 C_t。此外，如果 $x_k \in C_t$，所有从 x_k 密度可达的点 $x_p \in X$ 也将属于同一个聚类。从任何其他点 $x_i \in X$ 不能密度可达的点被定义为**噪声点**。因此与其他算法相反，DBSCAN 输出 n 个聚类以及包含所有噪声点的附加集合（不一定被视为异常值，而是不属于任何密集子区域的点）。当然，由于噪声点没有标签，它们的数量应该很低，因此用双重目标调整参数 ε 和 n_{min} 是非常重要的：最大化内聚和分离，以避免过多的点被标记为噪声。没有标准规则来实现这样的目标，因此我建议在做出最终决定前测试不同的值。

最后，重要的是记住 DBSCAN 可以处理非凸几何，并且与均值漂移相反，它假设存在被低密度区域包含的高密度区域。此外，其复杂度与采用的 KNN 方法（暴力搜索，ball-tree 或 kd-tree）严格相关。通常当数据集不是太大时，平均性能为 $O(N\log N)$，但是当 N 非常大时，复杂度可能会倾向 $O(N^2)$。另一个需要记住的重要因素是样本的维数。正如我们已经讨论过的，高维度可能会降低两点的可辨识度，从而对 KNN 方法的性能产生负面影响。因此当维度非常高时，应避免（或者至少要仔细分析）用 DBSCAN，因为得到的聚类无法有效地表示实际密集区域。

在展示具体例子之前，引入一种在基本事实未知时采用的进一步评估方法是有帮助的。

3.4.1 Calinski-Harabasz 分数

假设聚类算法已经应用于包含 M 样本的数据集合 X，以便将其分割成由质心 $\mu_i \forall i=1,\cdots,n_c$ 表示的 n_c 个聚类 C_i。我们可以定义**聚类内色散**（**Within-Cluster Dispersion**，**WCD**）如下：

$$WCD(k)=Tr(X_k), \text{其中} X_k=\sum_{i=1}^{n_c}\sum_{\bar{x}\in C_i}(\bar{x}-\bar{\mu}_i)(\bar{x}-\bar{\mu}_i)^{\mathrm{T}}$$

如果 x_i 是 N 维列向量，则 $X_k \in \Re^{N\times N}$。不难理解 $WCD(k)$是对聚类的伪方差全局信息进行编码。如果满足最大内聚条件，我们期望有限的分布在质心周围。另一方面，$WCD(k)$甚至会受到包含异常的单个聚类的负面影响。因此，我们的目标是在每种情况下最小化 $WCD(k)$。类似地，我们可以将**聚类间色散**（**Between-Clusters Dispersion**，**BCD**）定义为：

$$BCD(k)=Tr(B_k), \text{其中} B_k=\sum_{i=1}^{n_c}N(C_i)(\bar{\mu}_i-\bar{\mu})(\bar{\mu}_i-\bar{\mu})^{\mathrm{T}}$$

在前面的公式中，$N(C_i)$是分配给聚类 Ci 的元素数量，μ 是整个数据集的全局质心。考虑到最大分离原则，我们希望密集区域远离全局质心。$BCD(k)$恰好表达了这个原则，因此需要最大化它以获取更好的性能。

Calinski-Harabasz 分数定义为：

$$CH_k(X,Y_{pred})=\frac{M-k}{k-1}\cdot\frac{BCD(k)}{WCD(k)}$$

由于不考虑质心计算是聚类算法的一部分，因此 Calinski-Harabasz 分数引入了对预测标签的显式依赖性。分数没有绝对的意义，但是有必要比较不同的值以便了解哪种解决方案更好。显然，$CH_k(\bullet)$越高，聚类性能越好，因为这种条件意味着更大的分离和更大的内聚。

3.4.2 使用 DBSCAN 分析工作数据集中的缺勤率

工作缺勤数据集（按照 3.1 节的说明下载）由 740 条记录组成，其中包含休假员工的信息。有 20 个属性分别代表年龄、服务时间、教育、习惯、疾病、违纪、交通费用、从家至办公点距离，等等（有关字段的完整描述请访问 UCI 数据集的 Absenteeism+at+work）。我们的目标是预处理这些数据并应用 DBSCAN，以便发现具有特定语义内容的密集区域。

第一步按照如下方式加载 CSV 文件（必须更改占位符<data_path>以指向文件的实际位置）：

```
import pandas as pd

data_path = '<data_path>\Absenteeism_at_work.csv'

df = pd.read_csv(data_path, sep=';', header=0, index_col=0).fillna(0.0)
print(df.count())
```

代码段的输出如下所示：

```
Reason for absence                740
Month of absence                  740
Day of the week                   740
Seasons                           740
Transportation expense            740
Distance from Residence to Work   740
Service time                      740
Age                               740
Work load Average/day             740
Hit target                        740
Disciplinary failure              740
Education                         740
Son                               740
Social drinker                    740
Social smoker                     740
Pet                               740
Weight                            740
Height                            740
Body mass index                   740
Absenteeism time in hours         740
dtype: int64
```

其中一些功能是分类的，并使用顺序整数进行编码（例如 Reason for absence、Month of absence 等）。由于这些值在没有精确的语义原因的情况下会影响距离（例如 Month=12 大于 Month=10，但这两个月在距离方面是等效的），我们需要在接下来的步骤前，对所有的功能进行独热编码（新的特征将附加在列表的末尾）。在下面的代码片段中，我们使用函数 pandas()的方法 get_dummies()来执行编码，然后删除原始列：

```
import pandas as pd

cdf = pd.get_dummies(df, columns=['Reason for absence', 'Month of absence',
'Day of the week', 'Seasons', 'Disciplinary failure', 'Education', 'Social
drinker', 'Social smoker'])
```

```
cdf = cdf.drop(labels=['Reason for absence', 'Month of absence', 'Day of
the week', 'Seasons', 'Disciplinary failure', 'Education', 'Social
drinker', 'Social smoker']).astype(np.float64)
```

独热编码的结果通常会产生均值之间的差异，因为许多特征被限制为 0 或 1，而其他特征（例如年龄）可以具有更宽的范围。因此，最好对方法进行标准化（不要影响标准差，因为它们与现存信息成正比，因此将其保持不变是有帮助的）。通过使用 StandarScaler 类并设置参数 with_std=False 可以实现这个步骤，如下所示：

```
from sklearn.preprocessing import StandardScaler

ss = StandardScaler(with_std=False)
sdf = ss.fit_transform(cdf)
```

此时，如往常一样，我们可以使用 t-SNE 算法来减少数据集维度（通过 n_components=2），并可视化结构。数据帧 dff 将包含原始数据集和 t-SNE 坐标，如下所示：

```
from sklearn.manifold import TSNE

tsne = TSNE(n_components=2, perplexity=15, random_state=1000)
data_tsne = tsne.fit_transform(sdf)

df_tsne = pd.DataFrame(data_tsne, columns=['x', 'y'], index=cdf.index)
dff = pd.concat([cdf, df_tsne], axis=1)
```

t-SNE 工作数据集中缺勤情况的二维表示如图 3-9 所示。

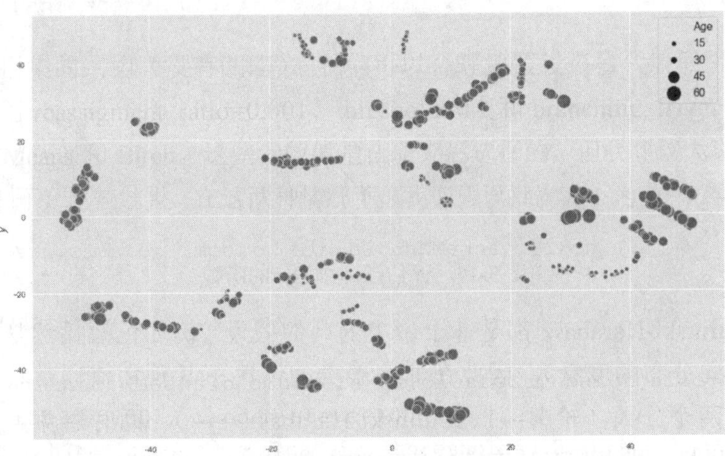

图 3-9　t-SNE 工作数据集中缺勤情况的二维表示

在考虑使用这个结果之前，重要的是重复 t-SNE 以产生最佳的低维表示，但是总是需要在原始数据集上测试算法以检查由 t-SNE 识别的近邻是否对应于实际的聚类。特别地，考虑到 DBSCAN 的结构以及 t-SNE 的表示形式，ε 值可能是合理的。但是当移动到更高维空间时，球无法再捕获相同样本。然而，前面的图显示了被空白空间包围的密集区域的存在。不幸的是，密度不太可能是均匀的（这是 DBSCAN 的建议之一，因为 ε 和 n_{min} 的值都不能改变），但在这种情况下，我们假设密度对所有斑点是恒定的。

为了给我们的目标找出最佳配置，我们使用 p=2、p=4、p=8、p=12 的闵可夫斯基度量绘制了聚类的数量、噪声点的数量、轮廓分数，还使用 Calinski-Harabasz 分数作为 ε 的函数，如图 3-10 所示。

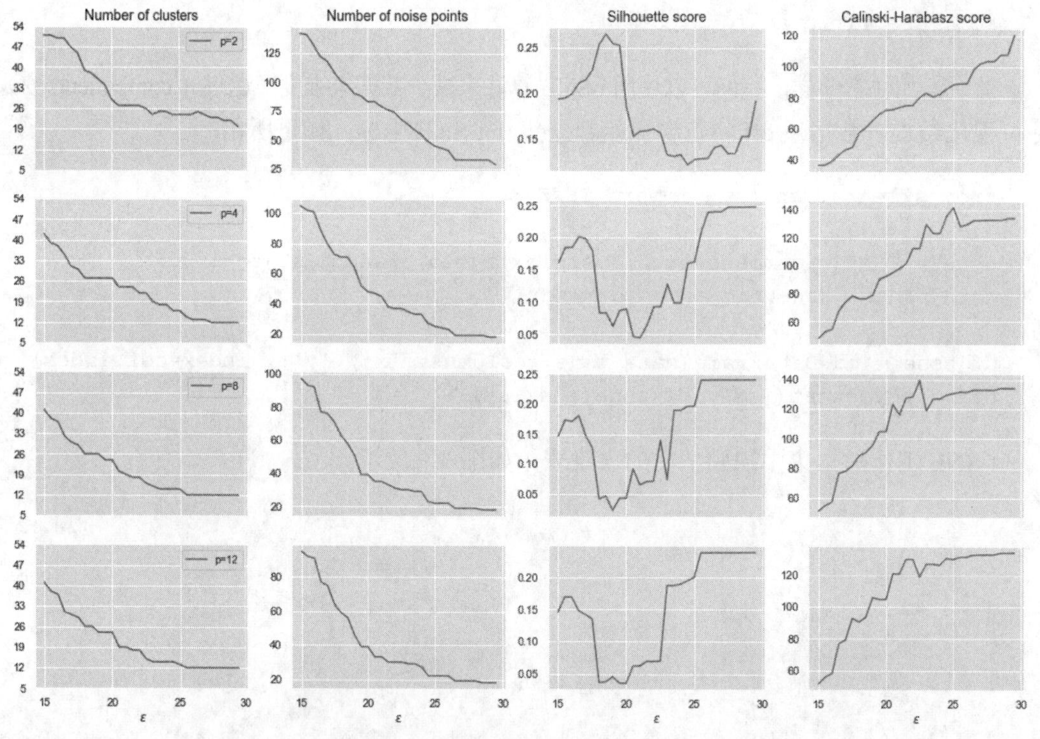

图 3-10 评估指标作为 ε 的函数

轮廓和 Calinski-Harabasz 都是基于聚类为凸的假设（例如色散显然是一种假设样本围绕质心的径向分布的度量），因此在非凸聚类的情况下其预期值通常较小。然而，我们希望最大化两个分数（轮廓→1、Calinski-Harabasz→∞），同时避免大量聚类。考虑到我们的初始目标（找到具有特定特征集合的内聚聚类），我们选择了 $\varepsilon = 25$ 和 $p = 12$ 的闵可夫斯基度量，这产生了一个合理数量的聚类（13）和 22 个噪声点。在第 2 章中我们已经证明了，当 $p\rightarrow\infty$（但是在 $p>2$ 时效果已经可见了）时，距离趋向于最大的特征差异。

因此，这种选择应始终通过语境分析来证明。在这种情况下，我们可以假设每个（非）凸斑点代表一个由特定特征支配的类别（具有所有其他特征的次要贡献），因此 $p=12$（导致 17 个聚类）对于中等粗粒度分析来说可能是一个很好的权衡（考虑到有 20 个属性）。此外，$\varepsilon=22.5$ 与最高 Calinski-Harabasz 分数 129.3 相关联，并且轮廓分数约等于 0.2。特别是后一个值表示整体聚类是正确合理的，但可能存在重叠。由于基础几何体非常可能是非凸的，因此这样的结果是可以接受的（通常不是在凸的情况下），同时考虑具有相应峰值的 Calinski-Harbasz 分数。ε 的较大值产生高的轮廓分数（小于 0.23），但所产生的聚类数量和 Calinski-Harbasz 分数都不受配置的影响。必须明确的是，这一选择尚未得到任何外部证据的证实，并且必须通过对结果的语义分析进行验证。如果需要细粒度的分析，那么具有更多聚类数量和更多噪声点的配置也是可以接受的（因此，读者可以使用这些值并对结果进行解释）。但是，此示例的最终目标保持不变：对数据集进行分段，以便每个聚类包含特定（可能是唯一的）属性。

我们可以实例化 DBSCAN 模型并使用包含规范化特征的数组 sdf 对其进行训练。配置是 $\varepsilon = 25$（参数 eps）和 $n_{\min} = 3$（参数 min_samples），以及 $p=12$ 的闵可夫斯基度量（metric='minkowski'）。

我们现在可以执行以下聚类：

```
from sklearn.cluster import DBSCAN
from sklearn.metrics import silhouette_score, calinski_harabaz_score

ds = DBSCAN(eps=25, min_samples=3, metric='minkowski', p=12)
Y_pred = ds.fit_predict(sdf)

print('Number of clusters: {}'.format(np.max(Y_pred) + 1))
print('Number of noise points: {}'.format(np.sum(Y_pred==-1)))

print('Silhouette score: {:.3f}'.format(silhouette_score(dff, Y_pred,
metric='minkowski', p=12)))
print('Calinski-Harabaz score: {:.3f}'.format(calinski_harabaz_score(dff,
Y_pred)))
```

由于 DBSCAN 使用标签−1 标记噪声点，代码段的输出如下：

```
Number of clusters: 13
Number of noise points: 22
```

```
Silhouette score: 0.2
Calinski-Harabaz score: 129.860
```

工作数据集缺勤的聚类结果如图 3-11 所示。

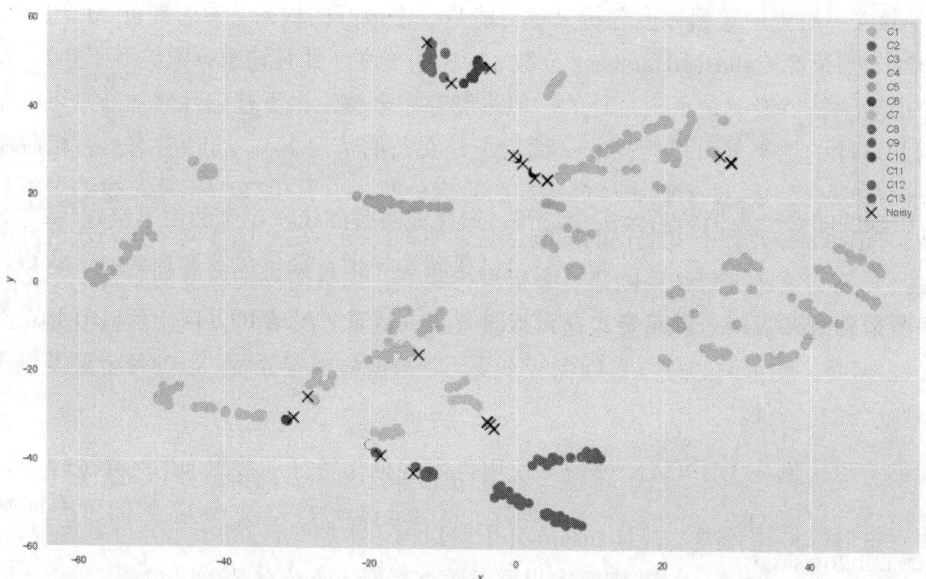

图 3-11 工作数据集缺勤的聚类结果

正如你所看见的（我建议运行代码以获取更好的视觉确认），大多数的隔离（即使在 t-SNE 图中没有内聚）区域已经被成功检测到了，并且样本已经分配给相同的聚类。我们还可以观察到两个基本结果：噪声点（用十字标记的）在 t-SNE 表示中并没有被隔离，并且一些聚类被部分地分开。这不是算法的失败，而是降维的直接结果。在原始空间中，所有的噪声点实际上没有与其他样本密度连接，但它们可能在 t-SNE 图中看起来与某些点重叠或接近。然而我们感兴趣的是高密度和准内聚非凸区域，幸运的是，它们在二维图中也表现相关。

现在让我们考虑两个不同的区域（为简单起见，我们将分析在独热编码后的前 10 个属性）。第一个是二维区域 $x < -45$，如下所示：

```
sdff = dff[(dff.x < -45.0)]
print(sdff[sdff.columns[0:10]].describe())
```

对应于 $x < -45$ 子数据集的统计度量，如表 3-1 所示。

表 3-1　　对应于 $x < -45$ 子数据集的统计度量

	Transportation expense	Distance from Residence to Work	Service time	Age	Work load Average/day	Hit target	Son	Pet	Weight	Height
count	67.0	67.000000	67.000000	67.000000	67.000000	67 000000	67.000000	67.000000	67.000000	67.000000
mean	179.0	50.910448	17.940299	38.223881	251.817418	95.253731	0.014925	0.014925	88.820896	170.074627
std	0.0	0.733017	0.488678	1.832542	10.791695	2.382660	0.122169	0.122169	1.466033	0.610847
min	179.0	45.000000	14.000000	38.000000	230.290000	87.000000	0.000000	0.000000	77.000000	170.000000
25%	179.0	51.000000	18.000000	38.000000	241.476000	93.000000	0.000000	0.000000	89.000000	170.000000
50%	179.0	51.000000	18.000000	38.000000	251.818000	96.000000	0.000000	0.000000	89.000000	170.000000
75%	179.0	51.000000	18.000000	38.000000	264.249000	97.000000	0.000000	0.000000	89.000000	170.000000
max	179.0	51.000000	18.000000	53.000000	271.219000	99.000000	1.000000	1.000000	89.000000	175.000000

两个因素可以立即引起我们的关注：交通费用（似乎标准化的是 179）和子女的数量（考虑到平均值和标准差，对于大多数的样本对应为 0）。我们还要考虑服务时间和从居住地到工作地点的距离，这有助于我们找到聚类的语义标签。所有其他参数区分性都比较低，我们在这个简要的分析中将它们排除在外。因此，我们可以假设这样的一个子聚类，他们大约 40 岁且没有子女，服务时间很长，离办公地点很远（我请读者检查全面的统计数据来确认这一点），有标准化的交通费用（例如一次性付清的汽车费用）。

现在让我们将这一结果与 $-20 < x < 20$ 和 $y < 20$ 的区域做对比，结果如下：

```
sdff = dff[(dff.x > 20.0) & (dff.y > -20.0) & (dff.y < 20.0)]
print(sdff[sdff.columns[0:10]].describe())
```

对应于 $-20 < x < 20$ 和 $y < 20$ 子数据集的统计度量如表 3-2 所示。

表 3-2　　对应于 $-20 < x < 20$ 和 $y < 20$ 子数据集的统计度量

	Transportation expense	Distance from Residence to Work	Service time	Age	Work load Average/day	Hit target	Son	Pet	Weight	Height
count	165.000000	165.000000	165.000000	165.000000	165.000000	165.000000	165.000000	165.000000	165.000000	165.000000
mean	234.575758	23.212121	11.818182	37.436364	256.334642	94.309091	0.987879	1.436364	78.842424	169.987879
std	8.521244	8.129882	3.616144	8.112991	20.949033	4.166677	0.634264	1.743598	13.169603	4.075489

续表

	Transportation expense	Distance from Residence to Work	Service time	Age	Work load Average/day	Hit target	Son	Pet	Weight	Height
min	225.000000	11.000000	1.000000	28.000000	205.917000	81.000000	0.000000	0.000000	65.000000	163.000000
25%	225.000000	20.000000	9.000000	28.000000	241.476000	92.000000	1.000000	0.000000	69.000000	167.000000
50%	235.000000	25.000000	13.000000	37.000000	261.306000	95.000000	1.000000	1.000000	69.000000	169.000000
75%	246.000000	26.000000	14.000000	43.000000	268.519000	98.000000	1.000000	2.000000	88.000000	172.000000
max	248.000000	51.000000	16.000000	58.000000	302.585000	99.000000	2.000000	8.000000	106.000000	182.000000

在这种情况下，交通费用较大，而从居住地到工作地点的距离大约是前一个示例的一半（也考虑标准差）。然而，子女的平均数量为 1，有 2 个子女的员工数量比例适中，服务时间约为 12，标准差为 3.6。我们可以推断这个聚类包含了所有已婚、年龄在 28～58 人员的样本，居住地与办公地点相对较近但是交通费用较高（例如由于使用出租车服务）。这些员工倾向于避免加班，但他们的平均工作量与前一个例子中观察到的几乎相同。即使没有正式确认，我们也可以假设这些员工通常效率更高，而第一个集合包含高产的员工，但是他们需要更多的时间来实现目标（例如因为路途时间更长）。

这显然不是一个详尽的分析，也不是一套客观的陈述。分析的目的是通过观察样本的统计特征来展示如何找到聚类的语义内容。在现实生活中，所有的观察必须由专家（例如人力资源经理）验证，以便了解分析的最后部分（特别是语义上下文的定义）是否正确或是否需要使用更多数量的聚类、不同的指标或其他算法。作为练习，我建议大家分析包含单个聚类的所有区域，以便完成一个大图并测试对应不同类别的人工样本的预测（例如非常年轻的人，有 3 个子女的员工，等等）。

3.4.3 聚类不稳定性作为性能指标

聚类不稳定性是 Von Luxburg 提出的方法（在 *Cluster stability: an overview* 中），可以衡量算法对于特定数据集的优劣。它可以用于不同的目的（例如调整超参或找到聚类的最佳数量），并且计算相对容易。该方法基于以下思想：满足最大内聚和分离要求的聚类结果，对于数据集的噪声扰动也应该是鲁棒的。换句话说，如果数据集 X 已经分割成聚类集合 C，则派生数据集 X_n（基于特征的小扰动）应该映射到同一个聚类集合。如果不满足该条件，通常有两种可能性：噪声扰动太强烈或算法对于小的变化太敏感，不是很稳定。因此我们定义了原始数据集 X 的一组 k 扰动（或子采样）版本：

$$X_n = \left\{ X_n^{(1)}, X_n^{(2)}, \cdots, X_n^{(k)} \right\}$$

如果我们应用一个产生相同数量的聚类 n_c 的算法 A，可以定义 $A(X_i)$和 $A(X_j)$的距离度量 $d(\bullet)$，它测量不一致分配的数量（即 $A(X_i)$），并且可以表示为向量函数，其返回对应每个点的赋值。因此，假设必要时算法以相同方式传播，且数据集明显地没有随机排列，$d(\bullet)$可以简单计算不同标签的数量。算法的不稳定性（关于 X 的 k 噪声变化）定义为：

$$I(A) = Avg_{\bar{X}_n^{(i),(j)} \in X_n}(d(A(X_n^{(i)}), A(X_n^{(j)})))$$

因此，不稳定性是两对噪声变化聚类结果之间的平均距离。当然这个值并不是绝对的，因此可以推导出的规则是：选择产生最小不稳定性的配置。同样重要的是，这种方法与之前讨论的其他方法无法比较。由于它基于其他的超参数（噪声变化的数量、噪声均值和方差、子采样率，等等），因此在 A 和 X 固定时它也可能产生不同的结果。特别是噪声的大小可以显著地改变不稳定性，因此在决定高斯噪声的 μ 和 Σ 之前，有必要评估 X 的均值和协方差矩阵。在示例中（基于工作缺勤数据集的 DBSCAN 聚类），我们创建了 20 个扰动版本，从累加噪声项 $n_i \sim N(E[X], Cov(X)/4)$开始并应用倍增掩码从均匀分布 $U(0, 1)$中采样。通过这种方式，某些噪声可以随机消除或减少，如下面代码所示：

```
import numpy as np

data = sdf.copy()

n_perturbed = 20
n_data = []

data_mean = np.mean(data, axis=0)
data_cov = np.cov(data.T) / 4.0

for i in range(n_perturbed):
    gaussian_noise = np.random.multivariate_normal(data_mean, data_cov,
size=(data.shape[0], ))
    noise = gaussian_noise * np.random.uniform(0.0, 1.0,
size=(data.shape[0], data.shape[1]))
    n_data.append(data.copy() + noise)
```

在这种情况下，我们将不稳定性计算为 ε 的函数，也可以使用其他算法或超参来重复这个示例。此外，我们使用规范化的 Hamming 距离，该距离与两个聚类结果之间不一致的分配数量成比例，如下所示：

```
from sklearn.cluster import DBSCAN
```

```
from sklearn.metrics.pairwise import pairwise_distances

instabilities = []

for eps in np.arange(5.0, 31.0, 1.5):
    Yn = []
    for nd in n_data:
        ds = DBSCAN(eps=eps, min_samples=3, metric='minkowski', p=12)
        Yn.append(ds.fit_predict(nd))
    distances = []
    for i in range(len(Yn)-1):
        for j in range(i, len(Yn)):
            d = pairwise_distances(Yn[i].reshape(-1, 1), Yn[j].reshape
(-1,1), 'hamming')
            distances.append(d[0, 0])
    instability = (2.0 * np.sum(distances)) / float(n_perturbed ** 2)
    instabilities.append(instability)
```

DBSCAN 的聚类不稳定性应用于工作缺勤数据集作为ε的函数，如图 3-12 所示。

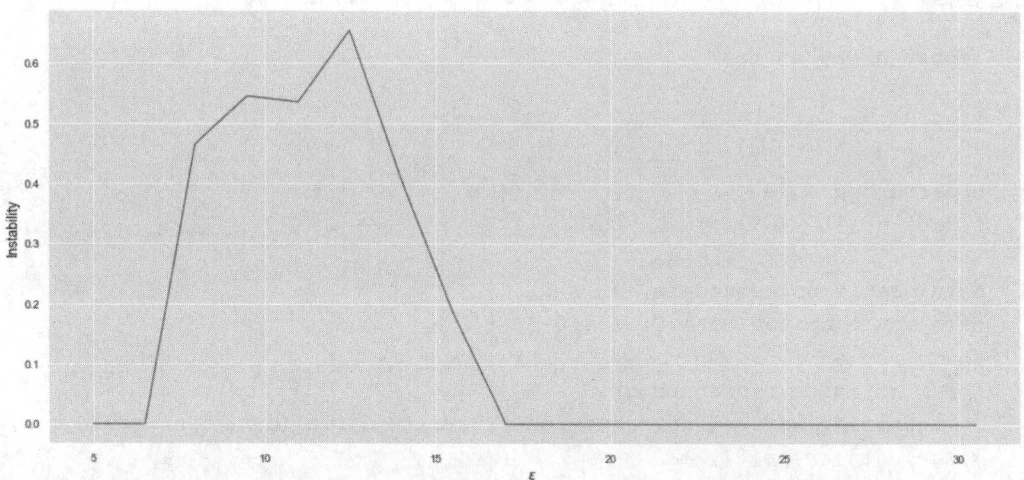

图 3-12 DBSCAN 的聚类不稳定性应用于工作缺勤数据集作为 ε 的函数

当 $\varepsilon < 7$ 时，值为 null。这样的结果是因为算法生成了大量聚类和噪声样本。由于样本分布在不同的区域，小的扰动并不能改变分配。而当 $7 < \varepsilon < 17$ 时，我们观察到正斜率达到最大值约 $\varepsilon = 12.5$，然后是负斜率达到了最终值 0。在这种情况下，聚类变得越来越大，并且包含越来越多的样本；然而，当 ε 仍然太小时，密度可达性链很容易被小扰动破坏（即样本越过球的边界，被聚类排除在外）。因此，在应用附加噪声后，样本通常被分配到不同

的聚类。这种现象在 $\varepsilon = 12.5$ 时达到最大值，然后就开始变得不那么明显。

事实上，当 ε 足够大时，球的结合可以包裹整个聚类，为小扰动留下足够的空余空间。当然，在根据数据集建立阈值后，将仅生成单个聚类，如果噪声不是太强，那么所有扰动版本将生成相同的分配。在我们的特定情况下，$\varepsilon = 25$ 保证了高稳定性，也是通过 t-SNE 图确认的。一般来说，这种方法可以用于所有算法和几何形状，但是我建议在决定创建扰动版本之前对 X 进行全面分析。事实上，错误的决定可能影响结果，从而产生一种或大或小的不稳定性，且并不表示坏的或好的表现。特别地，当聚类具有不同的方差时（例如在高斯混合中），附加的噪声对某些样本的影响可以忽略不计，而它可以完全改变其余样本的结构。在这些情况下，此方法比其他方法弱，应使用方差很小的高斯噪声（通常小于最小聚类协方差/方差）进行二次采样来应用此方法。另一方面，对于基于密度的算法，子采样显然是非常危险的，其中小的聚类可能由于可达性的损失而变成了一组孤立的噪声点。我建议大家也使用 K-means 测试这种方法，以便找到最佳的聚类数量（通常与最小不稳定性相关）。

3.5 K-medoids

在第 2 章中，我们已经证明，当聚类的几何体是凸状时，K-means 通常是一个不错的选择。但是，这一算法有两个主要的局限性：指标始终是欧氏的，且对于异常值鲁棒性不是非常好。第一个因素是显而易见的，而第二个因素是质心性质的直接结果。事实上，K-means 选择的是实际均值不包含在数据集中的质心。因此，当聚类具有一些异常值时，均值会受到影响并按比例向它们移动。此处举一个示例，其中存在几个异常值迫使质心到达密集区域以外的位置，如图 3-13 所示。

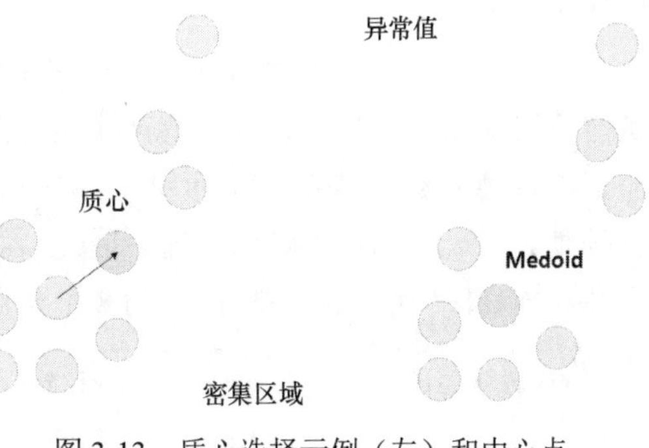

图 3-13　质心选择示例（左）和中心点选择示例（右）

K-medoids 最初（在 *Clustering by means of Medoids* 中）被提出是为了减轻异常值对鲁棒性的缺乏（在原始论文中，该算法设计为仅适用于曼哈顿指标），但后续设计了不同的版本以允许用于任何度量（特别是任意的闵可夫斯基度量）。K-medoids 与 K-means 最主要的不同在于质心的选择，其质心始终属于数据集的示例样本（称为 **medoid**）。该算法本身与标准 K-means 非常相似，并且交替定义 medoid $\mu_i = x_i \in X$（作为最小化分配给聚类 C_i 的所有其他样本的平均距离或总距离的元素）重新分配样本到最近的 medoid 的聚类。

很容易理解异常值不再具有较高的权重，因为与标准质心相反，它们被选为 medoid 的概率接近于零。另一方面，当聚类由归类为异常的远离样本包围的密集斑点组成时，K-medoids 的性能较差。在这种情况下，算法可能会错误地分配这些样本，因为它无法生成可以捕获这些样本的虚拟球（请记住，半径是由质心或 medoid 的相互位置隐式定义的）。因此，虽然 K-means 可以将质心移动到非密集区域以便捕获远离的点，但是当密集斑点包含太多点时，K-medoids 不太可能以这种方式运行。

此外，K-medoids 倾向于聚合具有两个峰值的高重叠的斑点，而 K-means 通常根据平均值的位置将整个区域分为两个部分。如果凸几何的假设成立，则通常会接受此行为，但在其他情况下它可能是一种限制（我们将在接下来的示例中展示此效果）。

K-medoids 和 K-means 最后一个根本区别就是度量距离。由于没有限制，K-medoids 可能或多或少具有侵略性。正如我们在第 2 章开始讨论的那样，最长的距离由曼哈顿度量（以相同的方式评估每个分量的不同）提供，而当 p 增加时（在通用的 Minkowski 度量中），分量之间的最大差异成了分量的优势。K-means 基于最常见的折中方案（欧氏距离），但当较大的 p 值可以导致更好的性能时会有一些特殊情况（当比较 $p=1$ 与 $p>1$ 时，效果更为明显）。当 $c_1 = (0,0)$、$c_2 = (2,1)$且 $x = (0.55,1.25)$，曼哈顿距离 $d1(x,c_1)$和 $d1(x,c_2)$分别为 1.8 和 1.7，而欧氏距离为 1.37 和 1.47。因此当 $p = 1$ 时，该点被分配到第二个聚类，而 $p = 2$ 时分配在第一个点。

一般来说，预测正确的 p 值并不容易，但是总是可以使用类似轮廓和调整后的兰德分数等方法测试多种配置，并选择产生更好分割的配置（即最大化内聚力和分离或更高的调整后的兰德分数）。在我们的示例中，将生成一个包含基本事实的数据集，因此我们可以轻松地使用后一个选项来评估性能。因此，我们将使用函数 make_blobs()生成 1000 个样本，并将样本在[−5.0,5.0]的方框内分为 8 个斑点，如下所示：

```
from sklearn.datasets import make_blobs

nb_samples = 1000
nb_clusters = 8

X, Y = make_blobs(n_samples=nb_samples, n_features=2, centers=nb_clusters,
                  cluster_std=1.2, center_box=[-5.0, 5.0],
random_state=1000)
```

生成的数据集呈现强烈的重叠（如图 3-16 所示），因此我们不期望使用对称方法获取高水准的结果，但感兴趣的是比较 K-means 和 K-medoids 所做的分配。

让我们开始评估由 K-means 取得的调整后的兰德分数，如下所示：

```
from sklearn.cluster import KMeans
from sklearn.metrics import adjusted_rand_score

km = KMeans(n_clusters=nb_clusters, random_state=1000)
C_km = km.fit_predict(X)

print('Adjusted Rand score K-Means: {}'.format(adjusted_rand_score(Y,C_km)))
```

代码块的输出如下所示：

```
Adjusted Rand score K-Means:0.4589907163792297
```

该值足以理解 K-means 正在执行许多错误的分配，特别是在重叠区域。由于数据集很难使用这种方法进行聚类，我们未将此结果视为真正指标，而是作为可以与 K-medoids 分数进行比较的度量。让我们通过 $p = 7$ 的 Minkowski 度量来实现这一算法（建议大家更改该值并检查结果），如下所示：

```
import numpy as np

C = np.random.randint(0, nb_clusters, size=(X.shape[0],), dtype=np.int32)
mu_idxs = np.zeros(shape=(nb_clusters, X.shape[1]))

metric = 'minkowski'
p = 7
tolerance = 0.001

mu_copy = np.ones_like(mu_idxs)
```

数组 C 包含赋值，而 mu_idxs 将包含 medoid。由于存储完整 medoid 所需的空间量通常很小，我们更喜欢这个方法而不是仅仅存储索引。优化算法如下所示：

```
import numpy as np

from scipy.spatial.distance import pdist, cdist, squareform
from sklearn.metrics import adjusted_rand_score

while np.linalg.norm(mu_idxs -mu_copy) > tolerance:
     for i in range(nb_clusters):
         Di = squareform(pdist(X[C == i], metric=metric, p=p))
         SDi = np.sum(Di, axis=1)
```

```
            mu_copy[i] = mu_idxs[i].copy()
            idx = np.argmin(SDi)
            mu_idxs[i] = X[C == i][idx].copy()

        C = np.argmin(cdist(X, mu_idxs, metric=metric, p=p), axis=1)

    print('Adjusted Rand score K-Medoids: {}'.format(adjusted_rand_score(Y, C)))
```

这个行为很简单。在每次迭代中，我们计算属于一个聚类的所有元素之间的成对距离（这实际上是最费时费力的部分），然后我们选择最小化总和 SDi 的 medoid。在一次循环后，我们通过最小化它们与 medoid 之间的距离来分配样本。重复操作指导 medoid 的范数变化小于预定的阈值。调整后的兰德分数如下所示：

```
Adjusted Rand score K-Medoids: 0.4761670824763849
```

最终调整后的兰德分数受算法的随机初始化影响，因此之前的结果在运行代码时可能有轻微的变化。在实际应用中，我建议使用基于最大化迭代次数与小容差的双停止标准。

因此，即便重叠问题尚未解决，K-medoids 性能也略好于 K-means。基本事实、K-means 和 K-medoids 的结果，如图 3-14 所示。

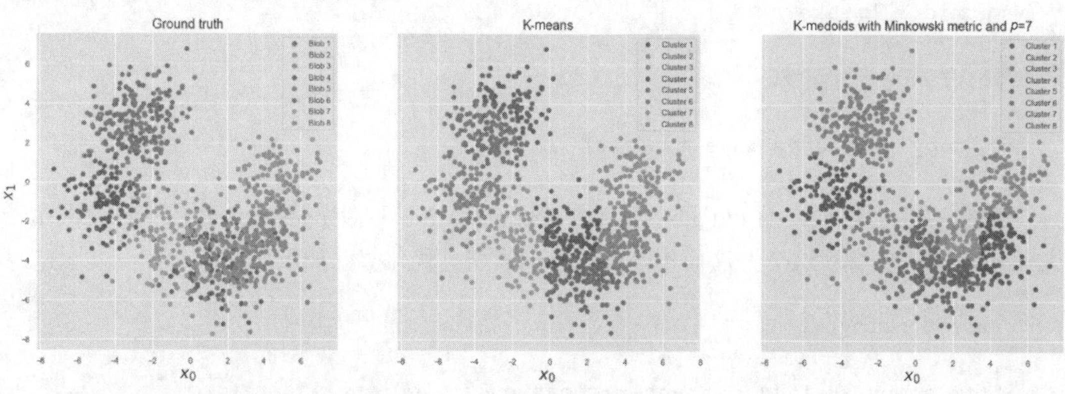

图 3-14　基本事实（左）、K-means（中）和 K-medoids（右）

正如你所看到的，基本事实包含两个非常难以聚类的重叠区域。在这个特定的示例中，我们对于解决这个问题并不感兴趣，而对展示两种方法的不同行为更感兴趣。如果我们考虑前两个斑点（左上角），K-means 将整个区域分成两部分，而 K-medoids 将所有元素分配给同一个聚类。在不知道基本事实的情况下，后一个结果可能比前一个更为连贯。事实上，观察第一个图，我们可能会注意到密度差异不是那么强，以至于完全证明了分裂（然而，在某些情况下这可能是合理的）。由于该区域非常密集且与近邻分离，因此单个聚类可能是预期结果。此外，根据不相似性来区分样本是几乎不太可能的（大多数靠近分离线的样本被错误地分配），因此 K-medoids 是比 K-means 更不具侵略性且显示更好的折衷效果。相反，两种算法几乎以相同的方式处置第二个重叠区域（右下角）。这是因为 K-means 将质心放置在非常接近某些实际样本的位置。在这两种情况下，算法需要在 0 和 4 之间创建几乎水平的分隔，否则无法对区域进行分割。这种行为对于基于标准球的所有方法都是通用的，并且在这种特定情况下，这是极其复杂的几何形状的正常结果（许多相邻点具有不同的标签）。因此，我们可以得出结论，K-medoids 对异常值更健壮，在避免意外的分离方面比 K-means 表现更好。另一方面，当在没有异常值的非常密集的区域中工作时，这两种算法（特别是当采用同样的度量时）是等效的。作为练习，我建议大家使用其他指标（包括余弦距离）并比较结果。

3.6 联机聚类

有时数据集太大而无法放入内存中，或者样本是通过通道流式地传输，并在不同的时间步长接收。在这种情况下，之前讨论的算法都不能使用，因为它们都假定在第一步的时候就获取到全部的数据集。出于这个原因，一些联机的替代方案被提出，并且目前正在许多实际过程中实施。

3.6.1 Mini-batch K-means

Mini-batch K-means 算法是标准 K-means 的扩展，但由于不能对所有样本计算质心，因此有必要包含一个额外的步骤，该步骤负责在现有聚类不再有效时重新分配样本。特别地，**Mini-batch K-means** 不是计算全局平均值，而是与流平均值一起使用。收到批次后，算法会计算部分均值并确定质心的位置。但是，并不是所有的聚类都有相同数量的分配，因此算法必须决定是等待还是重新分配样本。

通过一个非常低效的流式处理可以立即理解这一概念，该流式处理开始发送属于半个空间的所有样本，并且仅包含属于互补半个空间的几个点。由于聚类的数量是固定的，该算法将开始优化，同时只考虑一个子区域。让我们假设一个质心被放置在一个属于互补空间的少数样本的球中心。如果越来越多的批次继续向密集区域添加点，那么算法可以合理地丢弃孤立的质心并重新分配样本。但是，如果进程开始发送属于互补的半个空间的点时，算法必须准备好将它们分配给最合适的聚类（即算法必须将其他质心放置在空白区域中）。

该方法通常基于称为**重新分配比率** α 的参数。当 α 较小时，算法将在重新分配样本之前等待较长的时间，而较大的值会加速该过程。当然，我们希望避免这两种极端情况。换句话说，我们需要避免一种在做出决策之前需要许多样本的过于静态的算法，而同时又需要避免过于快速变化的算法在每次批处理后重新分配样本。通常，第一种情况产生具有较低计算成本的次优解，而后者可能变得非常类似于在每个批次处理后重新应用于流数据集的标准 K-means。考虑到这种场景通常与实时过程相关，我们一般不会对需要高计算成本且非常精确的解决方案感兴趣，而是对在收集新数据时得到很好的近似值感兴趣。

但是，重新分配比率的选择必须考虑每种情况来评估，包括流式过程的合理预测（例如这个过程是否纯粹的随机？样本是独立的吗？在特定时间范围内某些样本是否更频繁？）。此外，我们必须考虑聚类的数据量（即批次大小，这是一个非常重要的因素），当然还有可以配置的硬件。一般来说，我们可以证明当批次大小不是太小时，Mini-batch K-means 产生的结果与标准 K-means 相当，具有低内存需求和高计算复杂度（但是这常常不是一个可控的超参数，因为它取决于外部资源），且相应地选择重新分配比率。

相反，当从真实数据生成过程中对批次进行均匀采样时，重新分配比率成为了一个不太重要的参数且影响较低。实际上，在这些情况下，批次大小通常是良好结果的主要影响因素。如果它足够大，那么算法可以立即确定质心的最可能位置，随后的批次不能显著地改变这种配置（从而减少了对连续重新分配的需求）。当然，在联机场景中，我们很难确定数据生成过程的结构，因此通常只能假设批次（如果不是太小）包含每个独特区域的足够代表。数据科学家的主要任务就是通过收集足够的样本来执行完整的 K-means，并与 Mini-batch K-means 进行性能比较来验证这一假设。观察到较小批次产生较好的最终结果（具有相同的重新分配比率）的情况并不奇怪。考虑到该算法并不会立即重新分配样本，这种现象可以理解，所以有时较大的批次可能导致错误的配置。但该配置具有更多的代表，因此重新分配的概率较低（即算法更快但不太准确）。相反，在相同的情况下，因为频繁地重新分配，较小的批次可以强制算法执行更多迭代，具有更准确的最终配置。由于定义通用的经验法则并不容易，因此一般的建议是在做出决定前检查不同的值。

3.6.2 BIRCH

BIRCH 算法具有比 Mini-batch K-means 稍微复杂的动态，最后部分采用的一种方法（**层次聚类**），我们将在第 4 章介绍。对于我们而言，最重要的部分是数据准备阶段。该阶段基于称为**聚类或特征-特性树**（**Characteristic-Feature Tree，CF-Tree**）的特定树结构。给定一个数据集 X，树的每个节点都由 3 个元素组成：

$$CF_k = \left(N_k, \sum_j \overline{x}_j, \sum_j \| \overline{x}_j \|^2 \right)$$

特征元素分别是属于节点的样本数量、所有样本总和以及平方范数总和。这一选择背后的原因很明显，但是现在让我们将注意力集中在树的结构，以及在尝试平衡高度时如何插入新的元素。CF-Tree 的所有终端节点都是必须合并的实际子聚类，以此来获取所需数量的聚类，如图 3-15 所示。

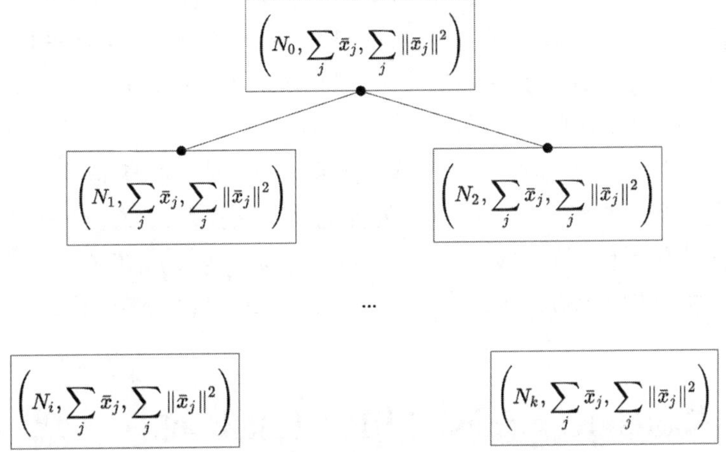

图 3-15 具有二进制分区的简单 CF-Tree 示例

图中的这些点表示指向子节点的指针。由此可见，每个非终端的节点是与指向它的所有子节点（CF_i, p_i）的指针一起存储的，而终端节点是纯粹的 CF。为了讨论插入策略，我们必须考虑另外两个因素。第一个称为**分支因子** B，第二个称为**阈值** T。此外，每个非终端节点最多可包含 B 个元组。该策略旨在通过减少存储的数据量和计算次数，使得仅依赖于主内存的流式处理过程的性能最大化。

现在让我们考虑一个需要插入的新样本 x_i。很容易理解 $CF_j = (n_j,a_j,b_j)$的质心只是 $\mu_j = a_j/n_j$，因此 x_i 沿着树传播到达终端 CF（子聚类），其中距离 $d(x_i, \mu_j)$是最小的。此时，CF 每次更新是增加的：

$$\left(N_j, \sum_p \overline{x}_p, \sum_p \| \overline{x}_p \|^2 \right) \rightarrow \left(N_j + 1, \left(\sum_p \overline{x}_p \right) + \overline{x}_i, \left(\sum_p \| \overline{x}_p \|^2 \right) + \| \overline{x}_i \|^2 \right)$$

但是，如果不控制，树很容易变得不平衡，从而导致性能损失。因此，该算法执行一个附加步骤。一旦 CF 确定后，就计算更新的半径 r_j，无论是否 $r_j>T$ 以及 CF 的数量是否大于分支因子，都分配一个新的块并且原始的 CF 保持不变。由于这个新的块几乎完全是空的（x_i 除外），因此 BIRCH 会执行一个额外的步骤来检查所有子聚类之间的差异（这一概念将在第 4 章里讲解得更加清楚。但是，读者可以考虑属于两个不同子聚类的点之间的平均距离）。最不相似的一对被分成了两个部分，其中一部分被移入了新的块。这种选择保证了子聚类的高度紧凑性并加速了最后的步骤。事实上，涉及实际聚类阶段的算法需要合并子聚类，直到总数减少到所需要的值。因此，如果之前已经最小化了总差异，则我们更容易执行此操作，因为我们可以立即将这些分段标识为连续与合并。本章不会详细讨论这一阶段，但这并不难想象。所有终端的 CF 被合并到更大的块中直到确定单个聚类（即使当数量与所需的聚类数量匹配时也可以停止该过程）。因此，与 Mini-batch K-means 相反，该方法可以很轻易地管理大量的聚类 n_c，而当 n_c 很小时，该方法不是非常有效。事实上，正如我们在示例中所看的那样，其精度通常低于使用 Mini-batch K-means 所达到的精度，并且它的最优使用需要准确地选择分支因子和阈值。由于该算法的主要目的是在联机场景下使用，因此 B 和 T 在某些批次处理完后可能变得无效（而 Mini-batch K-means 通常能够在几次迭代后校正聚类），从而产生次优结果。因此，BIRCH 主要用于需要非常细粒度分割的联机过程，而在所有其他情况下，通常最好选择 Mini-batch K-means 作为初始选项。

3.6.3 Mini-batch K-means 与 BIRCH 的比较

在这个示例中，我们想要用一个包含分割为 8 个斑点的 2000 个样本的二维数据集将两种算法的性能进行比较（由于目的是分析，我们也使用了基本事实），如下所示：

```
from sklearn.datasets import make_blobs

nb_clusters = 8
nb_samples = 2000

X, Y = make_blobs(n_samples=nb_samples, n_features=2, centers=nb_clusters,
                  cluster_std=0.25, center_box=[-1.5, 1.5], shuffle=True,
random_state=100)
```

用于比较 Mini-batch K-means 和 BIRCH 的二维数据集（已经随机处理以删除流式处理中的任何关联）如图 3-16 所示。

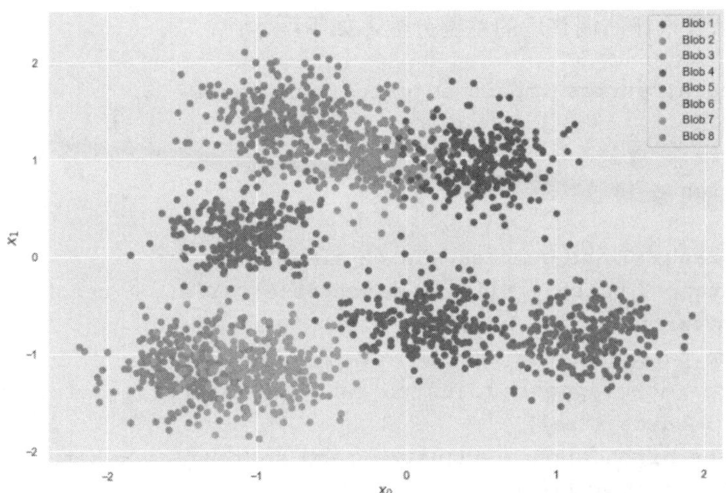

图 3-16 用于比较 Mini-batch K-means 和 BIRCH 的二维数据集

在执行联机聚类前，评估标准 K-means 的调整后的兰德分数是有帮助的，如下所示：

```
from sklearn.cluster import KMeans

km = KMeans(n_clusters=nb_clusters, random_state=1000)
Y_pred_km = km.fit_predict(X)

print('Adjusted Rand score: {}'.format(adjusted_rand_score(Y, Y_pred_km)))
```

代码块的输出如下所示：

```
Adjusted Rand score: 0.8232109771787882
```

考虑到数据集的结构（没有凹陷），我们可以合理地假设该值代表联机过程的基准。我们现在可以用 reassigment_ratio=0.001、threshold=0.2 和 branching_factor=350 来实例化类 MiniBatchKMeans 和 Birch。这些参数值是在研究后选择的，但我建议大家使用不同的配置来重复这个例子，比较结果。在这两种情况下，我们假设批次大小为 50 个样本，如下所示：

```
from sklearn.cluster import, MiniBatchKMeans, Birch

batch_size = 50

mbkm = MiniBatchKMeans(n_clusters=nb_clusters, batch_size=batch_size,
reassignment_ratio=0.001, random_state=1000)
birch = Birch(n_clusters=nb_clusters, threshold=0.2, branching_factor=350)
```

该示例的目的是使用方法 partial_fit()以增量方式训练两个模型，并考虑到每个步骤之前处理的数据总量来评估调整后的兰德分数，如下所示：

```
from sklearn.metrics import adjusted_rand_score

scores_mbkm = []
scores_birch = []

for i in range(0, nb_samples, batch_size):
    X_batch, Y_batch = X[i:i + batch_size], Y[i:i + batch_size]
    mbkm.partial_fit(X_batch)
    birch.partial_fit(X_batch)
    scores_mbkm.append(adjusted_rand_score(Y[:i + batch_size], mbkm.
predict(X[:i + batch_size])))
    scores_birch.append(adjusted_rand_score(Y[:i + batch_size], birch.
predict(X[:i + batch_size])))
print('Adjusted Rand score Mini-Batch K-Means: {}'.format(adjusted_rand_
score(Y, Y_pred_mbkm)))
print('Adjusted Rand score BIRCH: {}'.format(adjusted_rand_score(Y, Y_
pred_birch)))
```

代码段的输出包含整个数据集的调整后的兰德分数：

```
Adjusted Rand score Mini-Batch K-Means: 0.814244790452388
Adjusted Rand score BIRCH: 0.767304858161472
```

正如预期的那样，当所有样本都经过处理后 Mini-batch K-means 几乎达到基准，而 BIRCH 的性能稍差一些。为了更好地理解这个行为，让我们将调整后的兰德分数增量作为批次的函数，如图 3-17 所示。

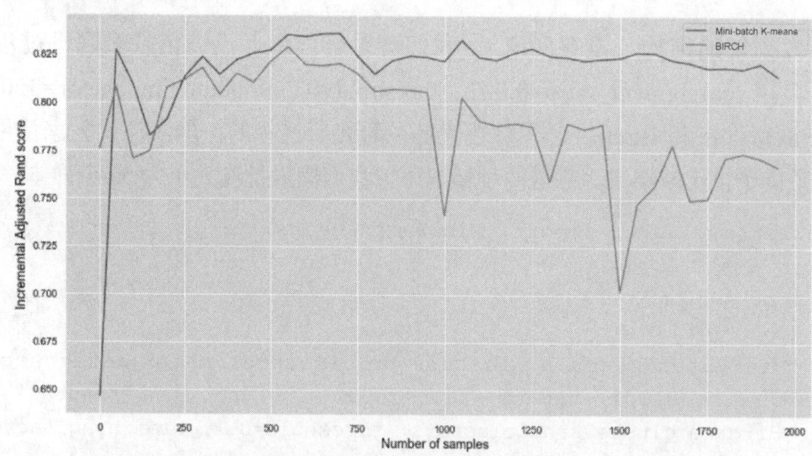

图 3-17 调整后的兰德分数增量作为批次的函数（样本数量）

正如你所看到的，Mini-batch K-means 很快达到最大值，所有后续振荡都是由于重新分配引起的。相反地，BIRCH 的性能总是较差且有负面趋势。造成这种差异的主要原因是策略不同。事实上，Mini-batch K-means 可以在几个批次后修正质心的初始猜想，并且重新分配并不会显著地更改配置。另一方面，BIRCH 执行的合并次数受样本数量的影响。

起初，Mini-batch K-means 和 BIRCH 性能差异并不是很大，因为 CF-Tree 中的子聚类数量不是很大（因此，聚合更加一致），但经过几个批次后，BIRCH 必须聚合越来越多的子聚类以便获取所需的最终聚类数量。这种情况，加上流式样本的数量的增加，驱动算法重新排列树，经常导致稳定性的损失。此外，数据有一些重叠，可以通过对称方法更容易地管理（实际上，即使分配错误，质心也可以达到它们的最终位置），而分层方法（如 BIRCH 采用的方法）更能够找到所有的子区域，但在将子聚类与最小分离合并时，或者更糟的是在重叠时，更容易出错。这个例子证实了 Mini-bach K-means 通常作为第一选择是可取的，并且只有在性能不符合预期时（通过仔细选择参数）才应该选择 BRICH。我建议大家使用大量的所需聚类重复该示例（例如 nb_clusters=20 和 center_box=[−10.5,10.5]）。有可能看到在这种情况下（保持所有其他参数不变）通过 Mini-batch K-means 执行的重分配减慢了收敛，最终调整后的兰德分数更差，而 BRICH 立即达到最佳值（几乎等于标准 K-means 所达到的值），并且不再受样本数量的影响。

3.7 总结

在本章中，我介绍了一些可用于解决非凸问题的最重要的聚类算法。谱聚类是一种非常流行的技术，可以将数据集投影到新的空间，将凹面几何变为凸面几何，并且 K-means 等标准算法可以轻松地分割这些数据。

相反，均值漂移和 DBSCAN 会分析数据集的密度并尝试将其拆分，以便将所有密集和连接的区域合并在一起以组合成聚类。特别地，DBSCAN 在非常不规则的情况中很有效，因为它是基于连接的本地最近邻集合，直到分离度超过预定义的阈值为止。通过这种方式，该算法可以解决许多特定的聚类问题，唯一的缺点是它还会产生一组无法自动分配给现有聚类的噪声点。在基于工作缺勤数据集的示例中，我们已经展示了如何选择超参数以便获得具有最小噪声点数、可接受的轮廓或 Calinski-Harabasz 分数所需的聚类数量。

在最后一部分，我们分析了 K-medoids 作为 K-means 的替代方案，它对于异常值也更可靠。该算法不能用于解决非凸问题，但是比 K-means 更有效，因为它不是选择实际均值作为质心，而是仅依赖数据集，并且聚类中心（称为 medoid）是示例样本。此外，该算法没有严格遵循欧氏度量，因此它可以充分利用替代距离函数的潜力。最后一个主题涉及两个联机聚类算法（Mini-batch K-means 和 BIRCH），当数据集太大且无法放入内存或数据在长时间范围内以流式传输时，可以使用这两种算法。

在第 4 章中，我们将要分析一个非常重要的聚类算法系列，这些算法可以输出完整的层次结构，允许我们观察完整的聚合过程，并选择最有用和最一致的最终配置。

3.8 问题

1. 半月形的数据集是凸聚类吗？

2. 二维数据集由两个半月形的数据集组成，第二个完全包含在第一个的凹陷中，哪种内核可以轻易地分离这两个聚类（使用谱聚类）？

3. 在应用 $\varepsilon = 1.0$ 的 DBSCAN 算法后，我们发现有太多的噪声点。我们应该期望修正 $\varepsilon = 0.1$ 吗？

4. K-medoids 基于欧氏度量，正确吗？

5. DBSCAN 对数据集的几何形态非常敏感，正确吗？

6. 数据集包含了 1000 万个样本，可以使用 K-means 通过大型计算机轻松进行聚类。那我们可以使用 Mini-batch K-means 通过小型计算机实现吗？

7. 聚类的标准差等于 1.0。在应用了噪声 $N(0,0.005)$后，80%的原始分配被改变了。我们可以说这种聚类配置是稳定的吗？

第 4 章 实操中的层次聚类

在本章中，我们将从与数据集等效的单个聚类（分裂方法）或多个聚类开始，讨论层次聚类的概念，这是一种强大且广泛的技术，用于生成完整的聚类配置层次结构。聚类等于样本数量（凝聚法），当需要一次性分析整个分组过程以便理解如何将较小的聚类合并为较大的聚类时，此方法特别有用。

本章将着重讨论以下主题。

- 层次聚类策略（凝聚和分裂）。
- 距离度量和连接方法。
- 树状图及其解释。
- 凝聚聚类。
- 同表型相关性系数作为一种性能指标。
- 连通性约束。

4.1 技术要求

本章中的代码需求如下。

- Python 3.5+（强烈推荐 Anaconda 发行版）。
- 库。
  - SciPy 0.19+。
  - NumPy 1.10+。

- scikit-learn 0.20+。
- pandas 0.22+。
- Matplotlib 2.0+。
- seaborn 0.9+。

数据集可以通过 UCI 数据集获得，除了在加载阶段添加列名外，不需要任何预处理。

示例代码可在本书配套的代码包获得。

4.2 聚类层次结构

在前几章中，我们分析了聚类算法，其中输出的是基于预定义的聚类数量或参数集、精确基础几何结果的单个分段。另一方面，**层次聚类**生成一系列聚类配置，这些配置可以排列在树状结构中。特别地，我们假设有一个包含 n 个样本的数据集 X：

$$X = \{\overline{x}_1, \overline{x}_2, \cdots, \overline{x}_n\} \ \ where \ \overline{x}_i \in \mathbb{R}^m$$

凝聚算法首先将每个样本分配给一个聚类 C_i，然后在每个步骤中合并两个聚类，直到生成一个最终聚类（对应于 X）：

$$(C_1, C_2, \cdots, C_n) \Rightarrow (C_1, C_2, \cdots, C_{i-1}, C_{i+1}, \cdots, C_{j-1}, C_{j+1}, C_k, \cdots, C_{n-1}) \cdots \Rightarrow \cdots (X)$$

在前面的式子中，聚类 C_i 和 C_j 合并为 C_k，因此在第二步中获得 n–1 个聚类。该过程将继续进行，直到剩余的两个聚类合并为包含整个数据集的单个块。而**分裂**算法（最初由 Kaufman 和 Roussew 提出，称为 DIANA 算法）操作方向相反，从 X 开始，并以每个聚类包含单个样本的分段为结束：

$$(X) \Rightarrow (C_i, C_j) \Rightarrow (C_i, C_{j+1}, C_{j+2}) \cdots \Rightarrow \cdots (C_0, C_1, \cdots, C_n)$$

在这两种情况下，结果都是以层次结构的形式出现的，其中每个级别是通过在前一级别执行合并或拆分操作而获得的。复杂度是两种算法之间的主要区别，因为分裂聚类复杂度相对更高。实际上，合并/拆分的决定是通过考虑所有可能的组合并通过选择最合适的组合（根据特定标准）来做出的。例如在比较第一步时，需要考虑指数复杂性，很明显在所有可能的组合（在分裂场景中）里找到最合适的几个样本（在凝聚场景中）比找到 X 的最佳分割更容易。

虽然最终结果几乎相同，但分裂算法的计算复杂度要高得多，所以一般来说，我们没有特别的理由选择这种方法。因此，在本书中，我们将仅讨论凝聚聚类（假设所有概念都立即适用于分裂算法）。我鼓励读者始终考虑整个层次结构，即使大多数实现（例如scikit-learn）都需要指定所需的聚类数量。事实上，在实际应用程序中，我们最好在达到目标后停止进程，而不是计算整个树。但是，此步骤是分析阶段的一个重要部分（特别是当未明确定义聚类数量时），我们将演示如何可视化树并为每个具体问题做出最合理的决策。

4.3　凝聚聚类

正如在其他算法中所见，为了执行聚合，我们首先需要定义一个表示样本之间差异的距离度量。我们已经分析了许多，但在这种情况下，开始考虑通用的**闵可夫斯基距离**（用参数 p 表示）是有帮助的：

$$d_p(\bar{x}_i,\bar{x}_j)=\left(\sum_k |\bar{x}_i^{(k)}-\bar{x}_j^{(k)}|^p\right)^{\frac{1}{p}}$$

两种特定情况对应于 p = 2 和 p = 1。当 p = 2 时，我们得到标准的**欧氏距离**（相当于 L_2 范数）：

$$d_2(\bar{x}_i,\bar{x}_j)=\sqrt{\sum_k\left(\bar{x}_i^{(k)}-\bar{x}_j^{(k)}\right)^2}=\|\bar{x}_i-\bar{x}_j\|_2$$

当 p = 1 时，我们获得**曼哈顿**或**城市街区**距离（相当于 L_1 范数）：

$$d_1(\bar{x}_i,\bar{x}_j)=\sum_k|\bar{x}_i^{(k)}-\bar{x}_j^{(k)}|=\|\bar{x}_i-\bar{x}_j\|_1$$

这些距离之间的主要差异在第 2 章中进行了讨论。在本章中，引入**余弦**距离是有用的，虽然这不是距离度量（从数学的角度来看），但是当样本之间的区分必须取决于它们形成的角度时，这就非常有用了：

$$d_c(\bar{x}_i,\bar{x}_j)=1-\frac{\bar{x}_i\cdot\bar{x}_j}{\|\bar{x}_i\|_2\|\bar{x}_j\|_2}=1-\frac{\|\bar{x}_i\|_2\|\bar{x}_j\|_2\cos(\bar{x}_i\bar{x}_j)}{\|\bar{x}_i\|_2\|\bar{x}_j\|_2}=1-\cos(\bar{x}_i\bar{x}_j)$$

余弦距离的应用非常特殊，例如**自然语言处理**（**Natural Language Processing**，**NLP**），因此，它不是常见的选择。但是，我建议读者使用一些样本向量检查其属性（例如（0,1）、（1,0）和（0.5,0.5），因为它可以解决许多现实问题（例如在 Word2vec 模型中，通过检查两个词的余弦相似性，可以很容易地评估它们的相似性）。一旦定义了距离度量，就有助于定义**近邻矩阵** P：

$$P_{ij}=[d(\bar{x}_i,\bar{x}_j)]$$

P 是对称的，并且所有对角线元素都为空。由于这个原因，一些应用程序（例如 SciPy 的函数 pdist()）生成一个压缩矩阵 P_c，它是一个仅包含矩阵的上三角形部分的向量，因此 P_c 的第 i 行第 j 列元素对应于 $d(x_i, x_j)$。

下一步是定义合并策略，在这种情况下，称为**链**（**Linkage**）。连锁方法的目标是找出在层次结构的每个级别合并为单个的聚类。因此，它必须与表示聚类的通用样本集一起使用。在这种情况下，假设我们正在分析一对聚类（C_a，C_b），我们需要找到索引 a 还是 b 对应将要合并的一对。

4.3.1 单一链和完整链

最简单的方法是**单一链**（**Single Linkage**）和**完整链**（**Complete Linkage**）。单一链的定义如下：

$$L_{single}(a,b) = min\{d(\overline{x}_i, \overline{x}_j)\ \ \forall\ \overline{x}_i \in C_a \text{ 且 } \overline{x}_j \in C_b\}\ \ \forall\ C_a, C_b$$

单一链选择包含最接近一对样本的耦合（每个样本属于不同的聚类）。此过程如图 4-1 所示，其中选择 $\boldsymbol{C_1}$ 和 $\boldsymbol{C_2}$ 进行合并。

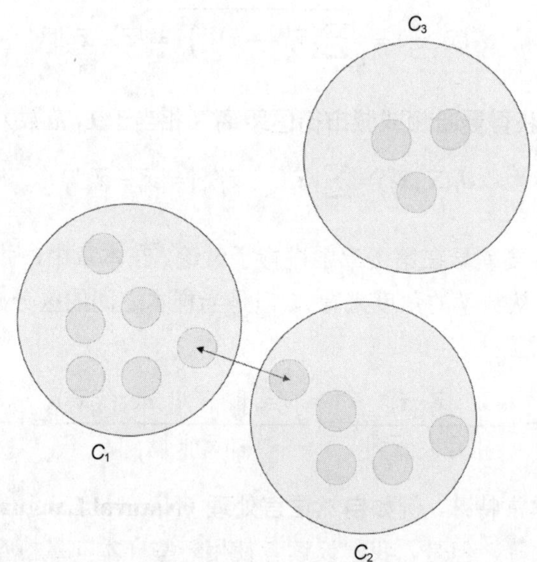

图 4-1 选择 $\boldsymbol{C_1}$ 和 $\boldsymbol{C_2}$ 进行合并的单一链示例

此方法的主要缺点是小型聚类和非常大型的聚类可能同时出现。正如我们将在下文中看到的，单一链可以将异常值隔离，直到存在非常高的差异。为了避免这个问题，我们可以使用平均链和 Ward 链。

相反，完整链定义如下：

$$L_{complete}(a,b)=max\{d(\overline{x}_i,\overline{x}_j)\ \forall\ \overline{x}_i\in C_a\ \text{且}\ \overline{x}_j\in C_b\}\ \forall\ C_a,C_b$$

该方法的目标是最小化合并聚类中的最远样本之间的距离。有一个已选择 $\boldsymbol{C_1}$ 和 $\boldsymbol{C_3}$ 的完整链示例，如图 4-2 所示。

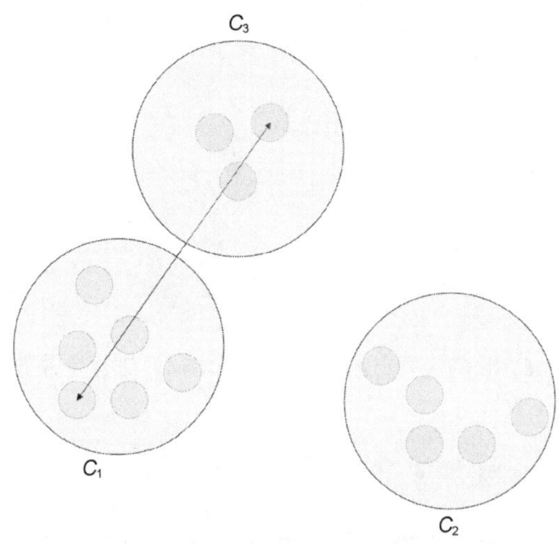

图 4-2 选择 $\boldsymbol{C_1}$ 和 $\boldsymbol{C_3}$ 进行合并的完整链示例

该算法选择 $\boldsymbol{C_1}$ 和 $\boldsymbol{C_3}$ 以提高内聚力。实际上考虑到所有可能的组合，很容易理解完整链会导致聚类密度最大化。在图 4-2 所示的示例中，如果所需的聚类数为 2，则合并 $\boldsymbol{C_1}$ 和 $\boldsymbol{C_2}$ 或 $\boldsymbol{C_2}$ 和 $\boldsymbol{C_3}$ 将产生具有较低内聚力的最终配置，这通常是不希望得到的结果。

4.3.2 平均链

另一种常用方法称为**平均链（Average Linkage）**或**具有算术平均值的非加权对组方法（Unweighted Pair Group Method with Arithmetic Mean，UPGMA）**。它的定义如下：

$$L_{average}(a,b)=\frac{1}{|C_a||C_b|}\sum_{\overline{x}_i\in C_a}\sum_{\overline{x}_j\in C_b}d(\overline{x}_i,\overline{x}_j)\ \forall\ C_a,C_b$$

这个方法与完整链非常相似，但这种方法考虑的是所有可能的对（C_a，C_b），且每个聚类的平均值也被考虑在内，目标是最小化聚类间平均距离。平均链示例如图 4-3 所示。

平均链在生物信息学应用中特别有用（这是定义层次聚类的主要背景）。它的数学解释是非常重要的，我建议你查看原始论文（*A Statistical Method for Evaluating Systematic Relationships*）以获取更多详细信息。

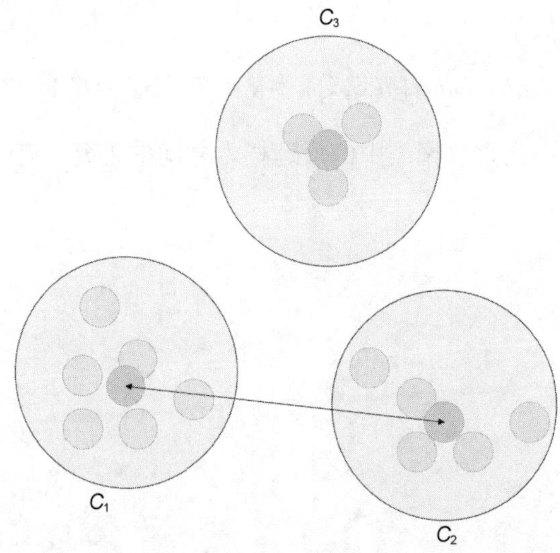

图 4-3 选择 C_1 和 C_2（突出显示的点是平均值）进行合并的平均链示例

4.3.3 Ward 链

我们要讨论的最后一种方法称为 **Ward 链**（以作者的名字命名，最初在 *Journal of the American Statistical Association* 的 *Hierarchical Grouping to Optimize an Objective Function* 中被提出）。它基于欧氏距离，正式定义如下：

$$L_{Ward}(a,b)=\sum_{\bar{x}_i \in C_a}\sum_{\bar{x}_j \in C_b}\|\bar{x}_i-\bar{x}_j\|_2^2 \quad \forall\, C_a, C_b$$

在每个级别，Ward 链都会考虑所有聚类，并且选择其中两个聚类，目的是最小化平方距离的总和。该过程本身与平均链并没有太大差别，并且可以证明合并过程导致聚类的方差减小（即增加其内部内聚力）。此外，Ward 链倾向于产生包含大致相同数量样本的聚类（也就是说，与单一链相比，Ward 的方法避免了小聚类和非常大的聚类的存在）。Ward 链是一种流行的默认选择，但是为了在每个特定的环境中做出正确的选择，我们有必要引入树状图的概念。

4.4 树状图分析

树状图（Dendrogram）是一种树形数据结构，它可以表示由凝聚算法或分裂算法产生的整个聚类层次结构。其思想是将样本放在 x 轴上，将差异度放在 y 轴上。每当合并两个聚类时，树状图就会显示出一个对应于其发生的差异度级别的连接。因此，在凝聚方案中，树状图总是从所有被视为聚类的样本开始并向上移动（方向完全是常规的），直到定义单个聚类为止。

出于教学目的，我们最好展示与非常小的数据集 *X* 相对应的树状图，但是我们要讨论的所有概念都可以应用于任何情况。然而，对于较大的数据集，我们通常需要应用一些截断，以便以更紧凑的形式显示整个结构。

让我们考虑一个小数据集 *X*，由 4 个高斯分布生成的 12 个二维样本组成，平均向量在（−1,1）×（−1,1）范围内：

```
from sklearn.datasets import make_blobs

nb_samples = 12
nb_centers = 4

X, Y = make_blobs(n_samples=nb_samples, n_features=2, center_box=[-1, 1],
centers=nb_centers, random_state=1000)
```

树状图分析数据集（带标签）如图 4-4 所示。

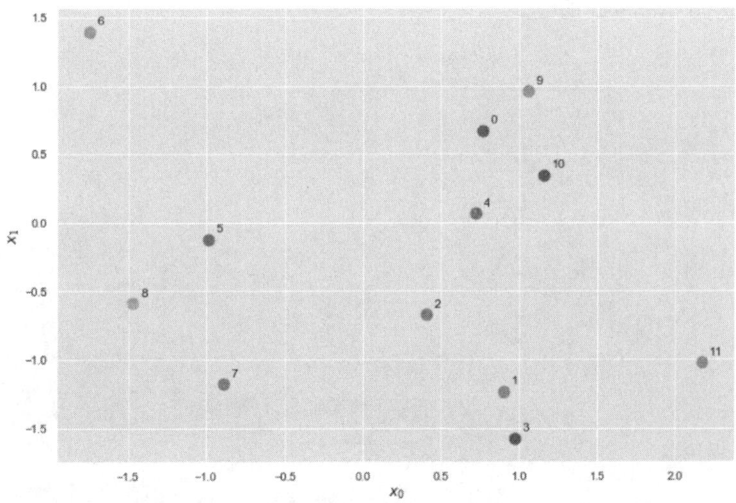

图 4-4　树状图分析数据集

为了生成树状图（使用 SciPy），我们首先需要创建一个连锁矩阵。在这种情况下，我们选择了 Ward 链的欧氏度量（但是，像往常一样，我鼓励大家使用不同的配置进行分析）：

```
from scipy.spatial.distance import pdist
from scipy.cluster.hierarchy import linkage

dm = pdist(X, metric='euclidean')
Z = linkage(dm, method='ward')
```

数组 dm 是一个精简的成对距离矩阵，而 Z 是由 Ward 方法生成的连锁矩阵（函数 linkage()需要参数 method，其中接受值 single、complete、average 和 ward）。此时，我们可以生成并绘制树状图（函数 dendrogram()可以使用默认或提供的 Matplotlib 的 axis 对象自动绘制图表）：

```
import matplotlib.pyplot as plt

from scipy.cluster.hierarchy import dendrogram

fig, ax = plt.subplots(figsize=(12, 8))

d = dendrogram(Z, show_leaf_counts=True, leaf_font_size=14, ax=ax)

ax.set_xlabel('Samples', fontsize=14)
ax.set_yticks(np.arange(0, 6, 0.25))

plt.show()
```

对应的树状图如图 4-5 所示。

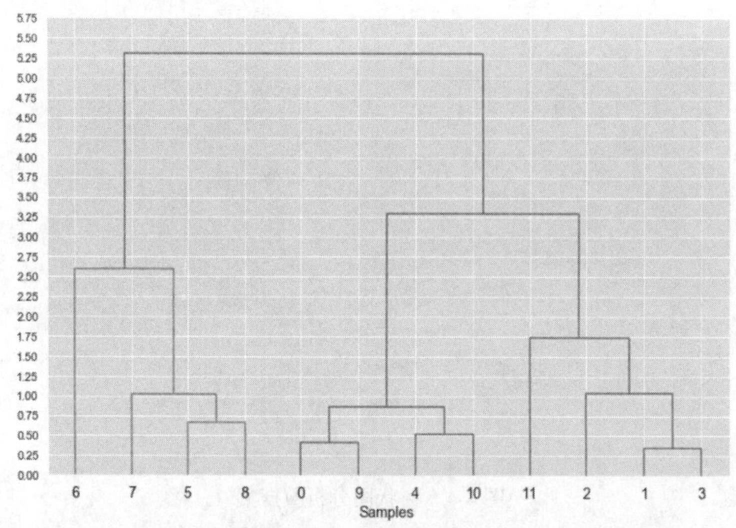

图 4-5 应用于数据集的 Ward 连接距离法相对应的树状图

如图 4-5 所述，x 轴表示最小化交叉连接风险的样本，而 y 轴显示的是差异度级别。现在让我们从下到上分析图表。初始状态对应于被视为独立聚类的所有样本（因此差异度为 0）。向上移动，我们开始观察第一次合并。特别地，当差异度约为 0.35 时，合并样品 **1** 和 **3**。

第二次合并是样本 **0** 和 **9** 被合并，其差异度略低于 0.5。该过程一直持续到创建单个聚类，此时差异度大约为 5.25。现在让我们在差异度等于 1.25 时水平剖析树状图，查看基础连接，我们发现聚类结构是：**{6}**，**{7,5,8}**，**{0,9,4,10}**，**{11}**，**{2,1,3}**。

因此，我们有 5 个聚类，其中两个由单个样本组成。观察到样本 **6** 和 **11** 是最后要合并的样本不足为奇，因为它们离其他的样本很远。4 个不同的级别下的聚类（只有包含多个样本的聚类用圆圈标记），如图 4-6 所示。

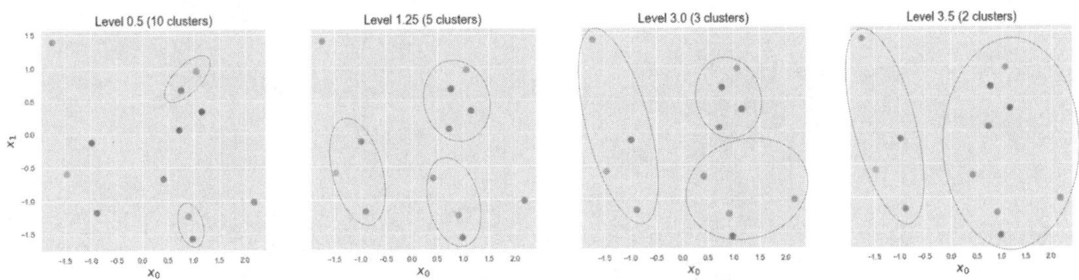

图 4-6 在不同级别切割树状图生成的聚类（Ward 链）

很容易理解，聚集开始于选择最相似的聚类/样本，然后是通过添加邻近样本来进行处理，直到到达树的根部。在这个例子中，在相似度等于 2.0 的情况下，已经检测到 3 个明确定义的聚类。左边一个也保留在下一个切口中，而右边的两个（明显更接近）被选择用于合并以产生单个聚类。这个过程本身很简单，不需要特别的解释，但有两个重要的考虑因素。

第一个是树状图结构本身固有的。与其他方法不同的是，层次聚类允许观察整个聚类树，当需要通过增加差异度来显示过程如何发展时，这样的特征非常有用。例如产品推荐应用程序无法提供有关代表用户的所需聚类数量的任何信息，但执行管理层可能有兴趣了解合并过程的结构和发展。

事实上，通过观察聚类是如何合并的，我们可以深入了解底层的几何结构，并且还可以发现哪些聚类可能被视为较大聚类的一部分。在我们的示例中，在 0.5 级时，我们有一个小聚类**{1,3}**。问题是“通过增加差异度可以将哪些样本添加到此聚类中？”可以立即用**{2}**回答。当然，在这种情况下，这是一个微不足道的问题，我们可以通过查看数据图来解决，但是对于高维数据集，如果没有树状图的支持，观察可能会变得困难。

第二个是树状图可以比较不同连接方法的行为。使用 Ward 链，第一次合并发生在相当低的差异度，但 **5 个聚类**和 **3 个聚类**之间存在很大差距。这是几何和合并策略的结果。例如如果我们使用单一链（本质上非常不同）会发生什么？对应的树状图如图 4-7 所示。

结果表明，该树状图是不对称的，并且聚类通常与单个样本或小的聚集体合并。从右边开始，我们可以看到样本**{11}**和**{6}**很晚才合并。此外，当必须生成最终的单个聚类时，样本**{6}**（可能是异常值）以最高的差异度合并。在不同级别切割树状图生成的聚类的过程如图 4-8 所示。

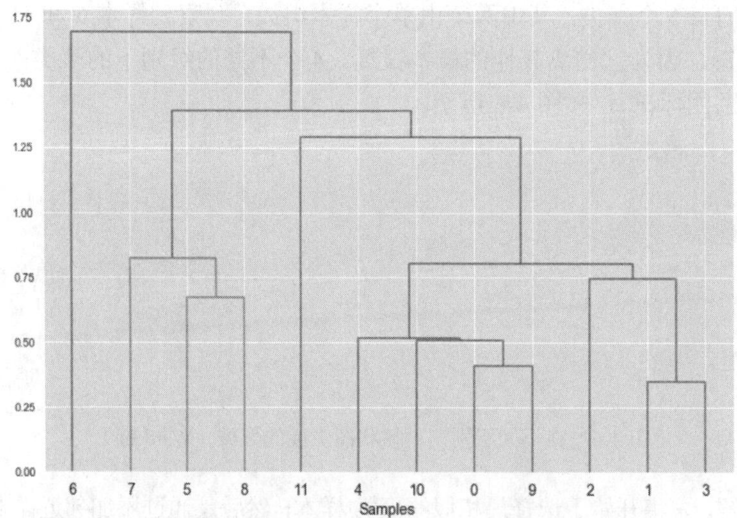

图 4-7 应用于数据集的单一链对应的树状图

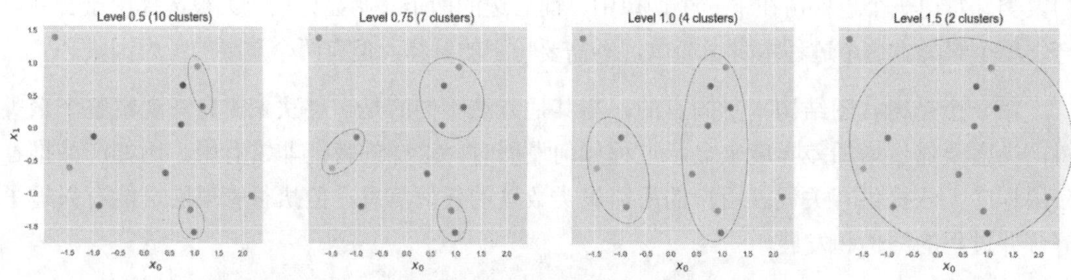

图 4-8 在不同级别切割树状图生成的聚类（单一链）

从图 4-8 可以看出，虽然 Ward 链生成了包含所有样本的两个聚类，但是单一链在 1.5 级通过将潜在的异常值保持在外部来聚合最大聚类。因此，树状图还允许定义聚合语义，这在心理测量学和社会学背景中非常有用。虽然 Ward 链以一种与其他对称算法非常相似的方式进行，但单一链有一种阶梯式循序渐进的方式，它显示了对增量构建的聚类的偏好，从而避免了差异度方面的较大差距。

最后，值得注意的是，虽然通过在 **3.0** 级切割树状图，Ward 链产生了潜在的最佳聚类数（3 个），但单一链从未达到这样的配置（因为聚类{**6**}仅在最后一步中合并）。这种效果与最大分离和最大内聚的双重原则密切相关。Ward 链往往很快找到最内聚和最分离的聚类。它允许当差异度间隙克服预定义阈值（当然，当达到所需数量的聚类时）时切割树状图，而其他链需要不同的方法，有时会产生不需要的最终配置。

考虑到问题的性质，我总是鼓励读者测试所有的链方法的行为，并找出适合某些示例场景（例如根据教育水平、入住率和收入对一个国家的人口进行细分）的最合适方法。这是增强意识，并提高过程语义解释能力的最佳方法（这是任何聚类过程的基本目标）。

4.5 同表型相关性系数作为一种性能指标

我们可以使用前面章节中介绍的任何方法来评估层次聚类性能，但在此特定情况下，我们可以采用特定措施（不需要基本事实）。给定一个邻近矩阵 P 和连接 L，一对样本 x_i，$x_j \in X$ 总是被分配给特定分层级别的同一聚类。当然，务必要记住，在凝聚的情况下，我们从 n 个不同的聚类开始，最终得到一个等同于 X 的聚类。此外，当两个合并的聚类变成单个聚类时，属于聚类的两个样本将始终属于同一变大的聚类，直到该过程结束。

考虑到 4.4 节中显示的第一个树状图，样本{**1**}和{**3**}先被合并；然后添加样本{**2**}，最后是{**11**}。此时，整个聚类与另一个大聚类合并（包含样本{**0**}，{**9**}，{**4**}，{**10**}）。在最后一级，合并剩余的样本以形成单个最终聚类。因此，命名差异度级别 DL_0，DL_1，... ，DL_k，样本{**1**}和{**3**}在 DL_1 处开始属于同一聚类，而{**2**}和{**1**}则出现在 DL_6 的同一个聚类中。

此时，我们可以将 DL_{ij} 定义为 x_i 和 x_j 首次属于同一聚类的差异度级别，并且在以下（$n \times n$）矩阵中表示为 CP 的**同表型矩阵**（**Cophenetic Matrix**）：

$$CP_{ij} = [DL_{ij}]$$

换句话说，CP_{ij} 元素是观察同一聚类中的 x_i 和 x_j 所需的最小差异。我们可以证明 CP_{ij} 是 x_i 和 x_j 之间的距离度量，因此，CP 类似于 P，并且它具有与邻近矩阵相同的属性（例如所有对角元素都为空）。特别地，我们对它们的相关性感兴趣（在−1 和 1 的范围内标准化）。此值为**同表型相关性系数**（**Cophenetic Correlation Coefficient**，**CPC**），表示 P 和 CP 之间的一致性水平，并且可以轻松计算，如以下等式所示。

由于 P 和 CP 都是具有零对角元素的（$n \times n$）对称矩阵，因此可以仅考虑下三角部分（不包括对角线并表示为 $Tril$（•）），包含 $n(n-1)/2$ 个值。因此，平均值如下：

$$\hat{P} = \frac{2}{n(n-1)} \sum_{(i,j) \in Tril(P)} P(i,j) \text{ 且 } \hat{CP} = \frac{2}{n(n-1)} \sum_{(i,j) \in Tril(CP)} CP(i,j)$$

标准化平方和值如下：

$$SP = \frac{2}{n(n-1)} \sum_{(i,j) \in Tril(P)} P(i,j)^2 - \hat{P}^2 \text{ 且 } SCP = \frac{2}{n(n-1)} \sum_{(i,j) \in Tril(CP)} CP(i,j)^2 - \hat{CP}^2$$

因此，归一化的同表型相关性系数仅等于以下内容：

$$CPC = \frac{\frac{2}{n(n-1)}\sum_{(i,j)\in Tril(P\ or\ CP)} P(i,j)\cdot CP(i,j) - \hat{P}\cdot \hat{CP}}{\sqrt{SP\cdot SCP}}$$

前面的方程基于如下假设：如果3个样本x_i、x_j和x_p具有诸如$d(x_i, x_j)<d(x_i, x_p)$的距离，合理地期望x_i和x_j将在x_i和x_p之前合并在同一个聚类中（即x_i和x_j合并的差异度低于x_i和x_p合并的差异度）。因此，$CPC \to 1$表示链生成最佳层次结构，这反映了基础几何形状。另一方面，$CPC \to -1$则表示完全不同且与几何体形状不一致的潜在聚类结果。不言而喻，给定一个问题，我们的目标是找到一个最大化CPC的指标和链。

考虑到第3章中描述的示例，我们可以使用SciPy的函数cophenet()计算对应于不同链（假设欧氏距离）的同表型矩阵和CPC。此函数需要连锁矩阵作为第一个参数，邻近矩阵作为第二个参数，并返回同表型矩阵和CPC（变量dm是先前计算的压缩邻近矩阵）：

```
from scipy.cluster.hierarchy import linkage, cophenet

cpc, cp = cophenet(linkage(dm, method='ward'), dm)
print('CPC Ward\'s linkage: {:.3f}'.format(cpc))

cpc, cp = cophenet(linkage(dm, method='single'), dm)
print('CPC Single linkage: {:.3f}'.format(cpc))

cpc, cp = cophenet(linkage(dm, method='complete'), dm)
print('CPC Complete linkage: {:.3f}'.format(cpc))

cpc, cp = cophenet(linkage(dm, method='average'), dm)
print('CPC Average linkage: {:.3f}'.format(cpc))
```

此代码段的输出如下所示：

```
CPC Ward's linkage: 0.775
CPC Single linkage: 0.771
CPC Complete linkage: 0.779
CPC Average linkage: 0.794
```

这些值非常接近，表明所有关联都产生了相当不错的结果（即使由于存在两个异常值而不是最优的）。但是，如果我们需要选择一种方法，那么平均链是最准确的，应优先于其他方法（如果没有特定原因需要跳过它）。

同表型相关性系数是层次聚类特有的评估指标，它通常提供可靠的结果。但是，当几何图形更复杂时，*CPC* 值可能会误导并导致次优配置。出于这个原因，我建议使用其他指标（例如轮廓分数或调整后的兰德分数），以便仔细检查性能并做出最合适的选择。

4.6 水处理厂数据集的凝聚聚类

现在让我们考虑一个更详细的问题，关于一个更大的数据集（下载说明在本章 4.1 节提供），其中包含 527 个样本，用 38 个化学和物理变量描述了水处理厂的状态。正如作者（Bejar、Cortes 和 Poch）所述，该域的结构不好，需要仔细分析。与此同时，我们的目标是通过不可知论的方法找到最佳聚类。换句话说，我们不会考虑语义标注过程（这需要领域专家），而只考虑数据集的几何结构和凝聚算法发现的关系。

下载完后，CSV 文件（称为 water-treatment.data）可以使用 pandas 加载（当然，必须更改术语<DATA_PATH>以指向文件的确切位置）。第一列是与特定工厂相关的索引，而所有其他值都是数字，可以转换为 float 64。缺失值用“？”字符表示。由于我们没有任何其他信息，每个属性只用平均值进行设置：

```
import pandas as pd

data_path = '<DATA_PATH>/water-treatment.data'

df = pd.read_csv(data_path, header=None, index_col=0,
na_values='?').astype(np.float64)
df.fillna(df.mean(), inplace=True)
```

由于单个变量的大小不同（我建议大家使用 DataFrame 上的函数 describe()检查此语句），因此最好在范围（−1,1）中对它们进行标准化，从而保留原始方差：

```
from sklearn.preprocessing import StandardScaler

ss = StandardScaler(with_std=False)
sdf = ss.fit_transform(df)
```

此时像往常一样，我们可以使用 t-SNE 算法将数据集投影到二维空间：

```
from sklearn.manifold import TSNE

tsne = TSNE(n_components=2, perplexity=10, random_state=1000)
```

```
data_tsne = tsne.fit_transform(sdf)

df_tsne = pd.DataFrame(data_tsne, columns=['x', 'y'], index=df.index)
dff = pd.concat([df, df_tsne], axis=1)
```

水处理厂数据集的 t-SNE 图如图 4-9 所示。

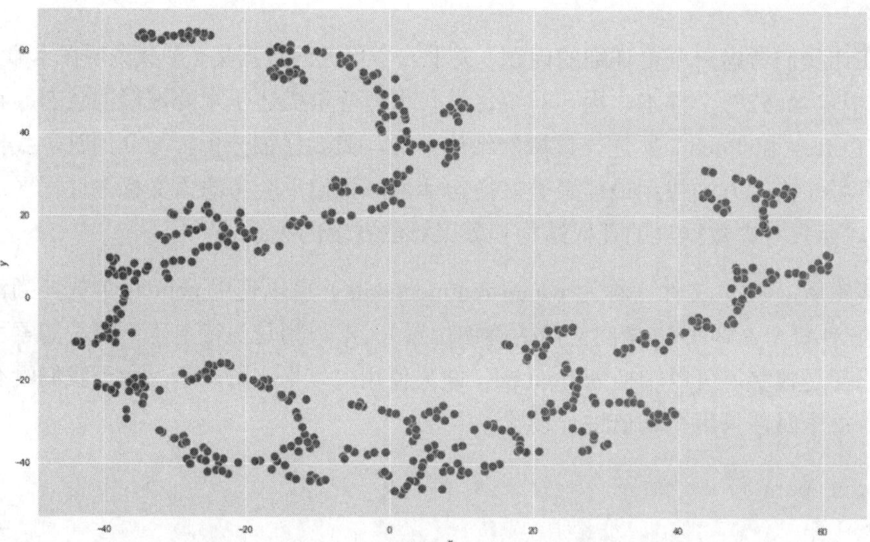

图 4-9 水处理厂数据集的 t-SNE 图

该图显示了一个潜在的非凸几何体，其中许多小岛（密集区域）被空间隔开。但是，如果没有任何域信息，就很难确定哪些斑点可以被视为同一聚类的一部分。我们可以决定施加的唯一伪约束（考虑到所有工厂都以类似的方式操作）是具有中等或少量的聚类。因此，假设欧氏距离并使用 scikit-learn 的 AgglomerativeClustering 类，我们可以计算基于所有链以及 4、6、8 和 10 个聚类下的同表型相关性和轮廓分数：

```
import numpy as np

from sklearn.cluster import AgglomerativeClustering
from sklearn.metrics import silhouette_score

from scipy.spatial.distance import pdist
from scipy.cluster.hierarchy import linkage, cophenet
nb_clusters = [4, 6, 8, 10]
linkages = ['single', 'complete', 'ward', 'average']
```

```
cpcs = np.zeros(shape=(len(linkages), len(nb_clusters)))
silhouette_scores = np.zeros(shape=(len(linkages), len(nb_clusters)))

for i, l in enumerate(linkages):
    for j, nbc in enumerate(nb_clusters):
        dm = pdist(sdf, metric='minkowski', p=2)
        Z = linkage(dm, method=l)
        cpc, _ = cophenet(Z, dm)
        cpcs[i, j] = cpc

        ag = AgglomerativeClustering(n_clusters=nbc, affinity='euclidean',
linkage=l)
        Y_pred = ag.fit_predict(sdf)
        sls = silhouette_score(sdf, Y_pred, random_state=1000)
        silhouette_scores[i, j] = sls
```

基于不同数目聚类和 4 种链方法的同表型相关性和轮廓分数如图 4-10 所示。

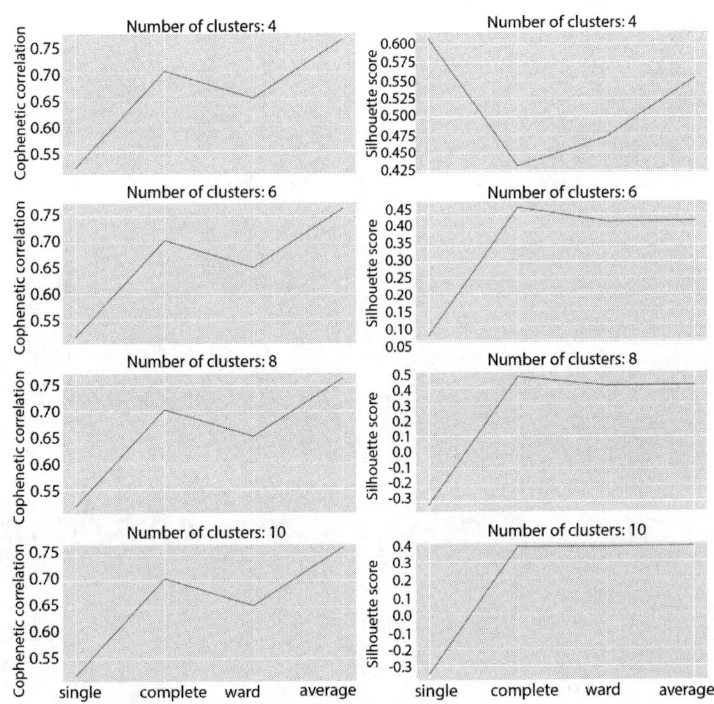

图 4-10　基于不同数目聚类和 4 种链方法的同表型相关性（左）和轮廓分数（右）

要考虑的第一个因素是，同表型相关性对于完整链和平均链是合理可接受的，而对于单一链来说太低了。对于轮廓分数，单一链和 4 个聚类实现了最大值（约 0.6）。该结果表明，即使分层算法产生次优配置，也可以用中等或高水平的内聚力分离 4 个区域。

如 4.5 节所述，同表型相关性有时会产生误导。在这种情况下，我们可以得出结论，如果潜在聚类的理论数量为 4，则使用单一链是最佳选择。但是，所有其他图表显示对应于完整链的最大值（以及单个图表的最小值）。因此，我们要回答的第一个问题是：我们是否需要聚类？在这个例子中，假设许多工厂以非常标准的方式运行（许多样本共享差异），但也可能存在一些特殊情况（不正确的异常值），可能表现出非常不同的行为。

这种假设在许多情况下都是现实的，可能是由于创新或实验过程缺乏资源、测量过程中的内部问题等。领域专家可以接受或拒绝我们的假设，但是，由于这是一个通用示例，我们可以决定保留 8 个具有完整链的聚类（轮廓分数约为 0.5）。该值表示存在重叠，但是考虑到数据集的维数和非凸性，在许多现实情况下是可以接受的。

此时，我们还可以分析截断到 80 个叶子的树状图（这可以通过设置 trucate_mode = 'lastp' 和 $p = 80$ 来实现），以避免间隔太小而难以区分（但你可以删除该约束并提高分辨率），如图 4-11 所示。

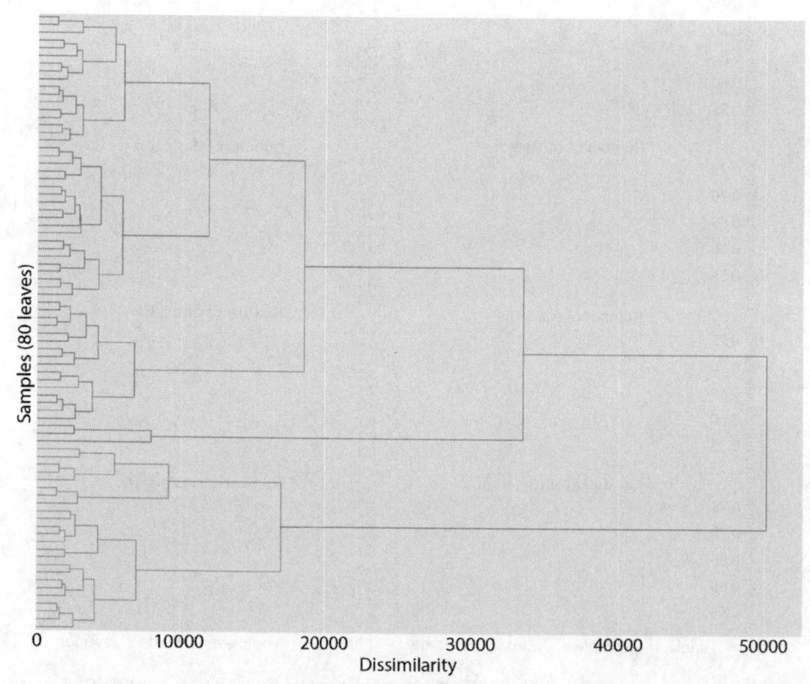

图 4-11 具有欧氏度量标准和完整链的水处理厂数据集的树状图

我们可以看到聚集过程并不是同质的。在该过程开始时，差异度增加得相当缓慢，但在大约差异度为 10000 后，跳跃变大。观察 t-SNE 图，我们可以理解非凸性对非常大的聚类具有更强的影响，因为密度降低，所以差异度隐式地增加。很明显，非常少量的聚类（例如 1、2 或 3）具有非常高的内部差异和相当低的内聚力。

此外，树状图显示在约 17000 的水平上有两个主要的不均匀聚合，因此我们可以推断粗粒度分析突出显示主导行为（从顶部看图），而次要行为则被少数工厂使用。特别地，较小的组非常稳定，因为它将以大约 50000 左右的级别被合并到最终的单个聚类。因此，我们应该期望存在伪异常值，并且这些值被分组到更加孤立的区域中（t-SNE 图也证实了这一点）。

切割范围为 4000 ÷ 6000（对应于大约 8 个聚类），较大的块比较小的块更密集。换句话说，异常聚类将包含比其他聚类少得多的样本。这并不奇怪，因为正如在 4.4 节中所讨论的，最远的聚类通常在完整链的后期被合并。

此时，我们终于可以执行聚类并检查结果。scikit-learn 的实现不是计算整个树状图，而是在达到所需聚类数时停止进程（除非参数 compute_full_tree 不为 True）：

```
import pandas as pd

from sklearn.cluster import AgglomerativeClustering

ag = AgglomerativeClustering(n_clusters=n, affinity='euclidean', linkage=
'complete')
Y_pred = ag.fit_predict(sdf)

df_pred = pd.Series(Y_pred, name='Cluster', index=df.index)
pdff = pd.concat([dff, df_pred], axis=1)
```

最终结果如图 4-12 所示。

正如预期的那样，聚类是不均匀的，但它们与几何体是完全一致的。此外，孤立的聚类（例如在区域 $x \in (-40,-20)$和 $y > 60$ 中）非常小并且它们很可能包含真正的异常值，其行为与其他大多数样本都不相同。我们不打算分析语义，因为问题非常具体。然而，我们有理由认为 $x \in (-40,40)$和 $y \in (-40,-10)$区域中的大聚类即使是非凸的，也代表一个合适的基线。相反，其他大的块（在该聚类的末端）对应于具有特定属性或行为的工厂，这些特性或行为的扩散程度足以被视为标准的替代实践。当然，正如前面所提到的，这是一个不可知论的分析，应该有助于理解如何使用层次聚类。

最后一步，我们希望在约 35000 的差异度水平上切割树状图（对应于 2 个聚类）。结果显示如图 4-13 所示。

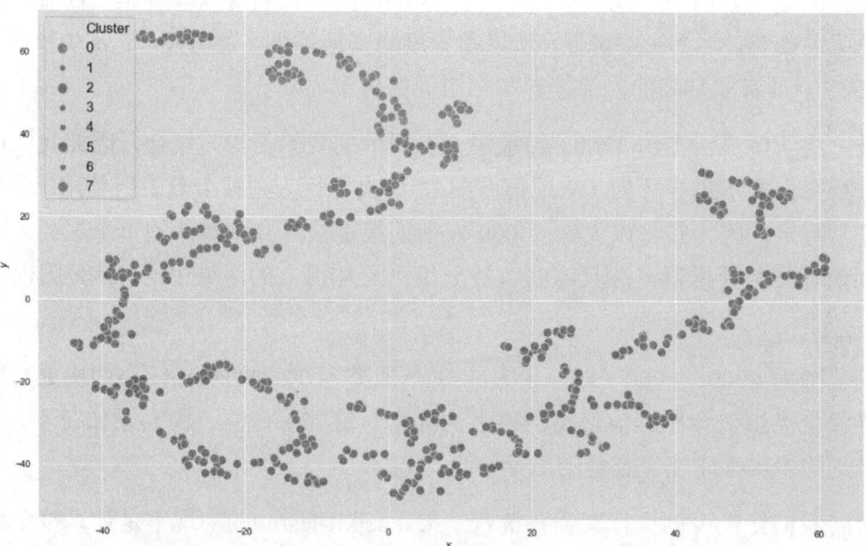

图 4-12　水处理厂数据集的聚类结果（8 个聚类）

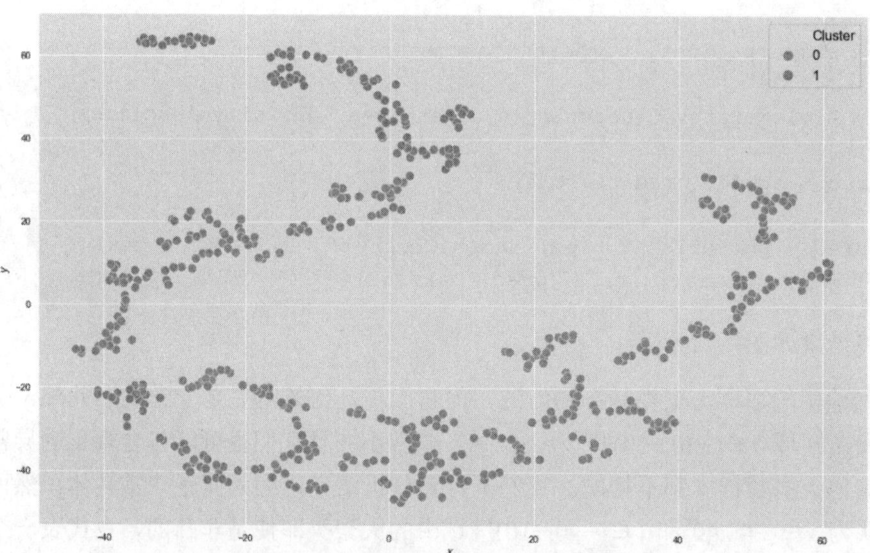

图 4-13　水处理厂数据集的聚类结果（2 个聚类）

在此级别，树状图显示属于聚类的大部分样本和剩余的较小块。现在我们知道这样的次要区域对应于 $x\in(-40,10)$和 $y>20$。同样，结果并不令人惊讶，因为 t-SNE 图显示这些样本是 $y>20\div25$ 的唯一选择（而较大的聚类，即使有很大的空白区域，也几乎涵盖了所有的范围）。

因此，我们可以指出，这些样本代表工厂具有的极端行为，并且如果将新样本分配给该聚类，则它可能代表的是非标准工厂（假设标准工厂的行为与大多数同类工厂相似）。作为练习，我鼓励读者测试其他数量的聚类和不同的链方法（特别是单一链，这是非常特殊的），并尝试验证或拒绝一些事先假设的样本（它们没有必要在现实中被接受）。

4.7 连通性约束

凝聚层次聚类的一个重要特征是可以包含连接约束以强制合并特定样本。这种先验知识在邻近样本之间有很强关系的环境中很常见，或者在我们知道某些样本由于其固有属性而必须属于同一个聚类时也很常见。为了实现这一目标，我们需要使用**连接矩阵**（**Connectivity Matrix**），$A\in\{0,1\}^{n\times n}$：

$$A_{ij}=\begin{cases}[1] & \text{如果}\bar{x}_i\text{和 }\bar{x}_j\text{相连接}\\ [0] & \text{其他}\end{cases}$$

一般来说，A 是由数据集图形导出的邻接矩阵（Adjacency Matrix）。但是，邻接矩阵唯一重要的要求是没有孤立的样本（即没有连接），因为它们无法以任何方式合并。连接矩阵在初始合并阶段应用，并强制算法聚合指定的样本。由于以下聚集不影响连接（两个合并的样本或聚类将保持合并直到进程结束），因此其总是强制执行约束。

为了理解这个过程，让我们考虑一个示例数据集，其中包含从 8 个双变量高斯分布中提取的 50 个二维点：

```
from sklearn.datasets import make_blobs

nb_samples = 50
nb_centers = 8

X, Y = make_blobs(n_samples=nb_samples, n_features=2, center_box=[-1, 1],
centers=nb_centers, random_state=1000)
```

连接约束数据集如图 4-14 所示。

在图 4-14 中，我们看到样本 **18** 和 **31**（$x_0\in(-2,-1)$ 和 $x_1\in(1,2)$）非常接近，但我们不希望它们被合并，因为样本 **18** 在大的中心斑点中有更多邻近的样本，而点 **31** 是部分孤立的，应该被认为是自治聚类。我们还希望样本 **33** 形成单个聚类。这些要求将强制算法合并不再考虑基础几何的聚类（就高斯分布而言），而是用先验知识。

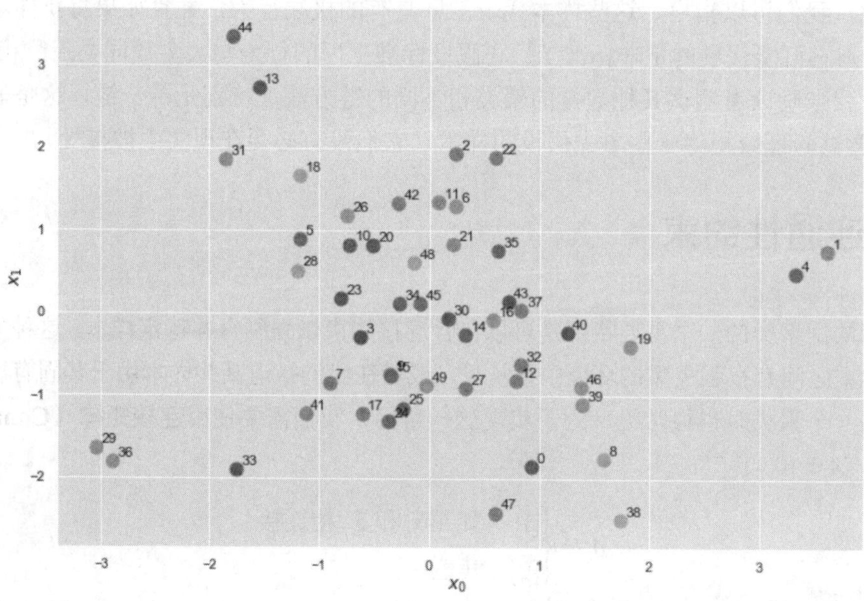

图 4-14　连接约束数据集示例

为了检查聚类的工作原理，现在让我们使用欧氏距离和平均链来生成树状图（截断在 20 个叶子）：

```
from scipy.spatial.distance import pdist
from scipy.cluster.hierarchy import linkage, dendrogram

dm = pdist(X, metric='euclidean')
Z = linkage(dm, method='average')

fig, ax = plt.subplots(figsize=(20, 10))

d = dendrogram(Z, orientation='right', truncate_mode='lastp', p=20, ax=ax)

ax.set_xlabel('Dissimilarity', fontsize=18)
ax.set_ylabel('Samples', fontsize=18)
```

该树状图（从右到左）如图 4-15 所示。

正如预期的那样，样本 **18** 和 **31** 被立即合并，然后与包含 2 个样本的另一个聚类聚合（当数字在括号之间时，表示它是被包含在更多样本的复合块），可能是 **44** 和 **13**。样本 **33**

也被合并，因此它不会保留在隔离的聚类中。为了确认，让我们用 n_clusters=8 执行聚类：

```
from sklearn.cluster import AgglomerativeClustering

ag = AgglomerativeClustering(n_clusters=8, affinity='euclidean', linkage=
'average')
Y_pred = ag.fit_predict(X)
```

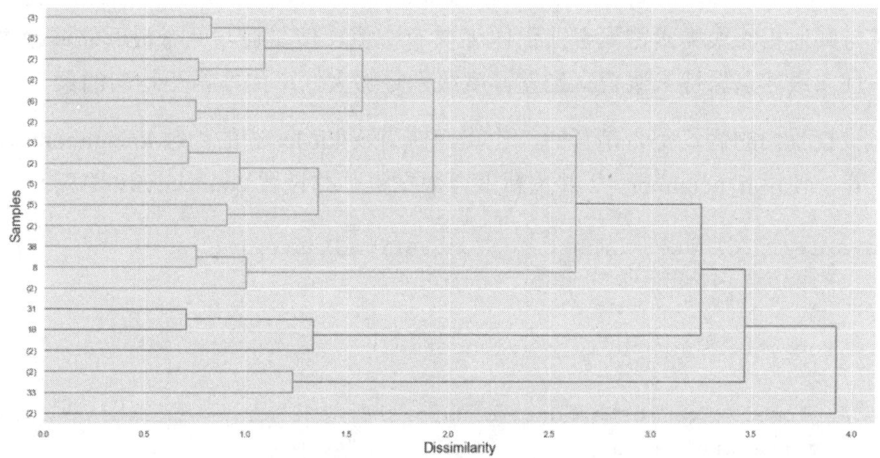

图 4-15　欧氏距离和平均链连接约束示例的树状图

使用欧氏距离和平均链聚类的数据集如图 4-16 所示。

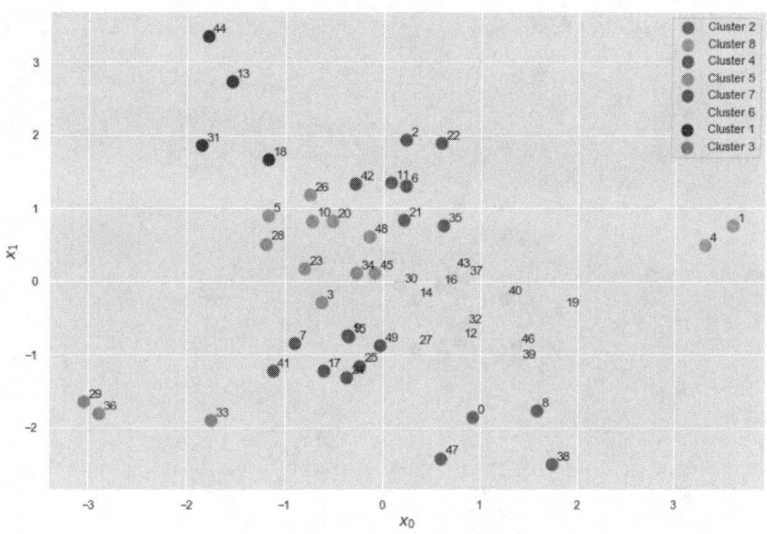

图 4-16　使用欧氏距离和平均链聚类的数据集

结果证实了之前的分析。在没有约束的情况下，平均链产生与基本事实兼容的合理分区（8 个高斯分布）。为了分割大的中心斑点并保持所需的聚类数，算法也必须合并孤立的样本，即使树状图确认它们在末尾以最高差异度级别合并。

为了施加约束，我们可以观察到基于前两个最近邻域的连接矩阵很可能强制聚合属于密集区域的所有样本（考虑到相邻区域较近），并最终保持自治聚类中的孤立点。这种假设行为的原因是基于平均链的目标（最小化聚类间的平均距离）。因此，在施加约束之后，算法更容易与其他相邻聚类紧密聚合（记住 *A* 具有空值，但是在与两个最近邻域相对应的位置中）并且使最远点保持未聚合直到差异度级别足够大（产生非常不均匀的聚类）。

为了检查我们的假设是否是真的，让我们使用 scikit-learn 的函数 kneighbors_graph()生成连接矩阵，使用 n_neighbors=2 并重新聚合数据集，并设置 connectivity 约束：

```
from sklearn.cluster import AgglomerativeClustering
from sklearn.neighbors import kneighbors_graph

cma = kneighbors_graph(X, n_neighbors=2)

ag = AgglomerativeClustering(n_clusters=8, affinity='euclidean', linkage=
'average', connectivity=cma)
Y_pred = ag.fit_predict(X)
```

代码段的图形输出如图 4-17 所示。

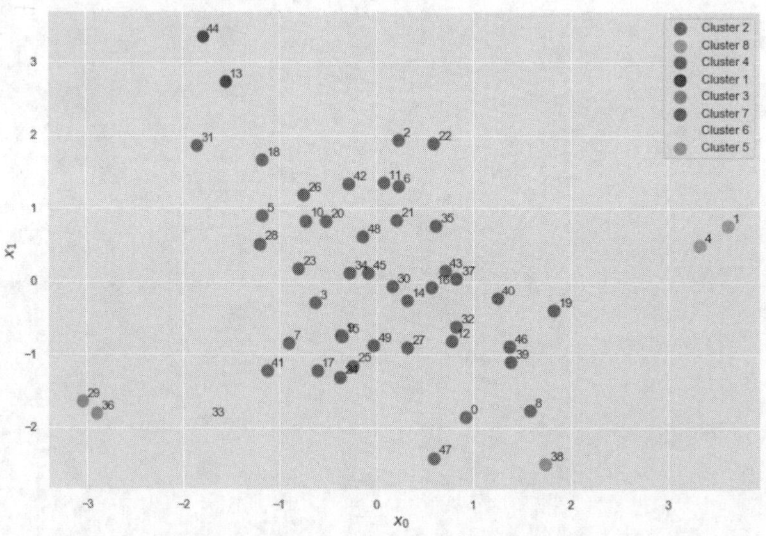

图 4-17　使用欧氏距离和平均链聚类并使用连通性约束的数据集

正如预期的那样，样本 **18** 被分配到大的中央聚类，而点 **31** 和 **33** 现在已被隔离。当然，由于这个过程是分层的，所以施加连接约束比分离约束更容易。事实上，虽然单个样本可以在初始阶段轻松合并，但使用所有连接方法都无法轻易保证在最终合并之前将它们排除在外。

当需要复杂约束时（给定距离和链），我们通常需要调整聚类的连接矩阵和期望数量。当然，如果使用特定数量的聚类实现期望的结果，还需使用更大的值来实现，直到到达差异度下限（即合并过程减少聚类的数量，因此，如果差异度足够大，则所有现有的约束都将保持有效）。例如 3 个样本被约束为属于同一个聚类，那么在初始合并阶段之后我们通常不能期望得到这个结果。

但是，如果所有 3 个样本的合并发生在特定差异度级别（例如 2.0 级对应于 30 个聚类），则对于 n<30 个聚类以及 DL>2.0 的所有配置也仍然有效。因此，如果我们从 5 个聚类开始，我们可以轻松地增加这个数字，同时注意具有大于约束所施加的最后一次合并相对应的差异度级别。我鼓励读者使用其他数据集测试该方法，并尝试定义先前的约束，这些约束可以在聚类过程之后被轻松验证。

4.8 总结

在本章中，我们提出了层次聚类方法，重点关注可采用的不同算法（分裂和凝聚算法）。我们还讨论了用于发现哪些聚类可以合并或拆分的方法（即链）。特别地，给定距离度量，我们分析了 4 种链的行为：单一链、完整链、平均链和 Ward 链。

我们已经展示了如何构建树状图以及如何分析它，以便使用不同的方法来理解整个层次过程。然后我们引入了一种称为同表型相关性的性能指标，在不了解基本事实的情况下评估分层算法的性能。

我们分析了一个更大的数据集（水处理厂的数据集），定义了一些假设，并使用前面讨论过的所有工具对它们进行了验证。在本章的最后，我们讨论了连通性约束的概念，它允许使用连接矩阵将先验知识引入流程。

在第 5 章中，我们将介绍软聚类的概念，重点是模糊算法和两个非常重要的高斯混合模型。

4.9 问题

1. 凝聚方法和分裂方法有什么区别？

2．给定两个聚类 a: [(−1, −1), (0, 0)]和 b: [(1, 1), (1, 0)]，思考一下欧氏距离的单一链和完整链的联系是什么？

3．树状图可以表示给定数据集的不同链的结果。正确吗？

4．在凝聚聚类中，树状图的底部（初始部分）包含了单个聚类。正确吗？

5．凝聚聚类中树状图的 y 轴是什么意思？

6．在合并较小的聚类时，差异度会降低。正确吗？

7．同表型矩阵的元素 $C(i, j)$报告了两个对应元素 x_i 和 x_j 第一次出现在同一聚类中的差异度。正确吗？

8．连通性约束的主要目的是什么？

第 5 章 软聚类和高斯混合模型

在本章中，我们将讨论软聚类的概念，它允许我们针对定义的聚类配置，获取数据集每个样本的隶属程度。也就是说，从 0 到 100%的范围，我们想知道 x_i 属于聚类的程度。如果极值为 0，这意味着 x_i 完全位于聚类的域外部；如果为 1（100%），则表示 x_i 已完全分配给单个聚类。所有中间值意味着两个或更多个不同聚类的部分域。因此，与硬聚类相反，在这里，我们感兴趣的不是固定分配，而是具有相同概率分布（或概率本身）属性的向量。这种方法可以更好地控制边界样本，并帮助我们找出生成过程的适当近似值，而数据集则可在该过程被绘制。

本章将着重讨论以下主题。

- Fuzzy c-means。
- 高斯混合。
- 用 AIC 和 BIC 作为性能指标。
- 贝叶斯高斯混合（简介）。
- 生成（半监督）高斯混合。

5.1 技术要求

本章中的代码需求如下。

- Python 3.5+（强烈推荐 Anaconda 发行版）。
- 库。
  - SciPy 0.19+。

- NumPy 1.10+。
- scikit-learn 0.20+。
- scikit-fuzzy 0.2。
- pandas 0.22+。
- Matplotlib 2.0+。
- seaborn 0.9+。

示例代码可在本书配套的代码包中找到。

5.2 软聚类

在层次聚类操作中分析的所有算法都属于硬聚类方法。这意味着始终将给定样本分配给单个聚类。软聚类则旨在将每个样本 x_i 与一个向量相关联，该向量通常表示 x_i 属于每个聚类的概率：

$$c(\overline{x}_i) = (p(\overline{x}_i \in C_1), p(\overline{x}_i \in C_2), \cdots, p(\overline{x}_i \in C_k))$$

另外，输出可以解释为隶属向量：

$$c(\overline{x}_i) = (w_{i1}, w_{i2}, \cdots, w_{ik}), \text{同时} \sum_j w_{ij} = 1$$

从形式上讲，两个解释之间没有区别，但在通常情况下，当算法没有明确地基于概率分布时，我们将采用后者。出于我们的目的，我们总是将 $c(x_i)$与概率相关联。通过这种方式，我们鼓励读者思考用于获取数据集的数据生成过程。一个明显的例子是将这些向量解释为与构成数据生成过程近似值的特定贡献相关的概率 p_{data}。例如使用概率混合，我们可以定义近似值 p_{data} 如下：

$$p_{data}(\overline{x}_i) \approx p(\overline{x}_i) = \sum_j w_j p_j(\overline{x}_i)$$

因此，该过程被分成（独立的）分量的加权和，并且输出的是它们各自 x_i 的概率。当然，我们通常期望每个样本都有一个主要的组成部分，但是通过这种方法，我们可以对所有边界点有一个重要的认识，这些边界点可以分配给不同的聚类。出于这个原因，当输出可以输入另一个模型（例如神经网络）中时，软聚类非常有用，它可以利用整个概率向量。例如推荐者可以首先使用软聚类算法对用户进行分段，然后处理这些向量，以便根据显式反馈找到更复杂的关系。一个常见的场景包括通过问题的答案进行更正，例如“这个结果与你相关吗？”

或者“你想看到更多这样的结果吗？”由于答案是由用户直接提供的，因此它们可以用于监督或强化学习模型，其输入基于软自动分割（例如基于购买历史或详细页面视图）。用这种方式，我们可以通过更改原始分配（由于不同聚类提供的大量贡献）来轻松管理边界用户，同时建议具有强隶属资格（例如概率接近 1）的其他用户提供建议的概率以提高其回报。

我们现在可以开始讨论 Fuzzy c-means，这是一种非常灵活的算法，它将讨论过的 K-means 概念扩展到软聚类应用中。

5.3 Fuzzy c-means

我们接下来提出的第一个算法是基于软分配的 K-means 变体。**Fuzzy c-means** 源自模糊集的概念，模糊集是经典二进制集的扩展（即在这种情况下，样本可以属于单个聚类），它是基于表示整个集合不同区域的不同子集的叠加而得到的集合。例如基于某些用户年龄的集合可以分为青年、中年和老年人，其与 3 个不同（部分重叠）的年龄范围相关联：18～35、28～60 和>50。因此，例如一个 30 岁的用户在不同划分程度上既是青年又是中年人（考虑边界，实际上是边界用户）。有关这些类型集和所有相关操作的更多详细信息，我建议阅读 *Concepts and Fuzzy Logic* 一书。为了达到目的，我们可以假设一个数据集 X，包含 m 个样本，被划分为 k 个重叠聚类，以便每个样本始终与每个聚类相关联，根据它们的隶属度 w_{ij}（它是一个介于 0 和 1 之间的值）。如果 $w_{ij}=0$，则意味着 x_i 完全在聚类 C_j 之外，而相反，如果 $w_{ij}=1$，则表示对聚类 C_j 的硬分配。所有中间值代表部分隶属。当然，由于显而易见的原因，样本的所有隶属度的总和必须归一化为 1（类似于概率分布）。通过这种方式，样本始终属于所有聚类的联合，并且就隶属资格而言，将聚类拆分为两个或更多个子集总是会产生一致的结果。

该算法基于广义惯性量 S_f 被优化：

$$S_f = \sum_{j=1}^{k} \sum_{\bar{x}_i \in C_j} w_{ij}^{m} \| \bar{x}_i - \bar{\mu}_j \|^2$$

在前面的公式中，μ_j 是聚类 C_j 的质心，而 $m(m>1)$是重新加权指数系数。当 $m \approx 1$ 时，权重不受影响。对于较大的值，例如 $w_{ij} \in (0,1)$，其重要性按比例降低。我们可以选择这样的系数来比较不同值的结果和期望模糊度的水平。实际上，在每次迭代之后（完全等同于 K-means），使用以下公式更新权重：

$$w_{ij} = \frac{1}{\sum_p \left(\frac{\| \bar{x}_i - \bar{\mu}_j \|}{\| \bar{x}_i - \bar{\mu}_p \|} \right)^{\frac{2}{m-1}}}$$

如果 x_i 接近质心 μ_j，则总和接近于 0，并且权重增加（当然，为了避免数值不稳定性，在分母中添加一个小常数，这样它永远不会等于 0）。当 $m \gg 1$ 时，指数变得接近 0，并且总和中的所有项趋向于 1。这意味着特定聚类的偏好被削弱并且 $w_{ij} \approx 1/k$ 对应于均匀分布。因此，较大的 m 意味着更平滑的分区，不同的分配之间没有明显的差异（除非样本非常接近质心），而当 $m \approx 1$ 时，单个主导权重几乎等于 1，其他权重则接近 0（即分配很难）。

质心的更新方式类似于 K-means（换句话说，即目标是实现最大分离和最大内聚）：

$$\bar{\mu}_j = \frac{\sum_j w_{ij}^m \bar{x}_i}{\sum_j w_{ij}^m}$$

重复该过程直到质心和权重变得稳定。在收敛之后，使用特定度量来评估结果，称为归一化 **Dunn 的分区系数**（**Dunn's Partitioning Coefficient**），定义如下：

$$P_C = \frac{w_C - \frac{1}{k}}{1 - \frac{1}{k}}, \text{其中} w_C = \frac{1}{m} \sum_i \sum_j w_{ij}^2$$

可以看出，这样的系数值在 0 和 1 之间。当 $P_C \approx 0$ 时，则 $w_C \approx 1/k$，这意味着分布平滑且模糊度高。另一方面，当 $P_C \approx 1$ 时，则 $w_C \approx 1$，表示几乎难以分配，所有其他值都与模糊度成正比。因此，在给定任务的情况下，数据科学家可以立即根据所需的结果评估算法的性能。在某些情况下，硬分配更可取，因此 P_C 可被视为在切换到标准 K-means 之前要执行的检查。实际上，当 $P_C \approx 1$（并且这样的结果是预期结果）时，再使用 Fuzzy c-means 是没有意义的。相反，小于 1 的值（例如 $P_C = 0.5$）会告知我们由于存在许多边界样本，可能会存在非常不稳定和难以执行的任务。

现在，让我们将 Fuzzy c-means 算法应用于 scikit-learn 库提供的简化 MNIST 数据集。该算法由 scikit-fuzzy 库提供，该库实现了所有最重要的模糊逻辑模型。第一步就是加载和规范化样本，如下所示：

```
from sklearn.datasets import load_digits

digits = load_digits()
X = digits['data'] / 255.0
Y = digits['target']
```

数组 X 包含 1797 个展平样本，$x \in \Re^{64}$，对应于灰度 8×8 的图像（其值在 0 和 1 之间归一化）。我们想要分析不同 m 系数的行为（5 个均值在 1.05 和 1.5 之间）并检查样本的权重（在我们的例子中，我们将使用 $X[0]$）。因此，我们调用 scikit-fuzzy 库的函数 cmeans()，设置 c=10（聚类数量）和两个收敛参数，即 error=1e-6 和 maxiter=20000。此外，出于可重复性的原因，我们还将设置标准随机 seed=1000。输入数组应包含样本列。因此，我们需要对其进行转置，如下所示：

```
from skfuzzy.cluster import cmeans

Ws = []
pcs = []

for m in np.linspace(1.05, 1.5, 5):
    fc, W, _, _, _, _, pc = cmeans(X.T, c=10, m=m, error=1e-6,
maxiter=20000, seed=1000)
    Ws.append(W)
    pcs.append(pc)
```

前面的代码段执行不同类型的聚类，并将相应的权重矩阵 W 和分区系数 P_c 附加到两个列表中。在分析特定配置之前，显示测试样本（表示数字 0）的最终权重（对应于每个数字）是有帮助的，如图 5-1 所示。

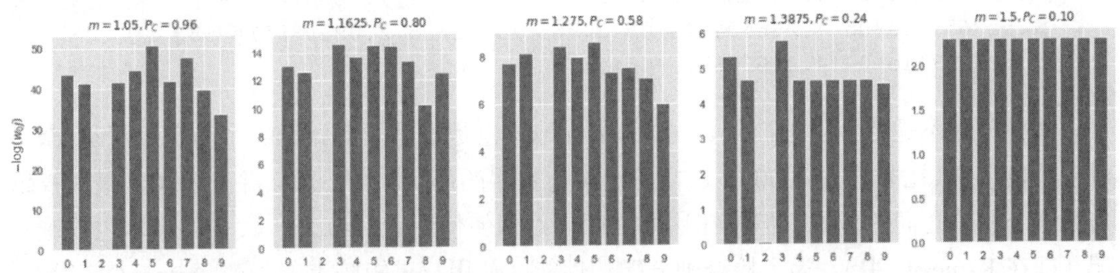

图 5-1　对应于不同 m 值的样本 X[0]的权重值（以反向对数刻度表示）

由于极值往往不同，我们选择使用反向对数刻度（即$-\log(w_{0j})$而不是 w_{0j}）。当 $m = 1.05$ 时，P_C 为 0.96，并且所有权重（与 C_2 对应的权重除外）都非常小（请记住，如果$-\log(w) = 30$，则 $w = e^{-30}$）。这样的配置清楚地显示了具有主要成分（C_2）的硬聚类。图 5-1 中后三个图表显示出明显的优势。但是，当 m 增加（和 P_C 减少）时，主要和次要分量之间的差异变得越来越小。此效果越来越模糊，在 m>1.38 时达到最大值。事实上，当 $m = 1.5$ 时，即使 P_C 为 0.10，所有权重也几乎相同，并且测试样本不能轻易地分配给主导聚类。正如我们之前讨论过的，我们现在知道像 K-means 这样的算法很容易找到硬分区，因为平均而言，对应不同数字的样本彼此差异很大，欧氏距离足以将它们分配到正确的质心。在这个例子中，我们希望保持适度的模糊性，因此我们选择 $m = 1.2$（对应 P_C 为 0.73）：

```
fc, W, _, _, _, _, pc = cmeans(X.T, c=10, m=1.2, error=1e-6, maxiter=20000,
```

```
seed=1000)
    Mu = fc.reshape((10, 8, 8))
```

数组Mu包含的质心，如图5-2所示。

图5-2 $m = 1.2$ 和 P_C 为0.73对应的质心

如你所见，所有不同的数字都已经被选择了，并且如预期的那样，第三个聚类（由 C_2 表示）对应于数字0。现在，让我们检查与 X[0]对应的权重（此外，W 被转置，所以它们存储在 W[:，0]中：

```
print(W[:, 0])
```

输出如下：

```
[2.68474857e-05 9.14566391e-06 9.99579876e-01 7.56684450e-06
 1.52365944e-05 7.26653414e-06 3.66562441e-05 2.09198951e-05
 2.52320741e-04 4.41638611e-05]
```

即使分配不是特别困难，聚类 C_2 的主导地位也是很明显的。第二个潜在分配是 C_8，对应于数字9（比率约为4000）。这样的结果与数字的形状完全一致，并且考虑到最大权重与第二个权重之间的差异。但是在这里很明显，即使使用 $P_C \approx 0.75$，大多数样本也很难分配（即在K-means中）。为了检查硬分配的性能（使用权重矩阵上的函数argmax()获得），并考虑到我们知道基本事实，我们可以使用adjusted_rand_score，如下所示：

```
from sklearn.metrics import adjusted_rand_score

Y_pred = np.argmax(W.T, axis=1)

print(adjusted_rand_score(Y, Y_pred))
```

代码段的输出如下所示：

```
0.6574291419247339
```

该值确认了大多数样品已成功硬分配。作为补充练习，我们可以找到权重具有最小标准差的样本：

```
im = np.argmin(np.std(W.T, axis=1))

print(im)
print(Y[im])
print(W[:, im])
```

输出如下：

```
414
8
[0.09956437 0.05777962 0.19350572 0.01874303 0.15952518 0.04650815
 0.05909216 0.12910096 0.17526108 0.06091973]
```

样本X[414]代表一个数字（8），如图 5-3 所示。

图 5-3 样本X[414]的图解释：对应于具有最小标准差的权重向量

在这种情况下，有 3 个主要聚类：C_8、C_4和C_7（按降序排列）。不幸的是，它们都不对应于与C_5相关的数字 8。不难理解，这样的错误主要是由于数字下部的畸形，其结果更类似于 9（这样的错误分类也可能发生在人身上）。然而，低标准差和缺乏明显主要成分告知我们不能轻易做出决定，样本具有属于 3 个主要聚类的特征。更复杂的监督模型可以轻松避免这种错误，但考虑到我们正在进行无监督分析，结果并非如此消极，我们只是对基本事实进行评估。我建议你使用其他m值来测试结果，并尝试找出一些潜在的组合规则（也就是说，数字 8 中的大多数被软分配给C_i和C_j，因此，我们可以假设相应的质心编码共享部分的常见特征，例如所有数字 8 和数字 9）。

现在，我们可以讨论高斯混合的概念了，这是一种使用非常广泛的方法，用于对数据集的分布进行建模，数据集的分布则是由低密度区域包围的密集斑点组成。

5.4 高斯混合

高斯混合（Gaussian Mixture）是最著名的软聚类方法之一，具有许多特定应用。它可以被认为是 K-means 之父，因为它们的工作方式非常相似，但与该算法相反，它给定样本$x_i \in X$和k聚类（表示为高斯分布），提供概率向量$[p(x_i \in C_1), \cdots, p(x_i \in C_k)]$。

一般来说，如果数据集X已经从数据生成过程p_{data}中采样，那么高斯混合模型则基于以下假设：

$$p_{data}(\bar{x}_i) \approx p(\bar{x}_i) = \sum_{j=1}^{k} p(N=j) N(\bar{x}_i \mid \bar{\mu}_j, \Sigma_j) = \sum_{j=1}^{k} w_j N(\bar{x}_i \mid \bar{\mu}_j, \Sigma_j)$$

换句话说，数据生成过程通过多元高斯分布的加权和来近似。这种分布的概率密度函数如下：

$$N(\bar{x}_i; \bar{\mu}_j, \Sigma_j) = \frac{1}{\sqrt{2\pi \det \Sigma_j}} \mathrm{e}^{-\frac{1}{2}(\bar{x}_i - \bar{\mu}_j)^{\mathrm{T}} \Sigma_j^{-1} (\bar{x}_i - \bar{\mu}_j)}$$

每个多元高斯分布的每个分量的影响都取决于协方差矩阵的结构。二元高斯分布的 3 种可能的协方差矩阵（结果可以很容易地扩展到 n 维空间），如图 5-4 所示。

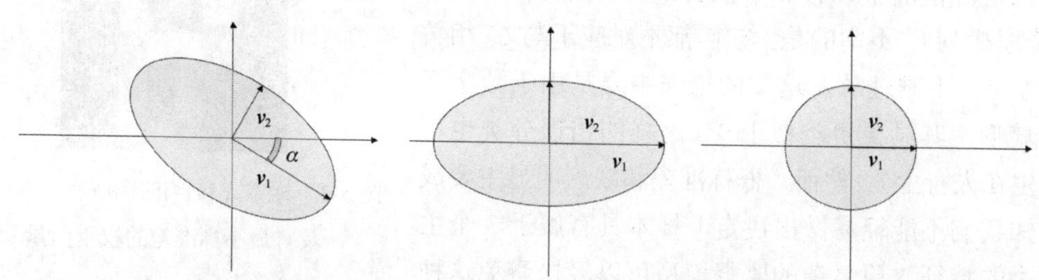

图 5-4　完全协方差（左）、对角协方差（中）和圆形/球形协方差矩阵（右）

从现在开始，我们将考虑完全协方差矩阵的情况，该矩阵可以实现最大的表达能力。很容易理解的是，当这样的分布完全对称（即协方差矩阵是圆形或球形）时，伪聚类的形状与 K-means 相同（当然，在高斯混合中，聚类没有边界，但总是可以在固定数量的标准差之后切割高斯）。相反，当协方差矩阵不是对角或具有不同的方差时，影响不再是对称的（例如在双变量的情况下，一个变量可以显示比另一个更大的方差）。在这两种情况下，高斯混合允许我们计算实际概率，而不是测量样本 x_i 和平均向量 μ_j 之间的距离（如 K-means）。一个单变量的高斯混合示例如图 5-5 所示。

在这种情况下，每个样本在每个高斯下始终具有非空概率，其影响由其均值和协方差矩阵确定。例如与 x 位置对应的点 2.5 既可以属于中间的高斯，也可以属于右侧的高斯（而左侧的点影响最小）。正如本章开头所述，任何软聚类算法都可以通过选择具有最大影响（argmax）的分量而转换为硬聚类算法。

各位读者将很快了解到，在使用对角协方差矩阵的特定情况下，argmax 提供了一条额外的信息（完全被 K-means 丢弃），可以在进一步的处理步骤中使用（也就是说，推荐应用程序可以提取所有聚类的主要特征，并根据相对概率对其进行重新加权)。

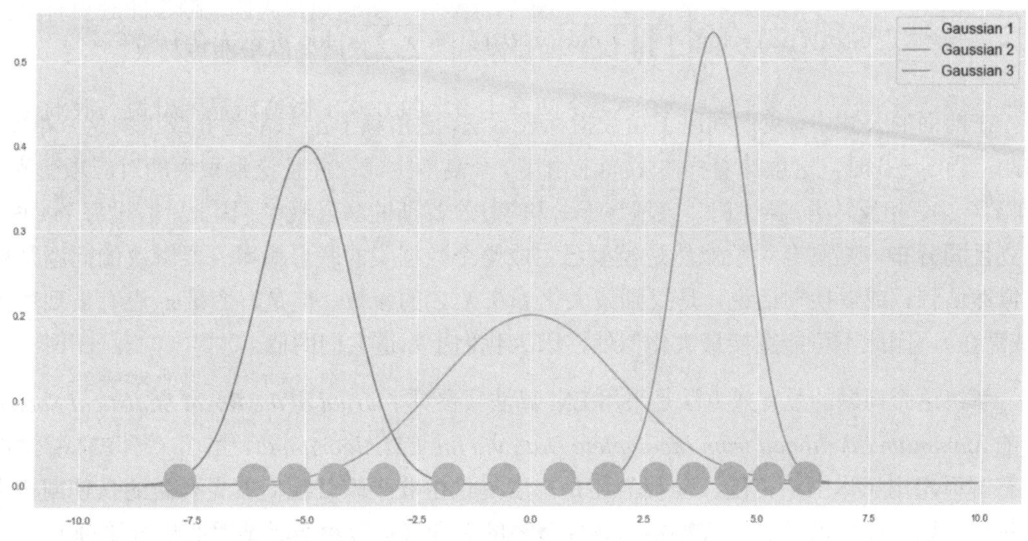

图 5-5 单变量的高斯混合示例

5.4.1 高斯混合的 EM 算法

完整的算法（在 *Mastering Machine Learning Algorithms* 中有详细描述）比 K-means 稍微复杂一点，并且它需要更深入的数学知识。由于本书的内容更加注重实用性，因此在这里我们只讨论主要步骤，而不提供算法依据。

让我们首先考虑包含 n 个样本的数据集 X：

$$X=\{\overline{x}_1,\overline{x}_2,\cdots,\overline{x}_n\}\ \ where\ \ \overline{x}_i\in\mathbb{R}^m$$

给定 k 分布，我们需要找到权重 w_j 和每个高斯 (μ_j, Σ_j) 的参数，条件如下：

$$\sum_{j=1}^{k}w_j=1$$

最后一个条件对于保持与概率定律的一致性是必要的。如果我们将所有参数分组到单个集合，$\theta_j=(w_j, \mu_j, \Sigma_j)$，则可以定义样本 x_i 在第 j 个高斯下的概率，如下所示：

$$p(\overline{x}_i, j\,|\,\theta_j)$$

以类似的方式，我们可以引入伯努利分布 $z_{ij}=p(j|x_i, \theta_j)\sim B(p)$，表示第 j 个高斯生成样本 x_i 的概率。换句话说，给定一个样本 x_i，z_{ij} 等于 1，概率为 $p(j|x_i, \theta_j)$，否则为 0。

此时，我们可以计算整个数据集的联合对数似然，如下所示：

$$L(\theta;X,Z)=\log\left(\prod_{i=1}^{n}\prod_{j=1}^{k}p(\bar{x}_i,j\,|\,\theta_j)^{z_{ij}}\right)=\sum_{i=1}^{n}\sum_{j=1}^{k}z_{ij}\log p(\bar{x}_i,j\,|\,\theta_j)$$

在前面的公式中，我们利用了指数指标表示法，它依赖于 z_{ij} 只能是 0 或 1 的这一事实。因此，当 $z_{ij}=0$ 时，这意味着样本 x_i 尚未由第 j 个高斯生成，并且该乘积中的对应项变为 1（即 $x^0=1$）。相反，当 $z_{ij}=1$ 时，该项等于 x_i 和第 j 个高斯的联合概率。因此，假设每个 $x_i\in X$ **独立且同分布**，则联合对数似然是模型已生成整个数据集的联合概率。要解决的问题是**最大似然估计**，或者换句话说，是找到最大化 $L(\theta; X, Z)$的参数。但是，变量 z_{ij} 没有被观察到（或潜在），因此不可能直接最大化似然，因为我们不知道它们的值。

解决这个问题的最有效方法是采用 EM 算法（参见 *Journal of the Royal Statistical Society* 中的 *Maximum Likelihood from Incomplete Data via the EM Algorithm*）。虽然关于 EM 算法的完整解释超出了本书的范围，但我们还是想要提供主要步骤。我们首先要做的是使用概率链规则，以便将先前的表达式转换为条件概率的总和（可以很容易地对其进行管理）：

$$L(\theta;X,Z)=\sum_{i=1}^{n}\sum_{j=1}^{k}z_{ij}\log p(\bar{x}_i,j\,|\,\theta_j)=\sum_{i=1}^{n}\sum_{j=1}^{k}z_{ij}\log p(\bar{x}_i\,|\,j,\theta_j)+z_{ij}\log p(j\,|\,\theta_j)$$

这两个概率现在很简单。项 $p(x_i|\, j, \theta_j)$是在第 j 个高斯下的 x_i 的概率，而 $p(j|\theta_j)$仅仅是在第 j 个高斯的概率，其等于权重 w_j。为了消除潜在的变量，EM 算法以迭代的方式进行，由两个步骤组成。第一个步骤（称为**期望步骤**，或 **E 步骤**）是在没有潜在变量的情况下计算可能性的代理。如果我们将整个参数集指示为 θ，在迭代 t 处计算的同一组参数表示为 θ_t，我们可以计算出以下函数：

$$Q(\theta\,|\,\theta_t)=E_{Z|X,\theta_t}[L(\theta;X,Z)]$$

$Q(\theta|\theta_t)$是相对于变量 z_{ij} 的联合对数似然的期望值，并且以数据集 X 和在迭代时设置的参数 t 为条件。该操作的效果是删除潜在变量（相加或积分后的值）并产生实际对数似然的近似值。可以想象，第二个步骤（称为**最大化步骤**，或 **M 步骤**）的目标是最大化 $Q(\theta|\theta_t)$，生成一个新的参数集 θ_{t+1}。重复该过程直到参数变得稳定，并且可以证明最终参数集与 MLE 相对应。跳过所有中间步骤并假设最佳参数集为 θ_f，最终结果如下：

$$\bar{\mu}_j=\frac{\sum_{i=1}^{n}p(j\,|\,\bar{x}_i,\theta_f)\bar{x}_i}{\sum_{i=1}^{n}p(j\,|\,\bar{x}_i,\theta_f)}\quad \Sigma_j=\frac{\sum_{i=1}^{n}p(j\,|\,\bar{x}_i,\theta_f)[(\bar{x}_i-\bar{\mu}_j)(\bar{x}_i-\bar{\mu}_j)^{\mathrm{T}}]}{\sum_{i=1}^{n}p(j\,|\,\bar{x}_i,\theta_f)}\quad w_j=\frac{p(j\,|\,\bar{x}_i,\theta_f)}{n}$$

为清楚起见，我们可以使用贝叶斯定理计算概率 $p(j|x_i, \theta_f)$：

$$p(j|\bar{x}_i,\theta_f) \propto w_j p(\bar{x}_i | j,\theta_f) \quad where \quad p(\bar{x}_i | j,\theta_f) = \frac{1}{\sqrt{2\pi \det \Sigma_{j_f}}} e^{-\frac{1}{2}(\bar{x}_i-\bar{\mu}_{j_f})^{\mathrm{T}} \Sigma_{j_f}^{-1} (\bar{x}_i-\bar{\mu}_{j_f})}$$

我们可以通过归一化所有项来消除比例，使得它们的总和等于 1（满足概率分布的要求）。

现在，让我们考虑一个使用 scikit-learn 的实际示例。由于该示例纯粹是为了教学，所以我们使用一个易于可视化的二维数据集：

```
from sklearn.datasets import make_blobs

nb_samples = 300
nb_centers = 2

X, Y = make_blobs(n_samples=nb_samples, n_features=2, center_box=[-1, 1],
centers=nb_centers, cluster_std=[1.0, 0.6], random_state=1000)
```

该数据集是从两个具有不同标准差（1.0 和 0.6）的高斯分布中采样生成的，如图 5-6 所示。

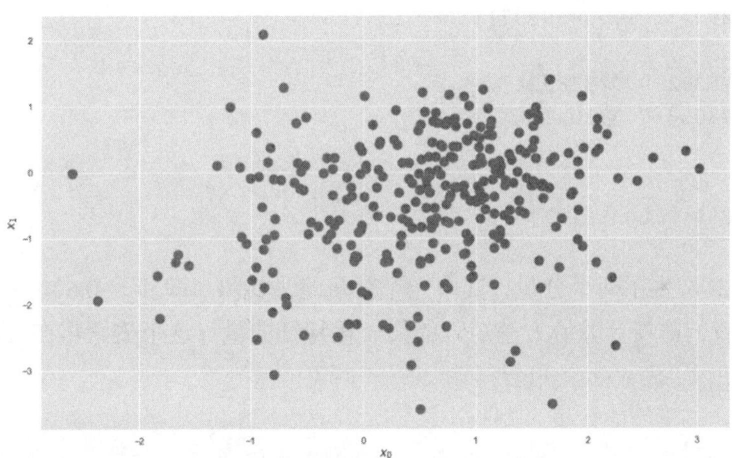

图 5-6　高斯混合样本数据集

我们的目标是同时使用高斯混合模型和 K-means，并比较最终结果。正如我们对两个分量所期望的那样，数据生成过程的近似值如下：

$$p_{data}(\bar{x}) \approx w_1 N(\bar{x};\bar{\mu}_1,\Sigma_1) + w_2 N(\bar{x};\bar{\mu}_2,\Sigma_2)$$

我们现在可以用 n_components=2 来训练 GaussianMixture 实例。默认协方差的类型是完全协方差，但可以通过设置参数 covariance_type 来更改该选项。允许的值为 full、diag、 spherical 和 tied（这会强制算法对所有高斯使用共享的单协方差矩阵）：

```
from sklearn.mixture import GaussianMixture

gm = GaussianMixture(n_components=2, random_state=1000)
gm.fit(X)
Y_pred = gm.fit_predict(X)

print('Means: \n{}'.format(gm.means_))
print('Covariance matrices: \n{}'.format(gm.covariances_))
print('Weights: \n{}'.format(gm.weights_))
```

代码段输出如下：

```
Means:
[[-0.02171304 -1.03295837]
 [ 0.97121896 -0.01679101]]

Covariance matrices:
[[[ 0.86794212 -0.18290731]
  [-0.18290731 1.06858097]]

 [[ 0.44075382 0.02378036]
  [ 0.02378036 0.37802115]]]

Weights:
[0.39683899 0.60316101]
```

因此，MLE 产生了两个分量，其中一个分量略占优势（即 $w_2 = 0.6$）。为了知道高斯坐标轴的方向，我们需要计算协方差矩阵的归一化特征向量（这个概念将在第 7 章中得到充分解释）：

```
import numpy as np

c1 = gm.covariances_[0]
c2 = gm.covariances_[1]

w1, v1 = np.linalg.eigh(c1)
w2, v2 = np.linalg.eigh(c2)

nv1 = v1 / np.linalg.norm(v1)
nv2 = v2 / np.linalg.norm(v2)
```

```
print('Eigenvalues 1: \n{}'.format(w1))
print('Eigenvectors 1: \n{}'.format(nv1))

print('Eigenvalues 2: \n{}'.format(w2))
print('Eigenvectors 2: \n{}'.format(nv2))
```

输出如下：

```
Eigenvalues 1:
[0.75964929 1.17687379]
Eigenvectors 1:
[[-0.608459 -0.36024664]
 [-0.36024664 0.608459 ]]

Eigenvalues 2:
[0.37002567 0.4487493 ]
Eigenvectors 2:
[[ 0.22534853 -0.6702373 ]
 [-0.6702373 -0.22534853]]
```

在两个双变量高斯中（一旦被截断并从顶部观察，可以被想象为椭圆），主要成分是第二个（即第二列，对应于最大的特征值）。椭圆的偏心率由特征值之间的比率确定。如果这样的比率等于1，则形状是圆形，高斯是完全对称的，否则它们沿着轴伸展。主要成分和 x 轴之间的角度（以度为单位）如下：

```
import numpy as np

a1 = np.arccos(np.dot(nv1[:, 1], [1.0, 0.0]) / np.linalg.norm(nv1[:, 1])) *
180.0 / np.pi
a2 = np.arccos(np.dot(nv2[:, 1], [1.0, 0.0]) / np.linalg.norm(nv2[:, 1])) *
180.0 / np.pi
```

前面的公式基于主要分量 v_1 和 x 轴 e_0（即[1,0]）之间的点积：

$$\overline{v}_1 \cdot \overline{e}_0 = \| \overline{v}_1 \| \| \overline{e}_0 \| \cos \alpha_1 \Rightarrow \alpha_1 = \arccos \frac{\overline{v}_1 \cdot \overline{e}_0}{\| \overline{v}_1 \| \| \overline{e}_0 \|}$$

在显示最终结果之前，使用K-means对数据集进行聚类将很有帮助：

```
from sklearn.cluster import KMeans

km = KMeans(n_clusters=2, random_state=1000)
```

```
km.fit(X)
Y_pred_km = km.predict(X)
```

具有 3 个水平剖面截图形状的高斯混合结果和 K-mean 结果如图 5-7 所示。

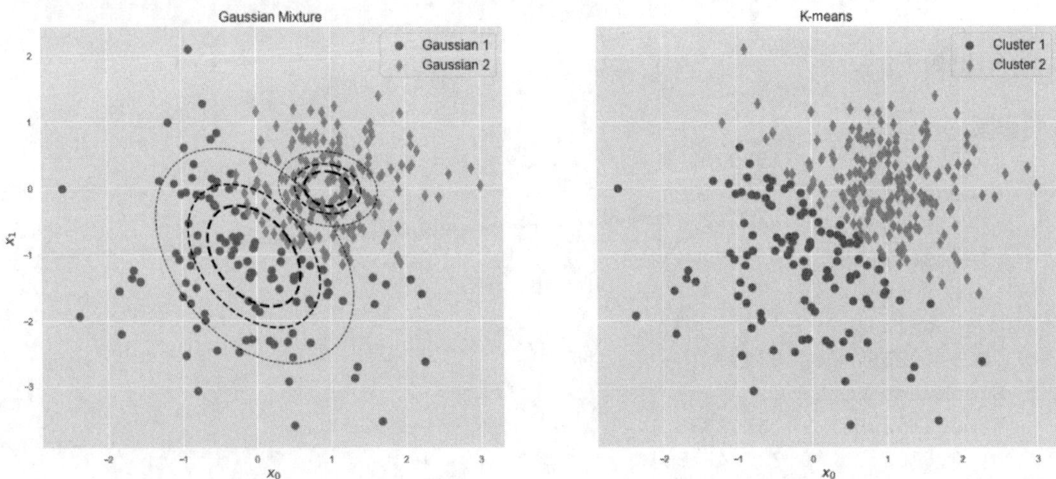

图 5-7　具有 3 个水平剖面截图形状的高斯混合结果（左）和 K-means 结果（右）

正如预期的那样，两种算法产生的结果非常相似，而主要的差异是高斯的非对称性造成的。特别地，对应于数据集的左下部分的伪聚类在两个方向上具有较大的方差，并且对应的高斯是主导的。为了检查混合物的行为，让我们使用 predict_proba()计算 3 个样本点（(0，−2)；(1，−1)——边界样本以及（1,0)）的概率方法：

```
    print('P([0, -2]=G1) = {:.3f} and P([0, -2]=G2) = {:.3f}'.format(*list
(gm.predict_proba([[0.0, -2.0]]).squeeze())))
    print('P([1, -1]=G1) = {:.3f} and P([1, -1]=G2) = {:.3f}'.format(*list
(gm.predict_proba([[1.0, -1.0]]).squeeze())))
    print('P([1, 0]=G1) = {:.3f} and P([1, 0]=G2) = {:.3f}'.format(*list
(gm.predict_proba([[1.0, 0.0]]).squeeze())))
```

代码块输出如下所示：

```
P([0, -2]=G1) = 0.987 and P([0, -2]=G2) = 0.013
P([1, -1]=G1) = 0.354 and P([1, -1]=G2) = 0.646
P([1, 0]=G1) = 0.068 and P([1, 0]=G2) = 0.932
```

我建议大家使用其他协方差类型重复该示例，然后将所有硬分配与 K-means 进行比较。

5.4.2 用 AIC 和 BIC 方法评估高斯混合的性能

由于高斯混合是一种概率模型，因此要找到最佳分量数，需要采用的方法不同于前几章中分析的方法。使用最广泛的技术之一是 **Akaike 信息准则**（**Akaike Information Criterion**，**AIC**），它基于信息理论（参见期刊 *IEEE Transactions on Automatic Control* 的论文 *A new look at the statistical model identification*）。如果一个概率模型具有 n_p 个参数（即必须学习的单个值）并且达到最大负对数似然 L_{opt}，则 AIC 定义如下：

$$AIC(n_p, L_{opt}) = 2n_p - 2L_{opt}$$

这种方法有两个重要的含义。第一个是关于价值本身，AIC 越小，分数越高。事实上，考虑到 Occam 的剃刀原理，模型的目标是用最少数量的参数实现最佳的似然性。第二个含义与信息理论息息相关（我们不讨论数学上烦琐的细节），特别是数据生成过程和通用概率模型之间的信息丢失问题。我们可以证明 AIC 的渐近最小化（当样本数趋于无穷大时）等同于信息丢失的最小化。考虑到基于不同数量的分量（n_p 是所有权重、平均值和协方差参数的总和）的几个高斯混合，具有最小 AIC 的配置对应于以最高精度再现数据生成过程的模型。AIC 的主要局限性在于小数据集。在这种情况下，对于大量参数，AIC 往往达到其最小值，这与 Occam 的剃刀原理形成了对比。但是，在大多数实际情况下，AIC 提供了一个有用的相对衡量标准，可以帮助数据科学家排除许多配置并且仅分析最有希望的配置。

当需要强制将参数的数量保持在非常低的水平时，我们可以采用**贝叶斯信息度量**（**Bayesian Information Criterion**，**BIC**），其定义如下：

$$BIC(n, n_p, L_{opt}) = \log(n)n_p - 2L_{opt}$$

在前面的公式中，n 是样本数（例如当 $n = 1000$ 并且使用自然对数时，惩罚约为 6.9）。因此，BIC 几乎等同于 AIC，甚至对参数数量的惩罚更强。然而，即使 BIC 倾向于选择较小的模型，结果通常也不如 AIC 可靠。BIC 的主要优点是当 $n \to \infty$ 时，数据生成过程 p_{data} 和模型 p_m（具有最小 BIC）之间的 Kullback-Leibler 散度趋于 0：

$$D_{KL}(p_m \| p_{data}) = \sum_{i=1}^{n} p_m(\bar{x}_i) \log \frac{p_m(\bar{x}_i)}{p_{data}(\bar{x}_i)} \to 0 \Rightarrow p_m(\bar{x}) \to p_{data}(\bar{x})$$

当两个分布相同时，由于 Kullback-Leibler 散度为空，因此前一个条件意味着 BIC 倾向于渐近地选择准确再现数据生成过程的模型。

现在，让我们考虑前面的示例，检查 AIC 和 BIC 是否有不同数量的分量。scikit-learn 将这些度量作为 GaussianMixture 类的方法（方法 aic()和方法 bic()）进行了合并。此外，我们还需要计算每个模型实现的最终对数似然。这可以通过乘以方法 score()获得的值（即每个样本的平均对数似然乘以样本数）来实现，如下所示：

```
from sklearn.mixture import GaussianMixture

n_max_components = 20

aics = []
bics = []
log_likelihoods = []

for n in range(1, n_max_components + 1):
 gm = GaussianMixture(n_components=n, random_state=1000)
 gm.fit(X)
 aics.append(gm.aic(X))
 bics.append(gm.bic(X))
 log_likelihoods.append(gm.score(X) * nb_samples)
```

高斯混合的 AIC、BIC 和对数似然如图 5-8 所示。

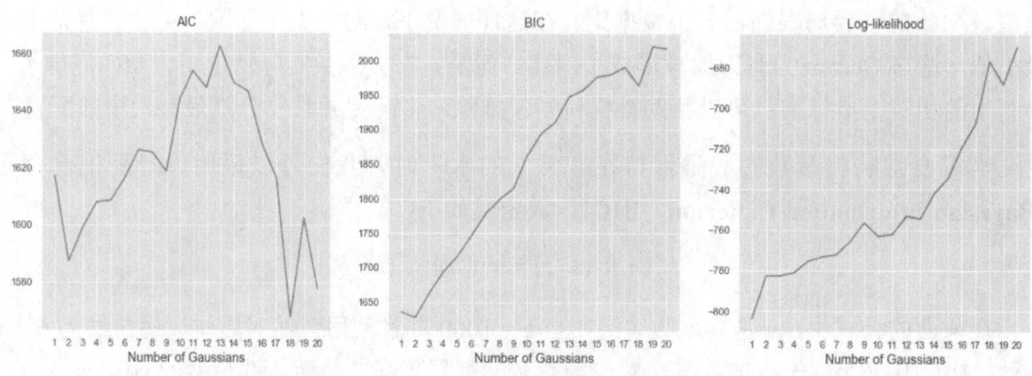

图 5-8 高斯混合的 AIC、BIC 和对数似然（分量数量在（1，20）之间）

在这种情况下，我们知道数据集是由两个高斯分布生成的，但假设我们没有这条信息。AIC 和 BIC 的（局部）最小值都是 $n_c = 2$。然而，当 BIC 继续变得越来越大时，AIC 的伪全局最小值为 $n_c = 18$。因此，如果我们信任 AIC，则应该选择 18 这个分量，这相当于对许多具有很小的方差的高斯数据集进行超细分。另一方面，与其他值相比，$n_c = 2$ 和 $n_c = 18$ 之间的差异不是很大，因此，考虑到它简单得多，我们也可以选择前一种配置。BIC 确认了这种选择。事实上，即使还存在对应于 $n_c = 18$ 的局部最小值，其值也比 $n_c = 2$ 所达到的 BIC 大得多。正如我们之前解释的那样，这种行为是由于样本大小而造成的额外损失。由于每个双变量高斯需要一个变量作为权重，两个变量作为平均值，4 个变量作为协方差矩阵，因此

当 $n_c = 2$ 时，我们得到 $n_p = 2\times(1+2+4) = 14$，当 $n_c = 18$ 时，我们得到 $n_p = 18\times(1+2+4) = 126$。由于有 300 个样本，BIC 受到 log(300)≈5.7 的惩罚，这导致 BIC 增加约 350。当 n_c 变大时，对数似然增加（因为在极端情况下，每个点都可以被视为由具有零方差的单个高斯生成，相当于 Dirac's delta），参数的数量在模型选择过程中起主要作用。

在没有任何额外代价的情况下，更大的模型很可能被视为最佳选择，但在聚类过程中，我们也需要强制执行最大分离原则。这种情况与较少的分量有一定关系，因此，BIC 应该称为最佳方法。一般来说，我建议比较两个标准，试图找到对应于 AIC 和 BIC 之间最大协议的 n_c。此外，我们还应考虑基本背景知识，因为许多数据生成过程具有明确定义的行为，并且可以通过排除所有那些不切合实际的值来限制潜在分量的范围。我请读者用 $n_c = 18$ 重复前面的例子，绘制所有高斯图并比较某些特定点的概率。

5.4.3 贝叶斯高斯混合选择成分

贝叶斯高斯混合模型是基于变分框架的标准高斯混合的扩展。这一主题非常先进，需要全面的数学描述，而这超出了本书的范围（参见期刊 *IEEE Transactions On Systems* 的论文 *Variational Learning for Gaussian Mixture Models*）。但是，在讨论主属性之前，我们要先理解主概念和差异，这会对后面学习有所帮助。假设我们有一个数据集 X，以及用向量 θ 参数化的概率模型。在前面的部分中，你所看到的概率 $p(X|\theta)$的似然是 $L(\theta|X)$，其最大化将导致生成具有最大概率的 X 模型。但是，我们并没有对参数施加任何限制，它们的最终值完全取决于 X。如果我们引入贝叶斯定理，则可以得到以下结果：

$$p(\bar{\theta} \mid X) = \alpha\, p(X \mid \bar{\theta})\, p(\bar{\theta})$$

在给定数据集的情况下，等式左侧是参数的后验概率，并且我们知道它与参数先验概率的似然性成正比。在标准 MLE 中，我们只使用 $p(X|\theta)$，但是我们还可以包括关于 θ 的先验知识（就概率分布而言）并最大化 $p(\theta|X)$或比例代理函数。然而，一般来说，$p(\theta|X)$是难以处理的，并且先前的 $p(\theta)$通常很难定义，因为关于高概率区域的了解不够。出于这个原因，我们最好将参数建模成具有参数 η 的概率分布（所有特定参数的集合，例如平均值、系数等），并引入一个近似真实分布的**变分后验**（**Variational Posterior**）$q(\theta|X;\eta)$。

这样的工具是称为**变分贝叶斯推理**技术的关键要素（你可以在上述论文中找到更多细节），这使我们可以轻松找到最佳参数，而无须使用实际的 $p(\theta|X)$。特别是在高斯混合中，存在 3 组不同的参数，并且每一组都以适当的分布建模。在这种情况下，我们不希望讨论这些选择的细节，但理解其基本原理是有必要的。

在贝叶斯框架中，给定似然 $p(X|\theta)$，概率密度函数 $p(\theta)$，与后验函数 $p(\theta|X)$属于同一系

列，称为**共轭先验**（**Conjugate Prior**）函数。在这种情况下，此过程显然可以被简化，因为似然的影响仅限于修改前一个参数。由于似然是正态的，因此，为了对均值进行建模，我们可以使用正态分布（相对于均值的共轭先验），对于协方差矩阵，我们可以使用 Wishart 分布（即相对于均值的逆矩阵的共轭先验）。在这个讨论中，我们没有必要熟悉所有这些分布（正态分布除外），但是记住它们是共轭先验是很有帮助的。因此，给定有关参数的初始猜测，在给定数据集的情况下，似然性的作用是调整并最大化它们的联合概率。

由于对混合的权重进行了归一化处理，因此它们的总和必须始终等于 1。并且当我们想要仅自动选择更多的分量的子集时，我们可以使用 Dirichlet 分布，该分布具有稀疏的有用属性。换句话说，给定一组权重 $w_1, w_2, \cdots, w_n$，Dirichlet 分布倾向于使大多数权重的概率保持相当低，而较小的非零权重子组起决定作用。Dirichlet 过程提供了一种替代方案，这是一种产生概率分布的特定随机过程。在这两种情况下，我们的目标是调整单个参数（称为**权重浓度参数**），该参数能增加或减少稀疏分布的概率（或简称为 Dirichlet 分布的稀疏性）。

scikit-learn 实现了贝叶斯高斯混合（通过 BayesianGaussianMixture 类），这可以基于 Dirichlet 过程和分布。在此示例中，我们将保留默认值（进程）并检查不同浓度值的行为（参数 weight_concentration_prior）。对于逆协方差，我们也可以调整高斯的平均值和 Wishart 的自由度。然而，在没有任何具体的先验知识情况下，设置这些值是非常困难的（我们假设不知道平均值位于何处或协方差矩阵的结构），最好保留从概率结构得出的值。因此，平均值（高斯）将等于 X 的均值（位移可以用参数 mean_precision_prior 控制，值小于 1.0 时倾向于将单个平均值移向 X 的平均值，而较大的值时增加位移值），并且自由度的数量（Wishart）被设置为等于特征的数量（X 的维度）。在许多情况下，这些参数由学习过程来自动调整，无需更改其初始值。

相反，我们可以调整参数 weight_concentration_prior，以增加或减少活动分量的数量（即其权重不接近零或远低于其他权重）。

在此示例中，我们将使用 5 个部分重叠的高斯分布生成 500 个二维样本（特别地，其中 3 个共享非常大的重叠区域）：

```
from sklearn.datasets import make_blobs

nb_samples = 500
nb_centers = 5

X, Y = make_blobs(n_samples=nb_samples, n_features=2, center_box=[-5, 5],
                  centers=nb_centers, random_state=1000)
```

让我们从一个大的权重集中参数（1000）开始，最大分量数等于 5。在这种情况下，我们期望找到大量（可能是 5 个）的有效分量，因为 Dirichlet 过程无法实现高级别的稀疏性：

```
from sklearn.mixture import BayesianGaussianMixture

gm = BayesianGaussianMixture(n_components=5, weight_concentration_prior=1000,
                             max_iter=10000, random_state=1000)
gm.fit(X)

print('Weights: {}'.format(gm.weights_))
```

代码段的输出如下：

```
Weights: [0.19483693 0.20173229 0.19828598 0.19711226 0.20803253]
```

正如预期的那样，所有分量的权重大致相同。为了得到进一步的确认，我们可以检查（通过函数 argmax()）几乎还没有分配给每个样本的样本数量，如下所示：

```
Y_pred = gm.fit_predict(X)

print((Y_pred == 0).sum())
print((Y_pred == 1).sum())
print((Y_pred == 2).sum())
print((Y_pred == 3).sum())
print((Y_pred == 4).sum())
```

输出如下：

```
96
102
97
98
107
```

因此，平均而言，所有高斯都产生相同数量的点。最终配置如图 5-9 所示。

该模型通常是可以接受的，但我们假设我们知道潜在原因的数量（即生成高斯分布）可能是 4 而不是 5。我们可以尝试的第一件事是保持原始的最大分量数并减少权重浓度参数（即 0.1）。如果该近似值可以使用较少的高斯分布成功生成 X，则应找到一个空权重：

```
gm = BayesianGaussianMixture(n_components=5,
weight_concentration_prior=0.1,
                             max_iter=10000, random_state=1000)
gm.fit(X)
```

```
print('Weights: {}'.format(gm.weights_))
```

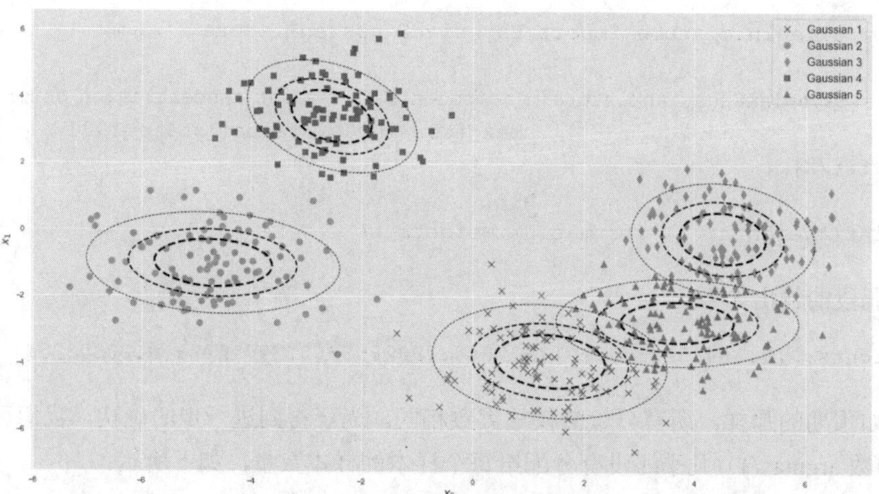

图 5-9　5 个活动分量的最终配置

输出如下所示：

```
Weights: [3.07496936e-01 2.02264778e-01 2.94642240e-01 1.95417680e-01
1.78366038e-04]
```

可以看出，第 5 个高斯函数的权重比其他高斯函数的权重要小得多，并且可以完全丢弃（请你检查是否几乎没有分配样本）。具有 4 个活动分量的最终配置如图 5-10 所示。

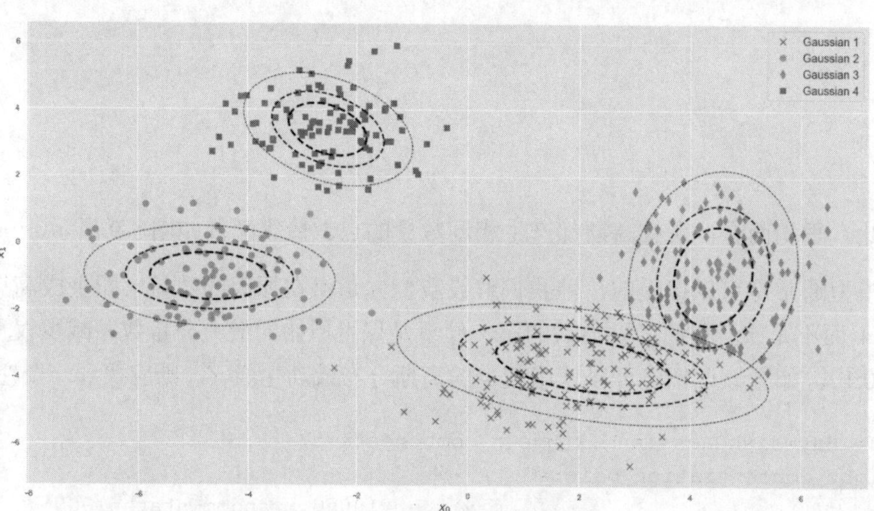

图 5-10　4 个活动分量的最终配置

可以看出，该模型已经执行了分量数量的自动选择，并且它已经将较大的右侧斑点拆分为两个部分，这两个部分几乎是正交的。即使模型使用大量初始分量（例如 10）进行训练，该结果仍然会保持不变。作为练习，我建议用其他值重复该示例，检查一下权重之间的差异。贝叶斯高斯混合非常强大，因为它们能够避免过度拟合。实际上，虽然标准高斯混合将通过减少它们的协方差来使用所有分量，但必要时（如覆盖密集区域），这些模型利用 Dirichlet 过程/分布的特性，以避免激活太多分量。例如通过检查模型可实现的最小分量数，可以很好地了解潜在的数据生成过程。在没有任何其他先验知识的情况下，这样的值是最终配置的一个良好候选者，因为较少数量的分量也将产生较低的最终可能性。当然，我们可以将 AIC/BIC 与此方法一起使用，以便获得另一种形式的确认。然而，该模型与标准高斯混合的主要区别在于其可能包括来自专家的先验信息（例如均值和协方差结构的原因）。出于这个原因，我请你通过更改 mean_precision_prior 的值来重复该示例。例如，你可以将参数 mean_prior 设置为与 X 平均值不同的值并调整 mean_precision_prior，从而强制模型基于某些先验知识实现不同的分割（即区域中的所有样本应该由特定分量生成）。

5.4.4 生成高斯混合

高斯混合模型主要用来生成模型。这意味着训练过程的目标是优化参数，以最大程度提高模型生成数据集的可能性。如果假设是正确的，并且 X 已经从特定数据生成过程中采样，则最终近似值必须能够生成所有其他可能的样本。换句话说，我们假设 $x_i \in X$ 是 IDD，$x_i \sim p_{data}$，因此，当找到最佳近似值 $p \approx p_{data}$ 时，其概率在 p 高的情况下也很有可能由 p_{data} 生成。

在这个例子中，我们希望在半监督场景中采用高斯混合模型。这意味着我们有一个包含标记样本和未标记样本的数据集，并且希望利用标记的样本作为基本事实，找出可以生成整个数据集的最佳混合。当标记非常大的数据集困难且昂贵时，这种情况非常普遍，而为了克服这个问题，我们可以标记一个均匀采样的子集，并训练一个生成模型，该模型能够以最大的可能性生成剩余的样本。

我们将使用更新的权重、均值和协方差矩阵公式，这些公式在主要章节中通过一个简单的过程进行讨论，如下所示。

- 所有标记的样本都被认为是基本事实，所以如果有 k 个类，我们还需要定义 k 个分量并将每个类分配给其中一个。因此，如果 x_i 是用 $y_i = \{1, 2, \cdots, k\}$ 标记的通用样本，则相应的概率向量将是 $p(x_i) = (0, 0, \cdots, 1, 0, \cdots, 0)$，其中 1 对应于与 y_i 类相关联的高斯。换句话说，我们信任标记的样本并强制单个高斯生成具有相同标签的子集。

- 所有未标记的样本均以标准方式处理，并且通过将权重乘以每个高斯下的概率来确定概率向量。

让我们首先生成一个包含 500 个二维样本的数据集（标记 100 个，其余的未标记），真实标签为 0 和 1，未标记的标记等于−1：

```
from sklearn.datasets import make_blobs

nb_samples = 500
nb_unlabeled = 400

X, Y = make_blobs(n_samples=nb_samples, n_features=2, centers=2,
cluster_std=1.5, random_state=100)

unlabeled_idx = np.random.choice(np.arange(0, nb_samples, 1),
replace=False, size=nb_unlabeled)
Y[unlabeled_idx] = -1
```

在这一点上，我们可以初始化高斯参数（权重选择相等，协方差矩阵必须是半正定的）。如果读者不熟悉这个概念，我们可以说对称方矩阵 $A\in \Re^{n\times n}$ 是半正定的，如果：

$$\bar{x}^{\mathrm{T}} A\bar{x} \geqslant 0 \ \ \forall \ \ \bar{x} \neq (0) \in \mathbb{R}^n$$

此外，所有特征值都是非负的，并且特征向量生成一个标准正交基（这个概念在第 7 章谈论 PCA 时非常有用）。

如果随机选择协方差矩阵，为了达到半正定，有必要将每个矩阵乘以其转置矩阵：

```
import numpy as np

m1 = np.array([-2.0, -2.5])
c1 = np.array([[1.0, 1.0],
               [1.0, 2.0]])
q1 = 0.5

m2 = np.array([1.0, 3.0])
c2 = np.array([[2.0, -1.0],
               [-1.0, 3.5]])
q2 = 0.5
```

数据集和初始高斯配置如图 5-11 所示。

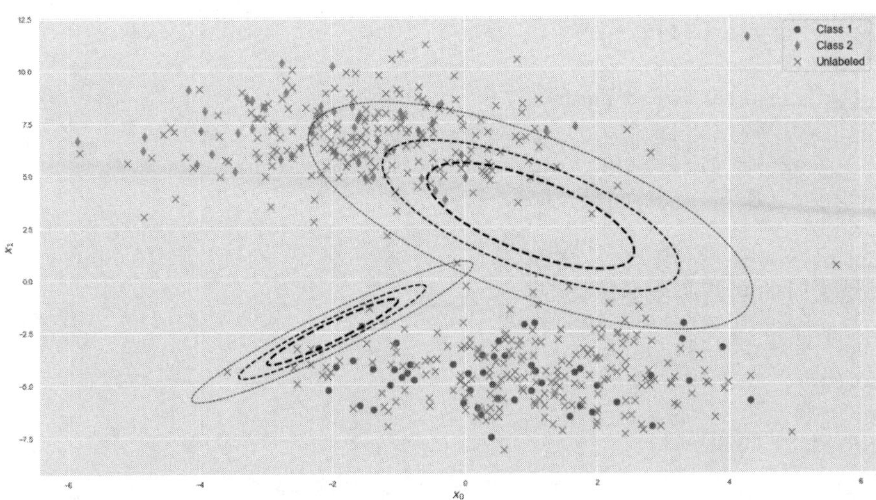

图 5-11 数据集（未标记的样本用 x 标记）和初始配置

现在，我们可以执行一些少量的迭代（在本示例中，设定为 10 次迭代），遵循先前定义的规则（当然，也可以检查参数的稳定性，以便停止迭代）。使用 SciPy multivariate_normal 类计算在每个高斯下的概率：

```
    from scipy.stats import multivariate_normal

    nb_iterations = 10

    for i in range(nb_iterations):
        Pij = np.zeros((nb_samples, 2))
        for i in range(nb_samples):
            if Y[i] == -1:
                p1 = multivariate_normal.pdf(X[i], m1, c1, allow_singular=True)
* q1
                p2 = multivariate_normal.pdf(X[i], m2, c2, allow_singular=True)
* q2
                Pij[i] = [p1, p2] / (p1 + p2)
            else:
                Pij[i, :] = [1.0, 0.0] if Y[i] == 0 else [0.0, 1.0]

        n = np.sum(Pij, axis=0)
        m = np.sum(np.dot(Pij.T, X), axis=0)
        m1 = np.dot(Pij[:, 0], X) / n[0]
        m2 = np.dot(Pij[:, 1], X) / n[1]
        q1 = n[0] / float(nb_samples)
        q2 = n[1] / float(nb_samples)
```

```
    c1 = np.zeros((2, 2))
    c2 = np.zeros((2, 2))
    for t in range(nb_samples):
        c1 += Pij[t, 0] * np.outer(X[t] -m1, X[t] -m1)
        c2 += Pij[t, 1] * np.outer(X[t] -m2, X[t] -m2)
    c1 /= n[0]
    c2 /= n[1]
```

过程结束时的高斯混合参数如下：

```
print('Gaussian 1:')
print(q1)
print(m1)
print(c1)

print('\nGaussian 2:')
print(q2)
print(m2)
print(c2)
```

代码段的输出如下：

```
Gaussian 1:
0.4995415573662937
[ 0.93814626 -4.4946583 ]
[[ 2.53042319 -0.10952365]
 [-0.10952365  2.26275963]]

Gaussian 2:
0.5004584426337063
[-1.52501526  6.7917029 ]
[[ 2.46061144 -0.08267972]
 [-0.08267972  2.54805208]]
```

正如预期的那样，由于数据集的对称性，权重几乎保持不变，同时均值和协方差矩阵也进行了更新，以最大化似然。最终配置如图 5-12 所示。

可以看出，两个高斯都已成功优化，从一些具有**可信参考作用**的标记样本开始，能够生成整个数据集。这种方法非常强大，因为它允许我们在模型中包含一些先验知识而无须任何修改。然而，由于标记样本具有等于 1 的固定概率，因此该方法在异常值方面不是很健壮。如果样本尚未通过数据生成过程生成或受噪声影响，则可能导致模型放错高斯分布。但是，通常应忽略这种情况，因为当评估中包括任何先验知识时，我们都必须对其进行预先评估，以检查其是否可靠。此步骤是必需的，因为这样可以避免模型被强制仅学习原始数据生成过程的一部分的风险。相反，当标记的样本真正代表了基础过程时，它们的加入减少了错误并加快了收敛速度。我建议读者在引入一些噪声点（例如（−20,−10））之后重复该示例，并比较几个未标记测试样本的概率。

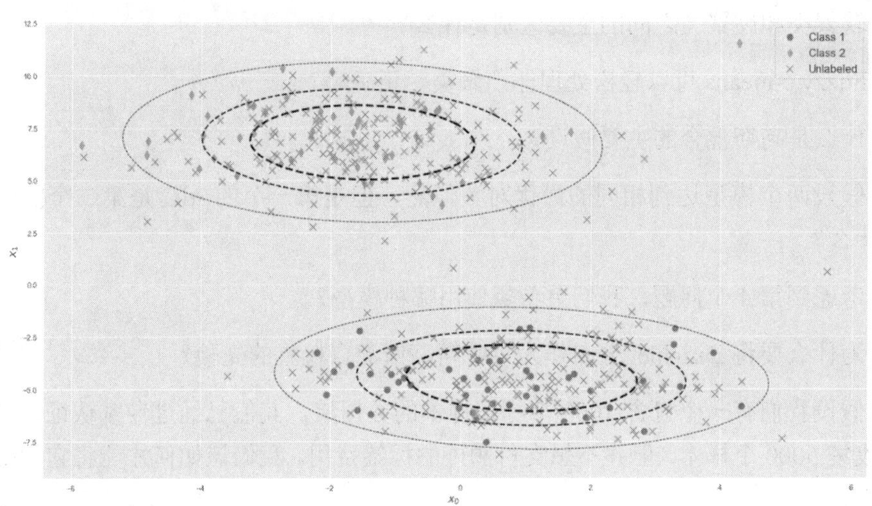

图 5-12 经过 10 次迭代后的最终配置

5.5 总结

在本章中，我们介绍了一些最常见的软聚类方法，重点介绍了它们的属性和特性。Fuzzy c-means 是基于模糊集概念的经典 K-means 算法的扩展。聚类不会被视为互斥分区，而是可以与其他聚类重叠的灵活集。所有样本总是分配给所有聚类，但是权重向量确定每个聚类的隶属度。连续的聚类可以定义部分重叠的属性，因此，对于两个或更多聚类，给定样本的权重可以非空，而大小决定了它属于每个段的数量。

高斯混合是一种生成过程，它基于这样的假设，即可以用高斯分布的加权和近似实际的数据生成过程。在给定预定义数量的分量的情况下，对模型进行训练，以获得最大似然。我们讨论了如何使用 AIC 和 BIC 作为性能度量，以便找出最优的高斯分布数。我们还简要介绍了贝叶斯高斯混合的概念，并研究了用现有知识如何自动选择一小部分活动分量。在最后一部分中，我们讨论了半监督高斯混合的概念，展示了如何使用一些标记样本作为指导，以优化具有更多未标记点的训练过程。

在第 6 章中，我们将讨论核密度估算的概念及其在异常检测领域的应用。

5.6 问题

1．软聚类和硬聚类之间的主要区别是什么？

2．Fuzzy c-means 可以轻松处理非凸聚类。正确吗？

3．什么是高斯混合的主要假设？

4．假设两个模型达到相同的最优对数似然，但是第一个的 AIC 是第二个的两倍。这意味着什么？

5．考虑到第 4 个问题，我们更希望使用哪种模型？

6．为什么要将 Dirichlet 分布作为贝叶斯高斯混合权重的先验？

7．假设我们有一个包含 1000 个标记样本的数据集，其值已经过专家认证。我们从同一来源收集 5000 个样本，但并不想支付额外的标签费用。我们该如何才能将它们融入我们的模型中？

第 6 章 异常检测

在本章中，我们将讨论无监督学习的实际应用。目标是训练能够重现特定数据生成过程的概率密度函数的模型，或确定给定新样本是内值（Inlier）还是异常值（Outlier）的模型。一般来说，我们想的具体目标是发现异常，这些异常通常是模型不太可能的样本（即给定概率分布 $p(x) \ll \lambda$ 的模型，其中 λ 是预定义的阈值），或远离主要分布的质心。

本章将着重讨论以下主题。

- 概率密度函数及其基本属性简介。
- 直方图及其局限性。
- **核密度估计（Kernel Density Estimation，KDE）**。
- 带宽选择标准。
- 异常检测的单变量示例。
- 使用 KDD Cup 99 数据集进行 HTTP 攻击的异常检测的示例。
- 单类支持向量机。
- 基于孤立森林的异常检测。

6.1 技术要求

本章中的代码需求如下。

- Python 3.5+（强烈推荐 Anaconda 发行版）。
- 库。

- SciPy 0.19+。
- NumPy 1.10+。
- scikit-learn 0.20+。
- pandas 0.22+。
- Matplotlib 2.0+。
- seaborn 0.9+。

示例代码可在本书配套的代码包中找到。

6.2 概率密度函数

在前几章中，我们始终假设数据集是从隐式数据生成过程 p_{data} 中提取的，所有算法都假定 $x_i \in X$ 为独立同分布并且均匀采样。我们假设 X 可以足够准确地表示 p_{data}，因此算法可以学习用有限的初始知识进行概括。相反，在本章中，我们感兴趣的是对 p_{data} 直接建模且没有任何特定限制（例如高斯混合模型通过对分布结构施加约束来实现此目标）。在讨论一些非常强大的方法之前，我们简要回顾在可测量子集 $X \subseteq \mathcal{R}^n$ 上定义的通用连续概率密度函数 $p(x)$ 的属性是有帮助的（为了避免混淆，我们将用 $p(x)$表示密度函数，用 $P(x)$表示实际概率）：

$$\int_X p(x)\mathrm{d}x = 1 \text{ and } P(x \in C) = \int_{C \subseteq X} p(x)\mathrm{d}x$$

例如单变量高斯分布完全由均值 μ 和方差 σ^2 表征：

$$p(x) = \frac{1}{\sqrt{2\pi\sigma^2}}\mathrm{e}^{-\frac{(x-\mu)^2}{2\sigma^2}}$$

因此，$x \in (a, b)$的概率如下：

$$P(a \leqslant x \leqslant b) = \int_a^b \frac{1}{\sqrt{2\pi\sigma^2}}\mathrm{e}^{-\frac{(x-\mu)^2}{2\sigma^2}}\mathrm{d}x$$

即使连续空间（例如高斯）中某个事件的绝对概率为零（因为积分具有相同的极值），概率密度函数也提供了一种非常有用的度量，用于理解一个样本比另一个样本更可能的程度。例如考虑高斯分布 $N(0, 1)$，密度 $p(1) = 0.4$，而当 $x = 2$ 时，密度 $p(1) = 0.4$。这意味着 $x = 1$ 的可能性是 $x = 2$ 的 0.4 / 0.05 = 8 倍。以相同的方式，我们可以设置一个可接受的阈值 α 并定义满足 $p(x_i) < \alpha$ 的所有样本 x_i 为异常样本（例如在本示例中，$\alpha = 0.01$）。这种选择是异常检测过程中的关键步骤。正如我们将要讨论的那样，它必须包括潜在的异常值，但

这些异常值仍然是常规样本。

在许多情况下，特征向量是用多维随机变量建模的。例如数据集 $X \subseteq \Re^3$ 可以用联合概率密度函数 $p(x, y, z)$表示。在一般情况下，实际概率需要三重积分：

$$P(a \leqslant x \leqslant b, c \leqslant y \leqslant d, e \leqslant z \leqslant f) = \int_a^b \int_c^d \int_e^f p(x, y, z) \mathrm{d}x\mathrm{d}y\mathrm{d}z$$

很容易理解，任何使用这种联合概率的算法都会受到复杂性的负面影响。通过假定单个分量的统计独立性，联合概率密度函数可以获得非常大的简化：

$$p(x, y, z) = p(x)p(y)p(z)$$

不熟悉这个概念的读者可以想象考试前的一大群学生。用随机变量建模的特征是学时（x）和完成的课程数（y），我们希望根据这些给定因素 $p(Success|x, y)$找出成功的概率（这样的例子是基于条件概率，但主要概念总是相同的）。我们可以假设一个完成所有课程的学生可以减少在家里的学习；然而，这样的选择意味着两个因素之间的依赖性（和相关性），而这些因素不再能够单独评估。相反，我们可以通过假设没有任何相关性来简化程序，并根据完成的课程数量和完成家庭作业的时间来处理成功的边际概率。重要的是要记住，特征之间的独立性与随后从分布中抽取的样本的独立性不同。当我们说数据集由 IID 样本组成时，我们指的是每个样本的概率 $p(x_i|x_{i-1}, x_{i-2}, \cdots, p_1) = p(x_i)$。换句话说，我们假设样本之间没有相关性，这样的条件更容易实现，因为它经常对数据集进行无序处理，以消除任何残留的相关性。相反，特征之间的相关性是数据生成过程的特殊属性，不能被删除。因此，在某些情况下，我们假设独立性，是因为知道它的影响可以忽略不计，最终结果不会受到太大影响，而在其他情况下，我们将基于整个多维特征向量来训练模型。现在我们可以定义将在其余部分中使用的异常的概念。

6.2.1 作为异常值或新值的异常

本章的主要内容是在无监督的情况下自动检测异常。由于模型不是基于标记样本提供的反馈，因此我们只能依靠整个数据集的属性来找出相似之处并突出差异。特别地，我们从一个非常简单但有效的假设开始：常见事件是正常的，而不太可能的事件通常被视为**异常**。当然，这一定义意味着我们监测的进程正常运行，并且大多数结果被认为是有效的。例如硅加工厂必须将晶圆切成相等的块。我们知道它们每个都是 0.2 英寸×0.2 英寸（约 0.5 厘米×0.5 厘米），每侧的标准差为 0.001 英寸（约 0.003 厘米）。该测量已经在 100 万个处理步骤之后确定。我们是否有权将 0.25 英寸×0.25 英寸（约 0.64 厘米×0.64 厘米）芯片视为异常？当然，答案是肯定的。事实上，假设每一侧的长度被建模为高斯分布（一个非常合理的选择），其中 $\mu = 0.2$ 且 $\sigma = 0.001$；在 3 次标准差之后，概率几乎降至零。因此，例如 $P(side > 0.23) \approx 0$，并且具有这种尺寸的芯片必须明确地视为异常。

显然，这是一个非常简单的例子，不需要任何模型。然而，在现实生活中，密度的结构可能非常复杂，有几个高概率区域被低概率区域包围。这就是为什么我们必须采用更通用的方法对整个样本空间进行建模的原因。

当然，异常的语义不能标准化，它总是取决于正在分析的具体问题。定义异常概念的一种常用方法是区分**异常值**和**新值**（**Novelty**）。前者是数据集中包含的样本，即使它们与其他样本之间的距离大于平均值。因此，**异常值检测**过程的目的是找出这样的奇怪样本（例如考虑到前面的例子，如果数据集中包含 0.25 英寸×0.25 英寸的芯片，那么它显然是异常值）。相反，**新值检测**的目标略有不同，因为在这种情况下，我们假设使用仅包含正常样本的数据集；所以，给定一个新的数据集，我们感兴趣的是能否将其视为原始数据生成过程或异常值（例如新手技术人员问我们这个问题：0.25 英寸×0.25 英寸芯片是否是异常的），如果我们收集了普通芯片的数据集，则可以使用我们的模型来回答这个问题。

描述这种情况的另一种方法是将样本视为一系列可能受可变噪声影响的值：$y(t) = x(t) + n(t)$。当$\|n(t)\| \ll \|x(t)\|$时，样本可归类为 *clean*: $y(t) \approx x(t)$。相反，当$\|n(t)\| \approx \|x(t)\|$（甚至更大），它们是异常值，不能代表真正的基础过程 p_{data}。由于噪声的平均大小通常比信号小得多，因此 $P(\|n(t)\| \approx \|x(t)\|)$的概率接近于零，我们可以将异常视为受异常外部噪声影响的正常样本。管理异常和噪声样本的主要区别通常在于检测到真正的异常并相应地标记样本的能力。实际上，虽然噪声信号肯定会被破坏，但是我们的目标是尽量减少噪声的影响，同时人们可以非常容易地识别异常并正确标记。然而，正如已经讨论的那样，在本章中，我们感兴趣的是找出不依赖于现有标签的发现方法。此外，为了避免混淆，我们总是引用异常，定义每一次数据集的内容（仅新值，或新值和异常值）和我们分析的目标。在 6.2.2 节中，我们将简要讨论数据集的预期结构。

6.2.2　数据集结构

在标准监督（通常也是无监督）任务中，数据集是有望达到平衡的。换句话说，属于每个类的样本数应该是几乎相同的。相反，在本章将要讨论的任务中，我们假设有非常不平衡的数据集 X（包含 N 个样本）。

- 如果存在异常值检测（即数据集存在一部分脏数据，因此，我们需要找出一种方法来过滤掉所有异常值），则 $N_{outliers} \ll N$。
- 如果有新值检测，则 $N_{outliers} = 0$；或更实际地，$P(N_{outliers} > 0) \to 0$（即我们通常可以信任现有样本并将注意力集中在新样本上）。

这些标准的原因非常明显：让我们考虑一下前面讨论过的例子。如果在 1000000 个处理步骤之后观察到的异常率等于 0.2%，则存在 2000 个异常，这对于一个工作过程来说是一个合理的值。如果这个数字大得多，则意味着系统中应该存在更严重的问题，当然这已经超出了数据科学家的职责范围。因此，在这种情况下，我们期望一个包含大量正确样本和极少数异常（甚至为零）的数据集。在许多情况下，经验法可以反映潜在数据生成过程的，因此，例如有 0.2%的异常，那么该以 1000÷2 的比例来找出实际的概率密度函数。事实上，在这种情况下，找出决定异常值可区分性的因素更为重要。另一方面，如果我们被要求仅执行新值检测（例如区分有效和恶意网络请求），则必须验证数据集，以便不包含异常，但同时要反映真实的数据处理过程（该过程负责所有可能的有效样本）。

事实上，如果正确样本的组成是详尽无遗的，那么任何与高概率区域的大偏差都足以触发警报。相反，真实数据生成过程的有限区域可能会导致误报结果（即未包含在训练集中并被错误地识别为异常值的有效样本）。在最坏的情况下，如果特征被改变（也就是说，异常值被错误地识别为有效样本），则噪声很大的子集也可能确定假阴性。然而，在大多数实际案例中，最重要的因素是样本数量和收集样本的环境。不言而喻，任何模型都必须使用与将要测试的类型相同的元素进行训练。例如如果使用低精度仪器在化学工厂内进行测量，则使用高精度采集的测试可能无法代表总体（当然，它们比数据集更可靠）。因此，在进行分析之前，我强烈建议你仔细检查数据的性质，并询问是否所有测试样本都来自同一数据生成过程。

我们现在可以引入直方图的概念，估计这是包含观测值的数据集分布的最简单方法。

6.3　直方图

找出概率密度函数近似值的最简单方法是基于频率计数。如果我们有一个包含 m 个样本 $x_i \in \mathcal{R}$ 的数据集 X（为简单起见，我们只考虑单变量分布，但这个过程对于多维样本完全等效），我们可以如下定义 m 和 M：

$$m = min(X) \text{ 且 } M = max(X)$$

我们可以将间隔(m, M)分成固定数量的条柱（其宽度可以相同或不同），表示为 $w(b_j)$，使得 $n_p(b_j)$对应于包含在条柱 b_j 中的样本数。此时，给定一个测试样本 x_t，我们很容易理解，通过检测包含 x_t 的条柱并使用以下公式，可以轻松获得概率的近似值：

$$p(x) \approx \frac{1}{m} \frac{n_p(b_t)}{w(b_t)}$$

在分析这种方法的优缺点之前，让我们考虑一个简单的例子，该例子基于细分为 10 种不同类别人群的年龄分布：

```
import numpy as np

nb_samples = [1000, 800, 500, 380, 280, 150, 120, 100, 50, 30]

ages = []

for n in nb_samples:
    i = np.random.uniform(10, 80, size=2)
    a = np.random.uniform(i[0], i[1], size=n).astype(np.int32)
    ages.append(a)
ages = np.concatenate(ages)
```

只能使用随机种子 1000（即设置 np.random.seed(1000)）来复制数据集。

数组 ages 包含所有样本，我们想创建一个直方图来初步了解分布。我们需要使用 NumPy 的函数 np.histrogram()，该函数提供了所有必要的工具。我们要解决的第一个问题是找出最佳的条柱数。这对于标准分布来说很容易，但是如果对概率密度没有先验知识，它可能会变得非常困难。原因很简单：由于我们需要逐步逼近连续函数，因此条柱的宽度决定了最终精度。如果密度是平坦的（例如均匀分布），则几个条柱就足以获得良好的结果。

相反，在存在峰值时，当函数的一阶导数较大时，在区域中放置更多（较短）的条柱是有用的，而当导数接近零（表示平坦区域）时，则将较少的条柱放置到区域中是有用的。正如我们将要讨论的那样，使用更复杂的技术，可以使这个过程变得更容易，而直方图通常基于最佳条柱数量的更粗略计算。特别地，NumPy 允许设置参数 bins='auto'，这会强制算法根据明确定义的统计方法（基于 Freedman Diaconis 估计量和 Sturges 公式）自动选择数值：

$$n_{bins} = max\left(1+\log_2 m, \frac{2IQR}{\sqrt[3]{m}}\right)$$

在上面的公式中，**四分位距（Interquartile Range，IQR）**对应于第 75 个百分位数和第 25 个百分位数之间的差异。由于我们对分布没有清晰的概念，因此更愿意依赖自动选择，如下面的代码所示：

```
import numpy as np
```

```
h, e = np.histogram(ages, bins='auto')

print('Histograms counts: {}'.format(h))
print('Bin edges: {}'.format(e))
```

代码输出如下：

```
Histograms counts: [177 86 122 165 236 266 262 173 269 258 241 116 458 257
311 1 1 5 6]
Bin edges: [16. 18.73684211 21.47368421 24.21052632 26.94736842
29.68421053 32.42105263 35.15789474 37.89473684 40.63157895 43.36842105
46.10526316 48.84210526 51.57894737 54.31578947 57.05263158 59.78947368
62.52631579 65.26315789 68. ]
```

因此，该算法定义了 19 个条柱，并输出频率计数和边缘（即最小值为 16，最大值为 68）。现在我们可以显示直方图，如图 6-1 所示。

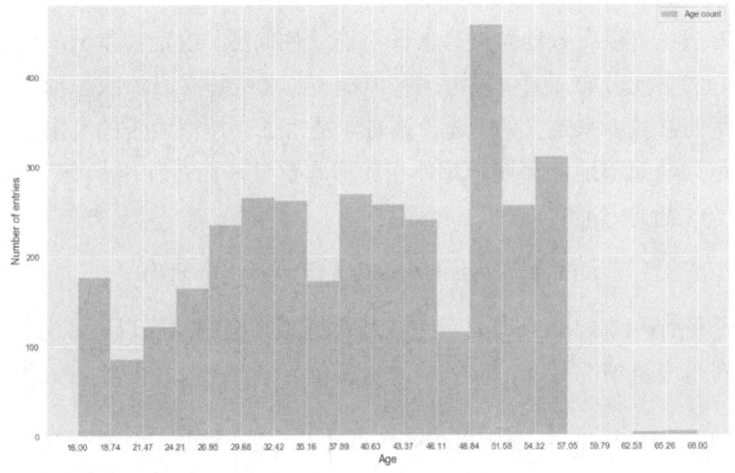

图 6-1 测试分布的直方图

该图证实了该分布是非常不规则的，并且一些平坦区域具有峰值。如前所述，当查询是基于属于特定区域的样本的概率时，直方图是有用的。例如我们可能感兴趣确定一个人年龄在 48.84 到 51.58 之间的概率（相当于从 0 开始的第 13 个条柱）。由于所有的条柱具有相同的宽度，因此我们可以简单地用 $n_p(b_{12})$ (h[12])和 m (ages.shape[0])之间的比率来近似该值：

```
d = e[1] - e[0]
```

```
p50 = float(h[12]) / float(ages.shape[0])

print('P(48.84 < x < 51.58) = {:.2f} ({:.2f}%)'.format(p50, p50 * 100.0))
```

输出如下：

```
P(48.84 < x < 51.58) = 0.13 (13.43%)
```

因此，概率的近似值约为 13.5%，这也通过直方图的结构得到了证实。但是，读者应该清楚地了解到这种方法有明显的局限性。首先也是最明显的是关于条柱的数量和宽度。事实上，小的数量将产生无法考虑快速振荡的粗略结果，而非常大的数量会迫使形成有孔的直方图，因为大多数条柱都没有样本。因此，考虑到在现实生活中遇到的所有可能的动态，我们需要一种更可靠的方法。这是我们将在 6.4 节讨论的内容。

6.4 核密度估计

用简单的方法也可以有效地解决直方图不连续性问题。给定样本 $x_i \in X$，假设我们正在处理以 x_i 为中心的多元分布，则可以考虑超体积（通常是超立方体或超球面）。这种区域的扩展是通过**带宽**的常数 h 来定义的（选择该名称是为了支持值为正的有限区域的含义）。但是，我们现在不只是简单地计算属于超体积的样本数量，而是使用具有一些重要特征的平滑核函数 $K(x_i; h)$来近似该值：

$$K(\overline{x};h) \text{ is positive with } K(\overline{x};h) = K(-\overline{x};h)$$

此外，出于统计和实际的原因，平滑核函数还必须强制执行以下积分约束（为简单起见，它们仅针对单变量情况显示，但扩展非常简单）：

$$\int_{-\infty}^{\infty} K(x;h)\mathrm{d}x = 1,\ \int_{-\infty}^{\infty} x^2 K(x;h)\mathrm{d}x = 1,\ \int_{-\infty}^{\infty} x^t K(x;h)\mathrm{d}x < \infty \text{ if } t \in [0,\infty)$$

在讨论核密度估计的技术之前，先展示一些 $K(\bullet)$的常见选择是有帮助的。

6.4.1 高斯内核

高斯内核（**Gaussian Kernel**）是使用最多的内核之一，其结构如下：

$$K(\overline{x};h) = \frac{1}{\sqrt[n]{2\pi h^2}} \mathrm{e}^{-\frac{\overline{x}^{\mathrm{T}}\overline{x}}{2h^2}}$$

其图形表示如图 6-2 所示。

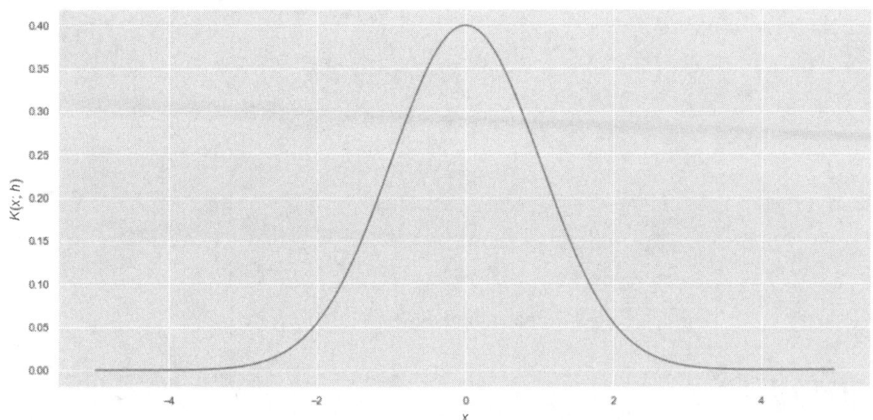

图 6-2 高斯内核的图形表示

鉴于其规律性，高斯内核是许多密度估计任务的常见选择。但是，由于该方法不允许混合不同的内核，因此选择时必须考虑所有属性。从统计数据中，我们知道高斯分布可以被视为峰度的平均参考（其与峰值和尾部的重量成比例）。为了最大限度地提高内核的选择性，我们需要减少带宽。这意味着即使最小的振荡也会改变密度，并且结果是非常不规则的估计。另一方面，当 h 很大（即高斯的方差）时，近似值变得非常平滑并且可能失去捕获所有峰值的能力。因此，在选择最合适带宽的同时，我们还可以考虑其他可以自然地简化过程的内核。

6.4.2 Epanechnikov 内核

这种内核建议用来最小化均方误差，它具有非常规则的性质（实际上，它可以被想象为倒置抛物线）。其公式如下：

$$K(x;h)=\varepsilon\left(1-\frac{x^2}{h^2}\right) for\ |x|<1$$

引入常量 ε 来标准化内核并满足所有要求（以类似的方式，可以在范围（$-h, h$）中扩展该内核，以便与其他函数更加一致）。其图形表示如图 6-3 所示。

当 $h\to 0$ 时，内核会形成尖峰。但是，鉴于其数学结构，它始终非常规则。因此，在大多数情况下，没有必要将其用高斯内核替代（即使后者具有稍大的均方误差）。此外，由于函数在 $x=\pm h$ 时（对于$|x|>h$，$K(x;h)=0$）是不连续的，这可能导致密度估计的快速下降，特别是在边界处，而高斯函数的下降则非常缓慢。

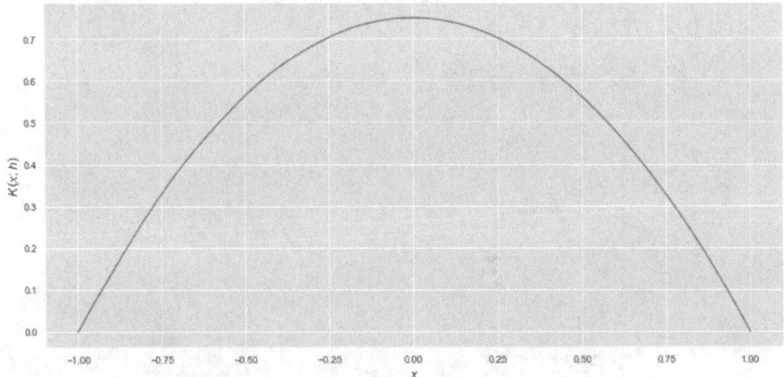

图 6-3 Epanechnikov 内核的图形表示

6.4.3 指数内核

指数内核（**Exponential Kernel**）是一个具有尖峰的内核，其通用表达式如下：

$$K(x;h) = \varepsilon \mathrm{e}^{-\frac{|x|}{h}}$$

与高斯内核相反，该内核具有非常重的尾部和尖锐的峰值。其图形表示如图 6-4 所示。

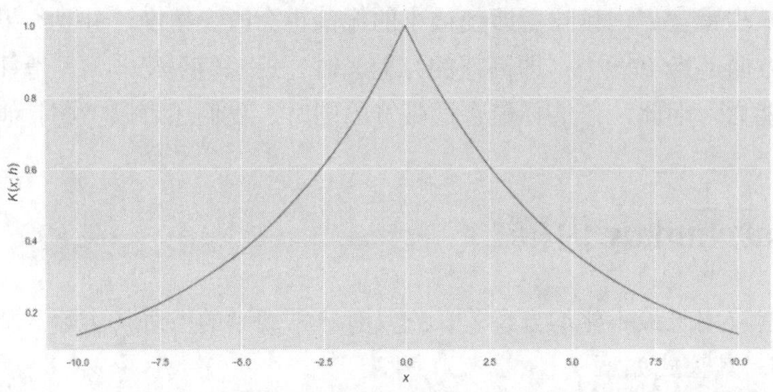

图 6-4 指数内核的图形表示

可以看出，这样的函数适用于分布非常不规则的模型，其密度高度集中在某些特定点周围。而当数据生成过程非常规则且表面光滑时，误差会变得非常高。可用于评估内核（和带宽）性能的一个好的理论度量是**平均积分平方误差**（**Mean Integrated Square Error，MISE**），其定义如下：

$$MISE(K) = E\left[\int_{-\infty}^{\infty} (p_K(x) - p(x))^2 \mathrm{d}x\right]$$

在前面的公式中，$p_K(x)$是估算密度，而 $p(x)$是实际密度。

不幸的是，$p(x)$是未知的（否则，我们不需要任何估计）。因此，这种方法只能用于理论评估（例如 Epanechnikov 内核的最优性）。但是，很容易理解，只要内核无法靠近实际表面，MISE 就会更大。由于指数会非常突然地跃升到峰值，因此它仅适用于特定情况。在其他情况下，其行为将导致更大的 MISE，因此最好使用其他内核。

6.4.4 均匀/Tophat 内核

这是最简单且不太平滑的内核函数，其用法类似于构建直方图的标准过程。其公式如下：

$$K(x;h)=\frac{1}{2h}\ for\ |x|<h$$

显然，这是一个在带宽限定的范围内保持不变的步骤，只有在估计不需要平滑时才有用。

6.4.5 估计密度

一旦选择了内核函数，我们就可以使用 K-近邻方法构建概率密度函数的完全近似。事实上，给定一个数据集 X（为简单起见，$X\in\mathcal{R}^m$，因此值是实数），很容易创建，例如一个 ball-tree（如在第 2 章中所讨论的那样）来高效地将数据进行区分。当数据结构准备就绪时，我们可以在由带宽定义的半径内获得查询点 x_j 的所有邻域。假设这样的集合是 $X_j=\{x_1,\ \cdots,\ x_t\}$ 并且点数是 N_j。概率密度的估计如下：

$$p_K(x_j)=\frac{1}{N_jh}\sum_t K\left(\frac{x_j-x_t}{h};h\right)$$

不难证明，如果带宽选择得当（作为邻域中包含的样本数量的函数），p_K 的概率将收敛到实际 $p(x)$。换句话说，如果粒度足够多，则近似密度和真实密度之间的绝对误差将收敛到零。$p_K(x_j)$的构建过程如图 6-5 所示。

此时，你很自然地会问为什么不为每个查询使用整个数据集，而且不是使用 k-NN 方法？答案非常简单，它基于以下假设：在 x_j 处计算的密度函数的值可以容易地使用局部行为（即对于多变量分布，以 x_j 为中心的球）进行插值，并且远点对估算没有影响。因此，我们可以将计算限制为较小的 X 子集，避免包含接近零的影响。

在讨论如何确定最佳带宽之前，让我们展示先前定义数据集的密度估计（使用 scikit-learn）。由于我们没有任何特定的先验知识，因此将采用具有不同带宽（0.1、0.5 和 1.5）的高斯内核。所有其他参数保持默认值；但是，KernelDensity 类允许设置度量（默认为 metric='euclidean'）、数据结构（默认为 algorithm='auto'，根据维度在 ball-tree 和 kd-tree 之间执行自动选择），以及绝对容差和相对容差（分别为 0 和 10^{-8}）。在许多情况下，我们没有必要更改默认值；但是，对具有特定功能的超大型数据集更改默认值可能会有所帮助，例如更改参数 leaf_size 以提高性能（如第 2 章中所述）。此外，默认度量不适用于所有任务（例如标准文档显示基于 Haversine 距离的示例，该距离可用于处理纬度和经度）。其他情况时，我们最好使用超立方体（曼哈顿距离就是如此），而不是使用球体。

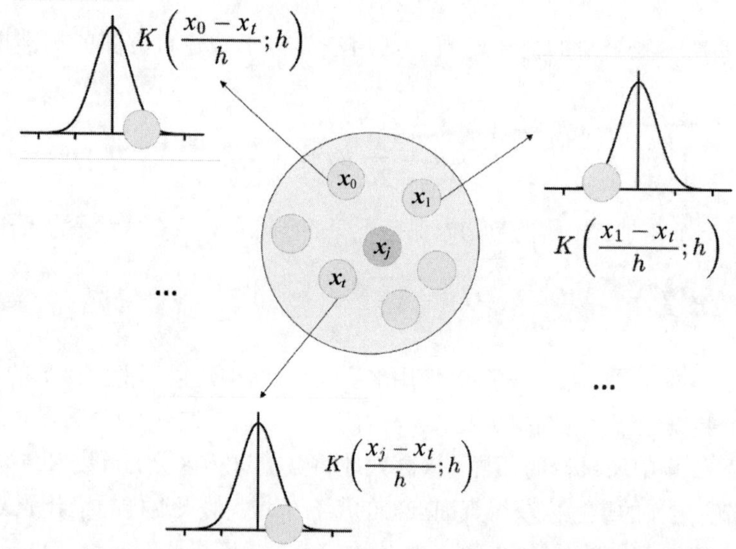

图 6-5　x_j 的概率密度的估计（在属于 x_j 邻域的每个点中评估内核函数）

让我们从实例化类和拟合模型开始：

```
from sklearn.neighbors import KernelDensity

kd_01 = KernelDensity(kernel='gaussian', bandwidth=0.1)
kd_05 = KernelDensity(kernel='gaussian', bandwidth=0.5)
kd_15 = KernelDensity(kernel='gaussian', bandwidth=1.5)

kd_01.fit(ages.reshape(-1, 1))
kd_05.fit(ages.reshape(-1, 1))
kd_15.fit(ages.reshape(-1, 1))
```

此时，我们可以调用方法 score_samples()来获得一组数据点的对数密度估计（在我们的例子中，考虑的是以 0.05 为增量的范围（10,70））。由于值是 log(p)，因此我们有必要计算 $e^{\log(p)}$以获得实际概率。

不同密度的高斯密度估计如图 6-6 所示。

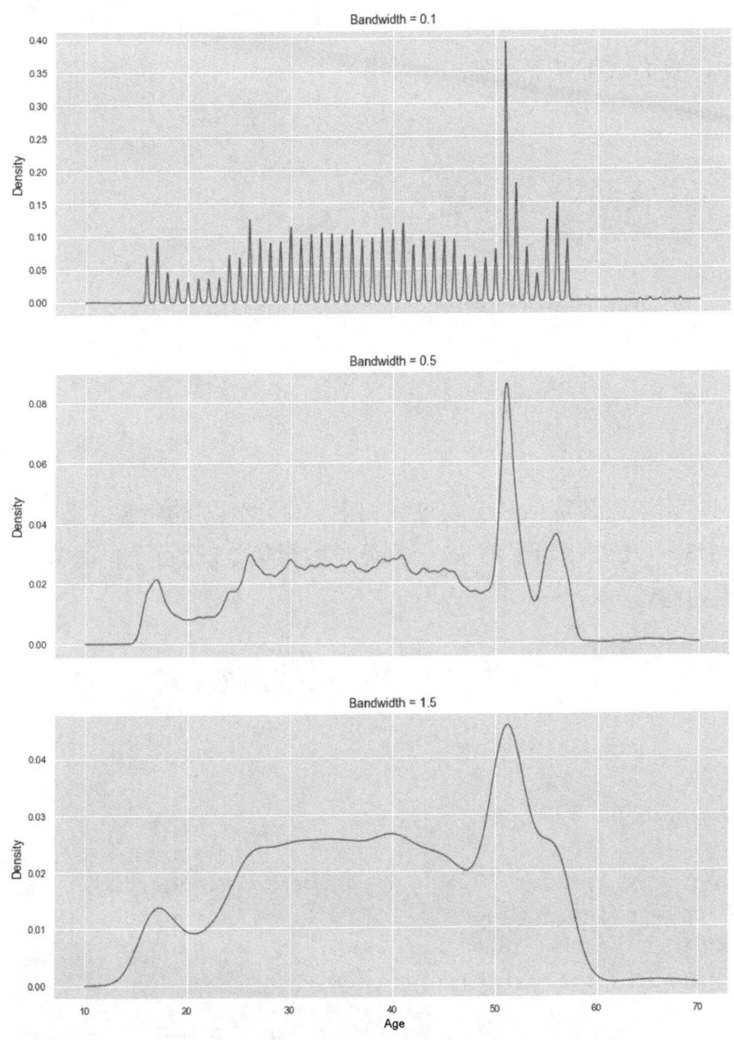

图 6-6 不同带宽的高斯密度估计（0.1（上）、0.5（中）和 1.5（下））

我们可能会注意到，当带宽非常小（0.1）时，由于缺少特定子范围的样本，密度具有强烈的振荡现象。当 $h = 0.5$ 时，轮廓（因为数据集为单变量）变得更加稳定，但是仍然存在由邻域内部方差引起的一些残余的快速变化。当 h 变大时，这种行为几乎完全被消除（在我们的例子中 h =1.5）。一个显而易见的问题是：我们如何确定最合适的带宽？当然，最自然的选择是最小化 MISE 的 h 值，但是，正如所讨论的那样，这种方法只能在已知真实概率密度时使用。事实上，有一些经验标准已被证实非常可靠。给定完整的数据集 $X \in \mathcal{R}^m$，第一个数据集基于以下公式：

$$h = 1.06 \cdot std(X) \cdot m^{-0.2}$$

在此实例中，我们获得以下内容：

```
import numpy as np

N = float(ages.shape[0])
h = 1.06 * np.std(ages) * np.power(N, -0.2)

print('h = {:.3f}'.format(h))
```

输出如下：

```
h = 2.415
```

因此，我们建议增加带宽，甚至超过我们上一个示例中的带宽。第二种方法基于四分位间距（$IQR = Q3 - Q1$ 或相当于第 75 个百分位数至第 25 个百分位数），并且对于非常强大的内部变化更为稳健：

$$h = 0.9 \cdot \min\left(std(X), \frac{IQR}{1.34}\right) \cdot m^{-0.2}$$

计算如下：

```
import numpy as np

IQR = np.percentile(ages, 75) - np.percentile(ages, 25)
h = 0.9 * np.min([np.std(ages), IQR / 1.34]) * np.power(N, -0.2)

print('h = {:.3f}'.format(h))
```

输出如下：

```
h = 2.051
```

该值比前一个值小，表明 $p_K(x)$ 对于较小的超体积可以更准确。根据经验，即使第二种方法通常在不同的情况中能提供最佳结果，我也建议选择带宽最小的方法。现在让我们使用 $h = 2.0$，Gaussian、Epanechnikov 和 Exponential 内核重新执行估算（我们排除了均匀内核，因为最终结果等效于直方图）：

```
from sklearn.neighbors import KernelDensity

kd_gaussian = KernelDensity(kernel='gaussian', bandwidth=2.0)
kd_epanechnikov = KernelDensity(kernel='epanechnikov', bandwidth=2.0)
kd_exponential = KernelDensity(kernel='exponential', bandwidth=2.0)

kd_gaussian.fit(ages.reshape(-1, 1))
kd_epanechnikov.fit(ages.reshape(-1, 1))
kd_exponential.fit(ages.reshape(-1, 1))
```

带宽等于 2.0 的密度估计如图 6-7 所示。

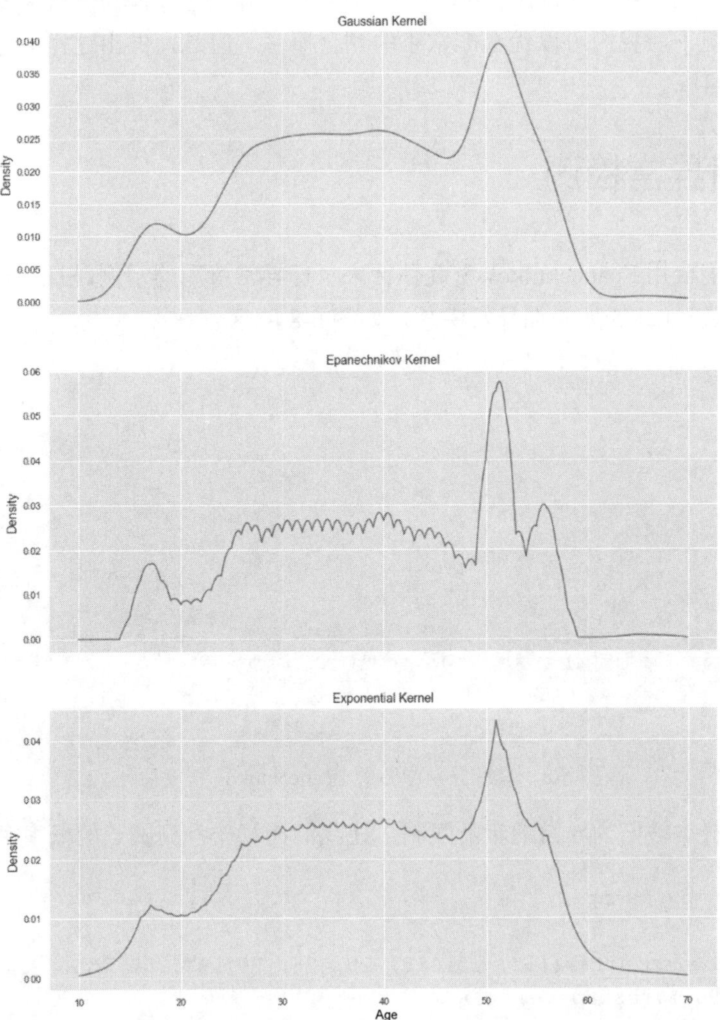

图 6-7 带宽等于 2.0 的密度估计（Gaussian Kernel（上）、Epanechnikov Kernel（中）和 Exponential Kernel（下））

正如预期的那样，Epanechnikov 和指数内核都比高斯内核更具振荡性（因为当 h 很小时它们倾向于峰值）；然而，显而易见的是，中心图肯定是最准确的（就 MISE 而言）。先前我们已经用高斯内核和 $h = 0.5$ 实现了类似的结果，但是在那种情况下，振荡非常不规则。如上所述，当值达到带宽边界时，Epanechnikov 内核具有非常强的不连续趋势。通过观察估算的极值，我们可以立即理解该估值几乎垂直下降到零这种现象。而 $h = 2$ 的高斯估计似乎非常平滑，同时它无法捕获 50 到 60 岁之间的变化。对于指数内核也是如此，它表现出其独特的行为：非常尖锐的极端。在下面的例子中，我们将使用 Epanechnikov 内核。但是，我建议读者检查具有不同带宽的高斯分布的结果。这个选择有一个确切的基本原理（没有确凿的理由不能丢弃）：我们认为数据集是详尽的，并且想要惩罚所有克服自然极端的样本。在其他情况下，我们可以优选非常小的剩余概率。但是，做出这样的选择时我们必须考虑每个特定目标。

6.5 应用异常检测

现在让我们应用 Epanechnikov 密度估计来执行异常检测的示例。根据概率密度的结构，我们决定在 $p(x) < 0.005$ 处施加异常中断，如图 6-8 所示。

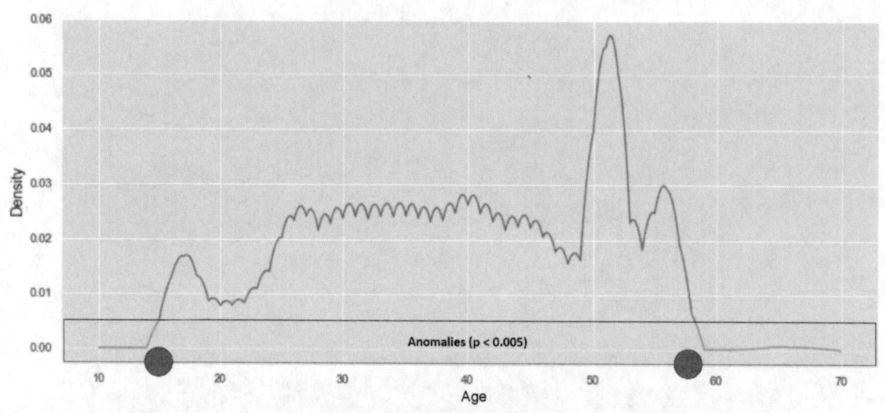

图 6-8 具有异常中断的 Epanechnikov 密度估计

红点表示样本被归为异常的年龄限制。让我们计算一些测试点的概率密度：

```
import numpy as np

test_data = np.array([12, 15, 18, 20, 25, 30, 40, 50, 55, 60, 65, 70, 75,
80, 85, 90]).reshape(-1, 1)

test_densities_epanechnikov =
```

```
np.exp(kd_epanechnikov.score_samples(test_data))
test_densities_gaussian = np.exp(kd_gaussian.score_samples(test_data))

for age, density in zip(np.squeeze(test_data),
test_densities_epanechnikov):
    print('p(Age = {:d}) = {:.7f} ({})'.format(age, density, 'Anomaly' if
density < 0.005 else 'Normal'))
```

代码的输出如下：

```
p(Age = 12) = 0.0000000 (Anomaly)
p(Age = 15) = 0.0049487 (Anomaly)
p(Age = 18) = 0.0131965 (Normal)
p(Age = 20) = 0.0078079 (Normal)
p(Age = 25) = 0.0202346 (Normal)
p(Age = 30) = 0.0238636 (Normal)
p(Age = 40) = 0.0262830 (Normal)
p(Age = 50) = 0.0396169 (Normal)
p(Age = 55) = 0.0249084 (Normal)
p(Age = 60) = 0.0000825 (Anomaly)
p(Age = 65) = 0.0006598 (Anomaly)
p(Age = 70) = 0.0000000 (Anomaly)
p(Age = 75) = 0.0000000 (Anomaly)
p(Age = 80) = 0.0000000 (Anomaly)
p(Age = 85) = 0.0000000 (Anomaly)
p(Age = 90) = 0.0000000 (Anomaly)
```

正如我们看到的那样，函数的突然下降造成了一种垂直分离。15 岁的人几乎处于边界($p(15) \approx 0.0049$)，而上限的行为更加极端。中断约为 58 岁，但 60 岁的样本概率比 57 岁的样本概率低 10 倍（初始直方图也证实了这一点）。由于这只是一个教学的例子，因此很容易检测异常，然而，如果没有标准化算法，即使稍微复杂的分布，也会产生一些问题。特别是在这种简单的单变量分布的特定情况下，异常通常位于尾部。

因此，我们假设给定总体密度估计 $p_K(x)$：

$$p_K(x_a) \leqslant p_K(x_n) \forall x_a \in Anomalies \subseteq X \ and \ x_n \in X$$

当考虑包含所有样本（正常样本和异常样本）的数据集时，这种行为通常是不正确的，并且数据科学家在决定阈值时必须小心。即使它很明显，也最好通过从数据集中删除所有异常来学习正态分布，以便将异常所在的区域展平（$p_K(x) \to 0$）。由此，先前的标准仍然有效，并且可以很容易地比较不同的密度以进行区分。

在继续下一个例子之前，我建议通过创建人工漏洞和设置不同的阈值来修改初始分布。此外，我建议读者根据年龄和身高生成双变量分布（例如基于某些高斯的总和），并创建一个简单模型，使该模型能够检测参数标识的不太可能出现的所有人。

基于 KDD Cup 99 数据集的异常检测

此示例基于 KDD Cup 99 数据集，该数据集收集了一系列正常和恶意的互联网活动。特别地，我们将重点关注 HTTP 请求的子集，它具有 4 个属性：持续时间、源字节、目标字节和行为（这更像是一个分类元素，但它对我们立即访问某些特定攻击内容很有帮助）。由于原始值是 0 附近非常小的数字，所有版本（包括 scikit-learn one）都使用公式 $\log(x+0.1)$对变量进行归一化（因此，在使用新样本模拟异常检测时必须应用该值）。当然，逆变换如下：

$$y=\log(x+0.1)\Rightarrow x=\mathrm{e}^{y}-0.1$$

让我们首先使用 scikit-learn 内置函数 fetch_kddcup99()加载和准备数据集，然后选择 percent10=True 将数据限制为原始集合的 10%（非常大）。当然，我建议读者也使用整个数据集和完整参数列表（包含 34 个数值）进行测试。

在这种情况下，我们还选择 subset='http'，它已经准备好包含大量正常连接和一些特定攻击：

```
from sklearn.datasets import fetch_kddcup99

kddcup99 = fetch_kddcup99(subset='http', percent10=True, random_state=1000)

X = kddcup99['data'].astype(np.float64)
Y = kddcup99['target']

print('Statuses: {}'.format(np.unique(Y)))
print('Normal samples: {}'.format(X[Y == b'normal.'].shape[0]))
print('Anomalies: {}'.format(X[Y != b'normal.'].shape[0]))
```

输出如下：

```
Statuses: [b'back.' b'ipsweep.' b'normal.' b'phf.' b'satan.'] Normal
samples: 56516 Anomalies: 2209
```

因此，这里有 4 种类型的攻击（其细节在此情况中并不重要），其中包含 2209 个恶意样本和 56516 个正常连接。为了进行密度估计，我们将考虑把这 3 个分量作为独立的随机变量（虽然这不是完全正确，但它可以是一个合理的起点）进行初步考虑，但最终估算是基于完整的联合分布。当我们想要确定最佳带宽时，则要执行基本的统计分析：

```
import numpy as np

means = np.mean(X, axis=0)
stds = np.std(X, axis=0)
IQRs = np.percentile(X, 75, axis=0) - np.percentile(X, 25, axis=0)
```

代码的输出如下：

```
Means: [-2.26381954 5.73573107 7.53879208]
Standard devations: [0.49261436 1.06024947 1.32979463]
IQRs: [0.         0.34871118 1.99673381]
```

持续时间（第一个分量）的 IQR 为空，因此，大多数值是相等的。让我们绘制直方图来确认这一点，如图 6-9 所示。

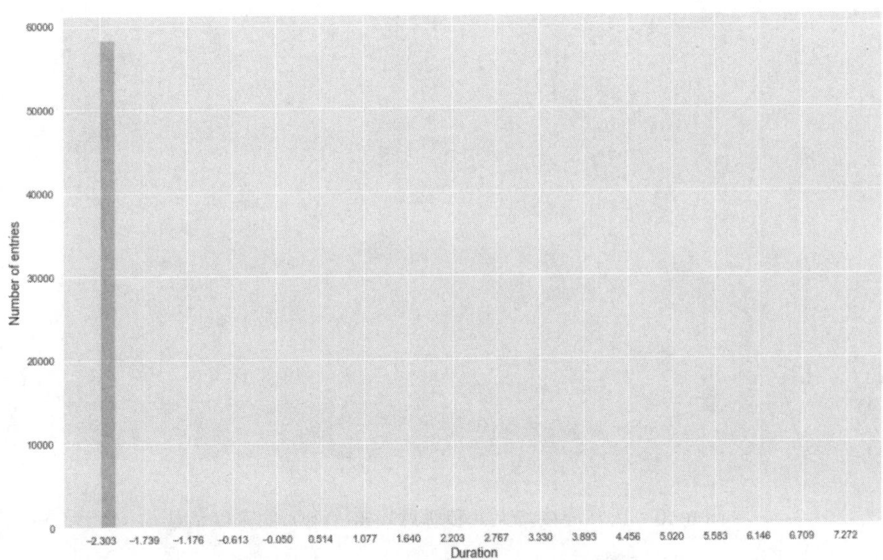

图 6-9 第一个分量的直方图（持续时间）

正如所料，这个分量不是很重要，因为只有一小部分样本具有不同的值。因此，在此示例中，我们将跳过它并仅使用源字节和目标字节。现在让我们按照前面的说明计算带宽：

```
import numpy as np

N = float(X.shape[0])
```

```
h0 = 0.9 * np.min([stds[0], IQRs[0] / 1.34]) * np.power(N, -0.2)
h1 = 0.9 * np.min([stds[1], IQRs[1] / 1.34]) * np.power(N, -0.2)
h2 = 0.9 * np.min([stds[2], IQRs[2] / 1.34]) * np.power(N, -0.2)

print('h0 = {:.3f}, h1 = {:.3f}, h2 = {:.3f}'.format(h0, h1, h2))
```

输出如下：

```
h0 = 0.000, h1 = 0.026, h2 = 0.133
```

排除第一个值，我们需要在 h1 和 h2 之间进行选择。由于值的大小并不大并且我们想要有较高的选择性，因此我们将设置 $h = 0.025$ 并使用高斯内核，该内核提供了良好的平滑性。包含第一个分量的拆分输出的密度估计（使用 seaborn 可视化库获得，其中包含一个内部 KDE 模块），如图 6-10 所示。

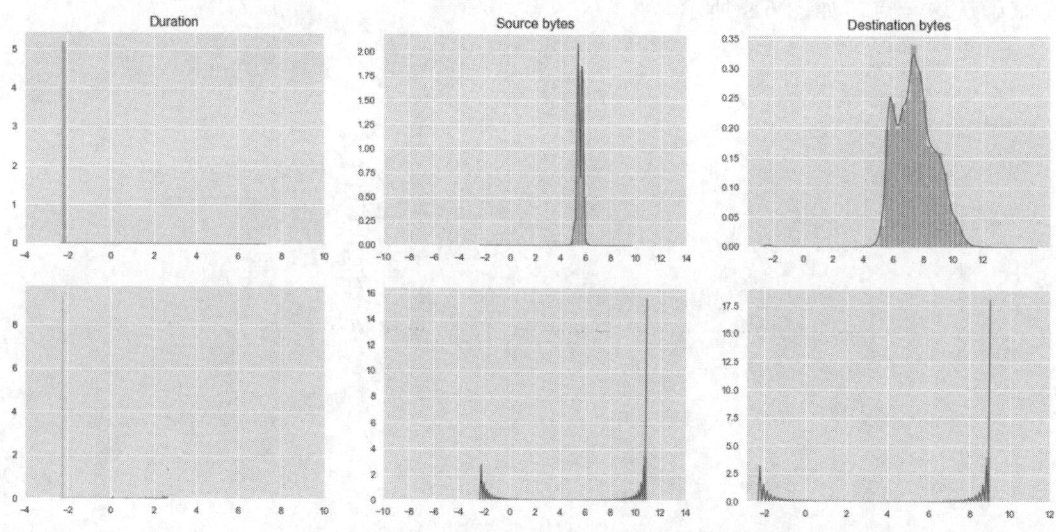

图 6-10　正常连接（上）和恶意攻击（下）的密度估计

图 6-10 的上面 3 个图显示正常连接的密度，而下面 3 个图显示恶意攻击的密度。正如预期的那样，第一个分量（持续时间）在两种情况下几乎相同，可以丢弃。而源字节和目标字节都表现出非常不同的行为。在不考虑对数变换的情况下，正常连接平均发送 5 字节，且方差非常小，将潜在范围扩展到间隔（4,6）。响应具有更大的方差，值介于 4 和 10 之间，密度从 10 开始非常低。相反，恶意攻击的源字节和目标字节都有两个峰值：较低的一个对应于−2，较高的一个分别对应大约 11 和 9（与正常区域的最小重叠）。即使不考虑完整的联合概率密度，也不难理解大多数攻击发送更多输入数据并接收更长响应（而

连接持续时间不会受到强烈影响）。

我们现在可以通过仅选择正常样本（即对应于 Y == b'normal.'）来训练估计量：

```
from sklearn.neighbors import KernelDensity

X = X[:, 1:]

kd = KernelDensity(kernel='gaussian', bandwidth=0.025)
kd.fit(X[Y == b'normal.'])
```

让我们计算正常样本和异常样本的密度：

```
Yn = np.exp(kd.score_samples(X[Y == b'normal.']))
Ya = np.exp(kd.score_samples(X[Y != b'normal.']))

print('Mean normal: {:.5f} - Std: {:.5f}'.format(np.mean(Yn), np.std(Yn)))
print('Mean anomalies: {:.5f} - Std: {:.5f}'.format(np.mean(Ya),np.std(Ya)))
```

输出如下：

```
Mean normal: 0.39588 - Std: 0.25755
Mean anomalies: 0.00008 - Std: 0.00374
```

显然，当例如 $p_K(x) < 0.05$（考虑 3 个标准差）时，我们可以预期到异常，得到 $p_K(x) \in (0, 0.01))$，而 Yn 的中位数约为 0.35。这意味着至少一半样本的 $p_K(x) > 0.35$，但是，经过简单的计数检查后，我们得到以下信息：

```
print(np.sum(Yn < 0.05))
print(np.sum(Yn < 0.03))
print(np.sum(Yn < 0.02))
print(np.sum(Yn < 0.015))
```

输出如下：

```
3147
1778
1037
702
```

由于有 56516 个正常样本，我们决定选择两个阈值（还要考虑异常离群值）。

- 正常连接：$p_K(x) > 0.03$。

- 中危警报：0.03（涉及 3.1%的正常样本，可被识别为误报）。
- 高危警报：0.015（在这种情况下，只有 1.2%的正常样本可以触发警报）。

此外，通过第二个警报，我们捕获以下情况：

```
print(np.sum(Ya < 0.015))
```

输出如下：

```
2208
```

因此，只有一个异常样本的 $p_K(x) > 0.015$（有 2209 个向量），证实了这种选择是合理的。前面的结果也通过密度的直方图得到证实，如图 6-11 所示。

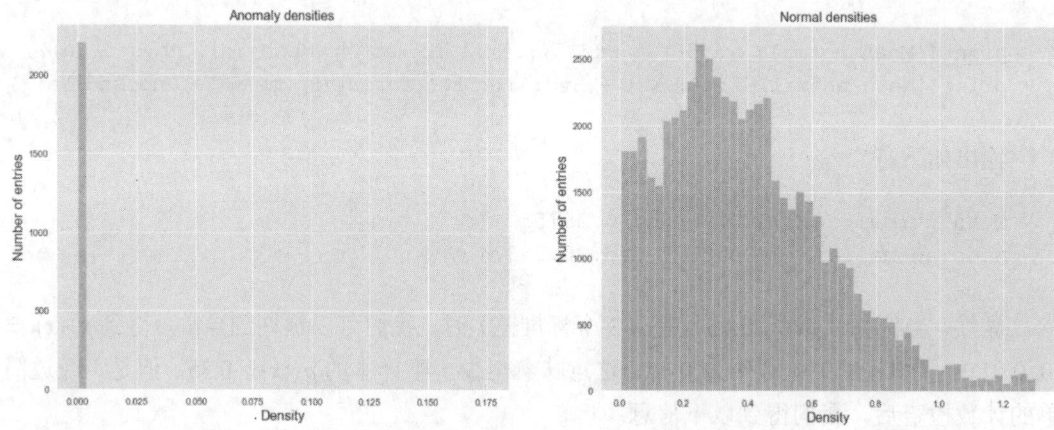

图 6-11 异常密度（左）和正常密度（右）的直方图

我们并不需要忧虑正态分布的右侧，那是因为异常高度集中在左侧。在这个区域，有大多数异常现象，因此也是最关键的。原因与特定域严格相关（其中输入和输出字节对于不同类型的请求非常相似），并且在更稳定的解决方案中，有必要考虑其他参数（例如完整的 KDD Cup 99 数据集）。但是，出于教学目的，我们可以定义一个简单的函数（基于先前定义的阈值），根据源字节和目标字节的数量（非对数的）检查连接的状态：

```
import numpy as np

def is_anomaly(kd, source, destination, medium_thr=0.03, high_thr=0.015):
    xs = np.log(source + 0.1)
    xd = np.log(destination + 0.1)
    data = np.array([[xs, xd]])
```

```
    density = np.exp(kd.score_samples(data))[0]
    if density >= medium_thr:
        return density, 'Normal connection'
    elif density >= high_thr:
        return density, 'Medium risk'
    else:
        return density, 'High risk'
```

我们现在可以用 3 个不同的例子来测试函数：

```
print('p = {:.2f} - {}'.format(*is_anomaly(kd, 200, 1100)))
print('p = {:.2f} - {}'.format(*is_anomaly(kd, 360, 200)))
print('p = {:.2f} - {}'.format(*is_anomaly(kd, 800, 1800)))
```

输出如下：

```
p = 0.30 - Normal connection
p = 0.02 - Medium risk
p = 0.00000 - High risk
```

总的来说，我们也可以考虑源字节和目标字节密度的双变量图，如图 6-12 所示。

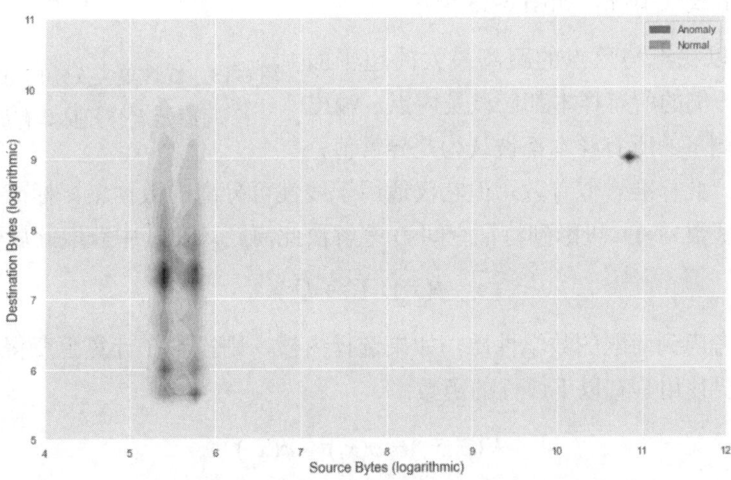

图 6-12　源字节和目标字节密度的双变量图

图 6-12 可以确认，虽然攻击通常涉及大量的输入字节，即使它们占据了该区域的极端部分，但其响应也与正常访问的响应非常相似。作为练习，我建议读者使用整个 KDD Cup 99 数据集训练模型，并找出最佳阈值以检测高危和中危风险的攻击。

6.6 单类支持向量机

单类支持向量机的概念由 Schölkopf B、Platt J C、Shawe-Taylor J C、Smola A J 和 Williamson R C 在 *Estimating the Support of a High-Dimensional Distribution* 一文中提出，是一种新颖的分类方法，从真实数据生成过程中执取样本或异常值的方法。让我们从想要实现的目标开始：找到一个无监督模型，给定样本 x_i，可以生成二进制输出 y_i（通常，SVM 结果是双极性的：−1 和+1）。因此，如果 x_i 是离群值，则 $y_i = +1$；反之，如果 x_i 是异常值（更准确地在前面提到的资料中，作者假设对于构成训练集的大多数内部因子，结果为 1），则 $y_i = -1$。初看，它似乎是一个经典的监督问题，但是这不是因为它不需要标记数据集。实际上，给定包含 m 个样本 $x_i \in \mathcal{R}^n$ 的数据集 X，我们将使用单个固定类来对模型进行训练，目标是找到最大化 X 与原点之间距离的分离的超平面。首先，让我们考虑一个简单的线性情况，如图 6-13 所示。

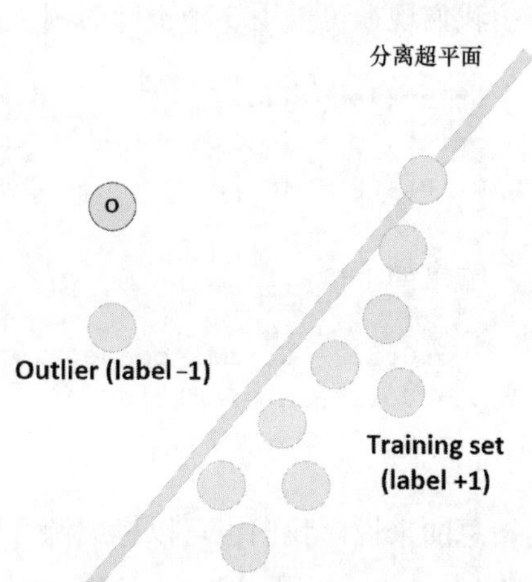

图 6-13 线性单类支持向量机场景：训练集与原始点分开且具有最大的余量

训练模型以找出与原点的距离最大的超平面参数。超平面一侧的所有样本都应该是内点，输出标签是+1，而剩下的所有样本都被认为是异常值，输出标签是−1。此标准看似有效，但它仅适用于线性可分离的数据集。标准 SVM 通过将数据集（通过函数 $\varphi(\bullet)$）投影到特征空间 D 来解决此问题，在其中获取此属性：

$$\phi(\overline{x}_i): X \to D$$

特别地，考虑到问题的数学性质，如果选择内核，则投影在计算上变得轻量级。换句话说，我们想要使用具有以下属性的函数：

$$K(\overline{x}_i, \overline{x}_j) = \phi(\overline{x}_i)^{\mathrm{T}} \bullet \phi(\overline{x}_j)$$

投影函数 $\varphi(\bullet)$存在于非常容易获得的条件（称为 Mercer 条件）下（即在实子空间中，内核必须为正半定）。这种选择的原因与解决问题所涉及的过程密切相关（更详细的说明可以在 *Machine Learning Algorithms, Second Edition* 中找到）。但是，不熟悉 SVM 的读者不必担心，因为我们不会讨论太多的数学细节。要记住的最重要的事情是，不支持任何内核的通用投影会导致计算复杂性的急剧增加（特别是对于大型数据集）。

$K(\bullet, \bullet)$最常见的选择之一是径向基函数（已在第 3 章中进行了分析）：

$$K(\overline{x}_i, \overline{x}_j) = \mathrm{e}^{-\gamma\|\overline{x}_i - \overline{x}_j\|^2}$$

另一个有用的内核是多项式内核：

$$K(\overline{x}_i, \overline{x}_j) = (a + b\overline{x}_i^{\mathrm{T}} \bullet \overline{x}_j)^c$$

在这种情况下，指数 c 定义多项式函数的次数，该次数与特征空间的维度成正比。但是，内核及其超参数的选择取决于上下文，并且没有始终有效的通用规则。因此，对于每个问题，我们都需要进行初步分析并且通常还需要进行网格搜索以做出最合适的选择。一旦选择了内核，问题可以通过以下方式表示：

$$\begin{cases} min_{\overline{w},\overline{\xi},\rho}\left[\frac{1}{2}\|\overline{w}\|^2 + \frac{1}{mv}\sum_{i=1}^{n}\xi_i - \rho\right] \\ subject\ to\ \overline{w} \bullet \phi(\overline{x}_i) \geqslant \rho - \xi_i\ \forall\ \overline{x}_i \in X \text{ 且 } \xi_i \geqslant 0 \end{cases}$$

不进行全面的讨论（超出了本书的范围），我们只将注意力集中在一些重要的内容上。首先，决策函数如下：

$$y_i = sign(\overline{w} \bullet \phi(\overline{x}_i) - \rho)$$

解决方案中涉及的数学过程允许我们简化以下表达式，但是最好保留原始表达式。如果读者具有监督学习的基本知识，则可以容易地理解权重向量和样本 x_i 投影之间的点积可以确定 x_i 相对于分离超平面的位置。实际上，如果两个向量之间的角度小于 90°（π/2），则点积是非负的。当角度恰好是 90°（即向量是正交的）时它等于零，当角度在 90°和 180°之间时它等于负数。此决策过程如图 6-14 所示。

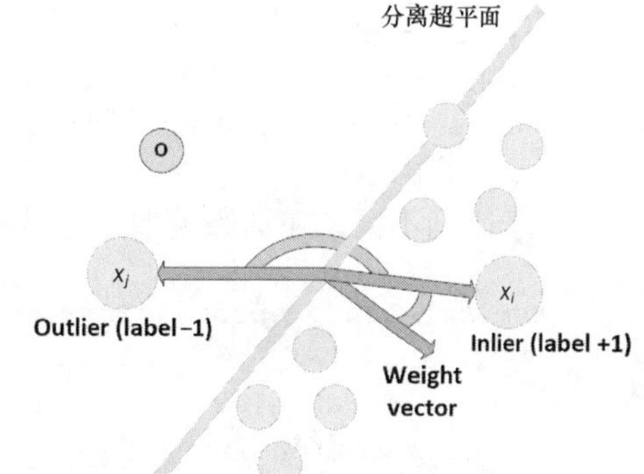

图 6-14　支持向量机中的决策过程

权重向量与分离超平面正交。样本 x_i 被识别为一个内点，因为点积为正且大于阈值 ρ。相反，x_j 被标记为异常值，因为决策函数的符号是负的。术语 ξ_i ($\xi_i \geqslant 0$)被称为松弛变量，并且引入它们是为了使异常值和内点之间的边界更灵活。实际上，如果这些变量都等于零（并且为了简单起见，令 ρ=1），则优化问题所施加的条件变为：

$$\overline{w} \bullet \phi(\overline{x}_i) \geqslant 1\ \forall\ \overline{x}_i \in X$$

这意味着我们必须将所有训练样本视为内点，因此必须选择分离超平面，以便所有

x_i 都位于同一侧。但是，松弛变量的使用通过定义软边界将允许更大的灵活性。每个训练样本都与一个变量 ξ_i 相关联，当然，问题使它们最小化。然而，通过这个技巧，一些边界样本即使继续被识别为内点也可以位于超平面的相对侧（足够接近）。要考虑的最后一个元素是此情况中最重要的元素之一，它涉及超参数 $\nu \in (0, 1)$。在上述资料中，作者证明了只要 $\rho \neq 0$，ν 就可以被解释为训练样本的分数的上限，这实际上是异常值。在 6.2.2 节我们已经说过，在新值检测问题中，数据集必须是干净的。不幸的是，事情并非总是如此。因此，ν 和松弛变量的联合使用使我们能够处理包含一小部分异常值的数据集。就概率而言，如果 X 是从噪声部分破坏的数据生成过程中提取的，则 ν 是在 X 中找到异常值的概率。

现在，让我们分析一个用元组（年龄，身高）识别的学生数据集的二维示例。我们将从二元高斯分布中生成 2000 个的内点，并均匀采样 200 个测试点：

```
import numpy as np

nb_samples = 2000
nb_test_samples = 200

X = np.empty(shape=(nb_samples + nb_test_samples, 2))

X[:nb_samples] = np.random.multivariate_normal([15, 160], np.diag([1.5,10]),
size=nb_samples)
X[nb_samples:, 0] = np.random.uniform(11, 19, size=nb_test_samples)
X[nb_samples:, 1] = np.random.uniform(120, 210, size=nb_test_samples)
```

由于比例不同，在训练模型之前最好对数据集进行标准化：

```
from sklearn.preprocessing import StandardScaler

ss = StandardScaler()
Xs = ss.fit_transform(X)
```

一个标准化的数据集如图 6-15 所示。

主要点还是由内点组成，部分测试样本位于同一高密度区域。因此，我们可以合理地假设在包含所有样本的数据集中大约有 20%的异常值（因此，ν=0.2）。当然，这样的选择是基于我们的假设，并且在任何现实场景中，ν 的值必须始终反映数据集中预期异常值的实际百分比。当这条信息不可用时，最好从较大的值（例如 ν=0.5）开始，然后逐渐减小直到找到最佳配置（即错误分类的概率最小）。

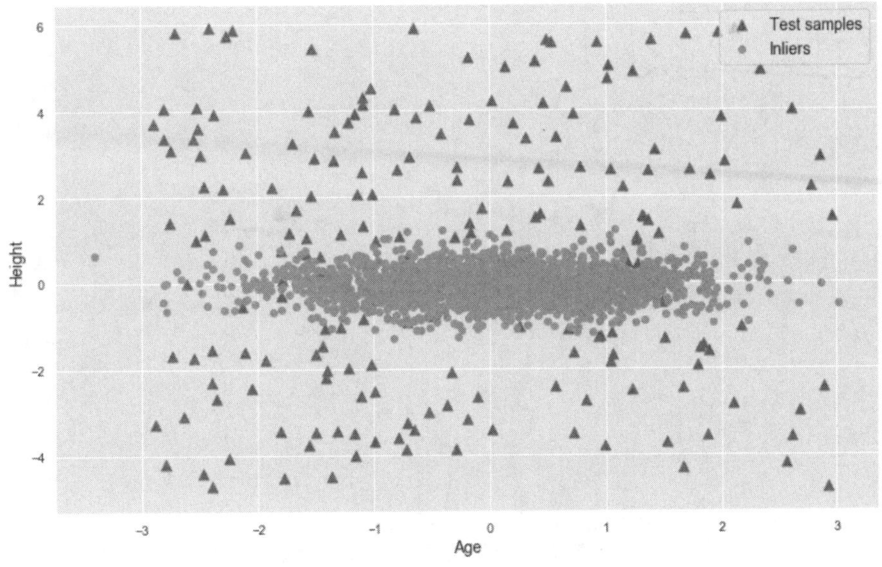

图 6-15 单类支持向量机示例的数据集

同样重要的是要记住，训练过程有时可以找到一个次优解。因此，一些内点可以标记为异常值。在这些情况下，最好的策略是测试不同内核的效果，例如在使用多项式内核时，增加其复杂性，直到找到最优解（不一定排除所有错误）为止。

现在让我们使用 RBF 内核（特别适用于高斯数据生成过程）初始化 scikit-learn 的 OneClassSVM 类的实例并训练模型：

```
from sklearn.svm import OneClassSVM

ocsvm = OneClassSVM(kernel='rbf', gamma='scale', nu=0.2)
Ys = ocsvm.fit_predict(Xs)
```

我们基于以下公式选择了建议值 gamma='scale'：

$$\gamma = \frac{1}{n \bullet std(X)}$$

这种选择通常是最佳起点，可以更改（根据结果是否可接受而增加或减少）。在我们的例子中，由于数据集是二维的（n=2）且标准化的（$std(X)$ = 1），所以 $\gamma = 0.5$，这对应于单位方差高斯分布（因此，我们应该期望它是最合适的选择）。此时，我们可以通过突出显示异常值来绘制结果，如图 6-16 所示。

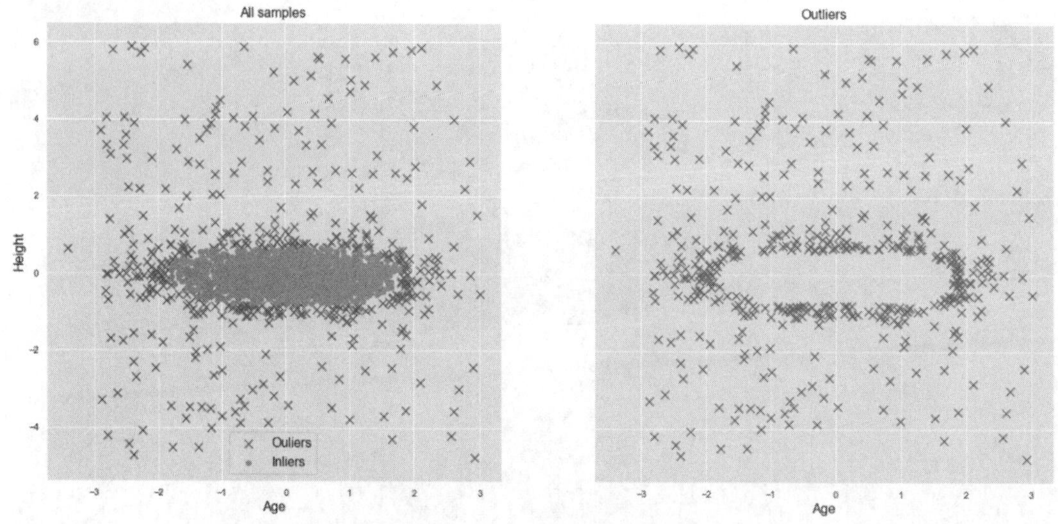

图 6-16 分类结果（左）和测试集中的异常值（右）

在图 6-16 左图中，模型已成功识别数据集的较高密度部分，并且还在密集斑点的外部区域中将一些样本标记为异常值。它们对应于二维高斯下的概率较低的值。在我们的例子中，假设它们是应该被滤除的噪声样本。在右图中，我们可以只看到异常区域，当然，这是高密度点的补充。我们可以得出这样的结论：即使有点容易过度拟合，单类 SVM 也能够帮助我们以非常小的错误概率识别新值。由于数据集的结构（然而，在许多情况下很常见），我们可以使用 RBF 内核进行轻松管理。遗憾的是，对于高维数据，这种简单性经常丢失，并且需要更彻底的超参搜索来最小化错误率。

6.7 基于孤立森林的异常检测

Liu F T、Ting K M 和 Zhou Z 在 *Isolation Forest, Eighth IEEE International Conference on Data Mining* 中提出了一种非常强大的异常检测方法。该方法基于集成学习的总体框架。由于这个主题非常广泛，并且主要涵盖在有监督的机器学习书籍中，我们建议读者在必要时查阅相关资源。所以，在这种情况下，我们将在没有那么详细地引用所有基础理论的背景来描述模型。

首先，我们说森林是一组称为**决策树**的独立模型。顾名思义，与算法相比，它们是分割数据集的一种非常实用的方法。从根开始，对于每个节点，选择一个特征和一个阈值，并将样本分成两个子集（非二叉树的结构不是这样，但一般来说，模型所涉及的树都是二叉树），如图 6-17 所示。

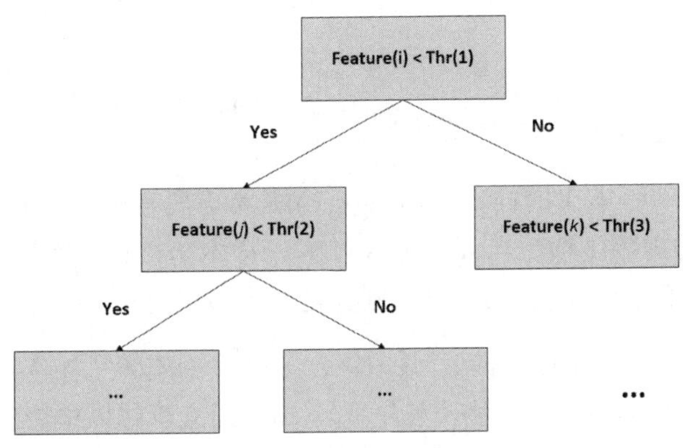

图 6-17 二叉树的通用结构

在有监督的任务中，元组（特征，阈值）是根据使叶子的杂质最小化的特定标准选择的。这意味着我们的目标通常是拆分节点，以便生成的子集包含属于单个类的大多数样本。当然，容易理解的是，当所有叶子都是纯净的或者达到最大深度时，该过程结束。相反，在此特定的上下文中，我们从一个非常特殊（但经过经验证明）的假设开始：如果属于**孤立森林**的树在每次选择随机特征和随机阈值时都会生长，那么从根到包含任何异常值的叶子的路径的平均长度，比隔离异常值所需的长度更长。通过考虑一个二维随机分区实例，我们可以容易地理解这种假设的原因，如图 6-18 所示。

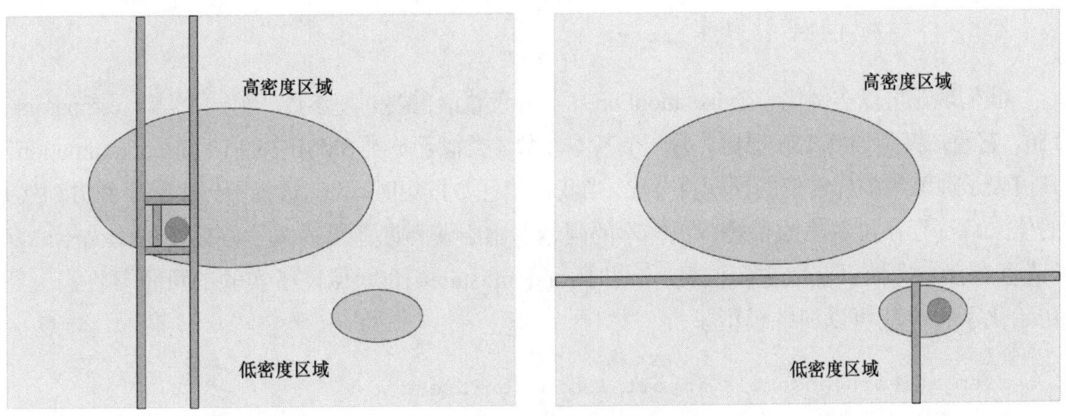

图 6-18 二维随机分区：一个内点是孤立的（左）；检测到属于低密度区域的异常值（右）

我们可以观察到，内点通常属于高密度区域，需要更多的分区来隔离样本。相反，我们可以用较少的分区步骤检测位于低密度区域中的异常值，因为所需的粒度与点的密度成正比。因此，建立孤立森林的目的是测量所有内点的平均路径长度，并将其与新样本所需的路径长度进行比较。当这样的长度较短时，成为异常值的概率增加。作者提出的异常分数基于指数函数：

$$s(\bar{x}_i, m) = \mathrm{e}^{-\frac{avg(h(\bar{x}_i))}{c(m)}}$$

其中，m 是属于训练集 X 的样本数，$avg(h(x_i))$是考虑所有树的样本 x_i 的平均路径长度，$c(m)$是仅依赖于 m 的规范化项。当 $s(x_i, m) \to 1$ 时，样本 x_i 被识别为异常。因此，当 $s(\bullet)$在 0 和 1 之间时，如果我们将阈值视为 0.5，则正常样本与值 $s(x_i, m) \ll 0.5$ 相关联。

我们现在考虑一下葡萄酒数据集，其中包含 178 个 $x_i \in \mathcal{R}^{13}$ 样本，其中每个特征都是特定的化学性质（例如酒精、苹果酸、灰分等），训练孤立森林以检测新葡萄酒是否因为其化学性质与现有样本不相容，被视为内点（例如现有品牌的变体）或异常值。第一步包括加载和规范化数据集：

```
import numpy as np

from sklearn.datasets import load_wine
from sklearn.preprocessing import StandardScaler

wine = load_wine()
X = wine['data'].astype(np.float64)

ss = StandardScaler()
X = ss.fit_transform(X)
```

我们现在可以实例化一个 IsolationForest 类并设置最重要的超参数。第一个是 n_estimators=150，它通知模型训练 150 棵树。另一个基本参数（类似于单类 SVM 中的 v）是 contamination，其值表示训练集中异常值的预期百分比。当我们信任数据集时，我们选择了一个等于 0.01（1%）的值来解决存在可忽略数量的奇怪样本的问题。出于兼容性原因插入了参数 behaviour='new'（请查看官方文档以获取更多信息），同时 random_state=1000 保证了实验的可重复性。一旦初始化了类，就可以训练模型了：

```
from sklearn.ensemble import IsolationForest

isf = IsolationForest(n_estimators=150, behaviour='new',
contamination=0.01, random_state=1000)
Y_pred = isf.fit_predict(X)
```

```
print('Outliers in the training set: {}'.format(np.sum(Y_pred == -1)))
```

代码的输出是：

```
2
```

因此，孤立森林已成功识别 178 个内点中的 176 个。我们接受这个结果，但是，像往常一样，我建议调整参数以获得与每种特定情况都兼容的模型。此时，我们可以生成一些噪声样本：

```
import numpy as np

X_test_1 = np.mean(X) + np.random.normal(0.0, 1.0, size=(50, 13))
X_test_2 = np.mean(X) + np.random.normal(0.0, 2.0, size=(50, 13))
X_test = np.concatenate([X_test_1, X_test_2], axis=0)
```

测试集分为两个块。第一个数组 X_test_1 包含具有相对低噪声水平（σ=1）的样本，而第二个数组 X_test_2 包含更多噪声样本（σ=2）。因此，我们预计第一个数组中的异常值较低，而第二个数组中的异常值较大。数组 X_test 是两个测试集的有序串联。我们现在预测一下状态。由于这些值是双极性的，我们希望将它们与训练结果区分开来，因此将把预测时间乘以 2（即−1 表示训练集中的异常值，1 表示训练集中的输入值，−2 表示测试集中的异常值，2 表示测试集中的输入值）：

```
Y_test = isf.predict(X_test) * 2

Xf = np.concatenate([X, X_test], axis=0)
Yf = np.concatenate([Y_pred, Y_test], axis=0)

print(Yf[::-1])
```

输出如下：

```
[ 2 2 -2 -2 -2 -2 -2 2 2 2 -2 -2 -2 -2 -2 -2 -2 -2 -2 -2 -2 -2 -2 2 -2 2 2
-2 -2 -2 2 -2 -2 -2 -2 2 2 -2 -2 -2 -2 -2 -2 2 2 -2 2 -2 2 -2 2 2 2 2 2 2 2
2 2 2 2 2 2 2 2 2 2 2 2 2 2 2 2 2 2 2 2 2 2 2 2 2 2 2 2 2 2 2 2 2 2 2 -2 2
2 2 2 2 2 2 1 1 1 1 1 1 1 1 1 1 1 1 1 1 1 1 1 1 1 1 1 1 1 1 1 1 1 1 1 1 1 1
1 1 1 1 1 1 1 1 1 1 1 1 1 1 1 1 1 1 1 1 1 1 1 1 -1 1 1 1 1 1 1 1 1 1 1 -1 1
1 1 1 1 1 1 1 1 1 1 1 1 1 1 1 1 1 1 1 1 1 1 1 1 1 1 1 1 1 1 1 1 1 1 1 1 1 1
1 1 1 1 1 1 1 1 1 1 1 1 1 1 1 1 1 1 1 1 1 1 1 1 1 1 1 1 1 1 1 1 1 1 1 1 1 1
1 1 1 1 1 1 1 1 1 1 1 1 1 1 1 1 1 1 1 1 1 1 1 1 1 1 1 1 1 1 1 1 1]
```

随着顺序的保留和反转，我们可以看到属于 X_test_2（高方差）的大多数样本被归类为异常，而大多数低方差样本被识别为内点。为了进一步进行视觉确认，我们可以执行t-SNE进行降维，考虑最终结果是二维分布，其与原始（13维）的Kullback-Leibler散度最小。这意味着得到的维度的可解释性非常低，并且该图仅可用于理解二维空间的哪些区域更可能被内点占据：

```
from sklearn.manifold import TSNE

tsne = TSNE(n_components=2, perplexity=5, n_iter=5000, random_state=1000)
X_tsne = tsne.fit_transform(Xf)
```

新值检测结果如图6-19所示。

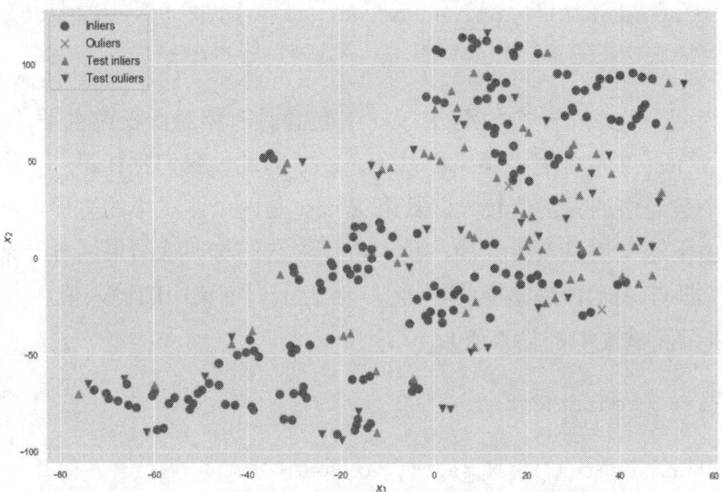

图6-19 t-SNE图用于葡萄酒数据集的新值检测

我们可以看到，许多接近训练内点的样本本身就是内点。一般来说，几乎所有远端测试样本都是异常值。然而，由于剧烈的降维，很难得出更多结论。然而，我们知道当噪声足够小时，找到内点的概率很大（这是一个合理的结果）。作为练习，我建议大家检查单个化学性质，对于每种化学性质或对于组，找出将内点变换为异常值的阈值（例如回答这个问题：与训练集相容的最大酒精量是多少）。

6.8 总结

在本章中，我们讨论了概率密度函数的性质以及如何将其用于计算实际概率和相对似然。我们已经知道了如何创建直方图，这是在将值分组到预定义的条柱中之后表示值频率的最简单方法。由于直方图有一些局限性（它们非常不连续且很难找到最佳条柱的大小），我们引入了核密度估计的概念，这是一种使用平滑函数估算密度的稍微复杂的方法。

我们已经分析了最常见内核（高斯、Epanechnikov、指数和均匀）的特性，以及两种可用于找出每个数据集的最佳带宽的经验方法。使用这种技术，我们尝试基于合成数据集解决一个非常简单的单变量问题。我们分析了 KDD Cup 99 数据集的 HTTP 子集，其中包含几个正常和恶意网络连接的日志记录。并且我们使用 KDE 技术创建了一个基于两个阈值的简单异常检测系统，并解释了在处理这些问题时必须考虑哪些因素。

在最后一部分中，我们分析了可用于执行新值检测的两种常用方法。单类 SVM 利用内核的强大功能将复杂数据集投影到可以线性分离的特征空间。下一步基于这样的假设：所有训练集（除了一小部分）都是内点，因此它们属于同一类。训练该模型的目的是最大化内点与特征空间的原点之间的分离，并且结果基于样本相对于分离超平面的位置。相反，孤立森林是一种集合模型，它基于这样的假设：在随机训练的决策树中从根到样本的路径对于异常值来说平均较短。

因此，在训练森林之后，我们可以考虑给定新样本的平均路径长度来计算异常分数。当这样的分数接近 1 时，我们可以得出异常的概率也非常大的结论。相反，非常小的分数值表明新值是潜在的内点。

在第 7 章中，我们将讨论最常见的降维和字典学习技术，这些技术在需要管理具有大量特征的数据集时非常有用。

6.9 问题

1．一个人身高 1.70 米的概率是 $p(Tall) = 0.75$，而明天下雨的概率是 $P(Rain) = 0.2$。$P(Tall, Rain)$的概率是多少？（也就是说，一个人身高 1.70 米且明天下雨的概率。）

2．给定数据集 X，我们构建一个包含 1000 个条柱的直方图，并且发现它们中的许多都是空的。为什么会这样？

3．直方图包含 3 个条柱，分别包含 20、30 和 25 个样本。第一个的范围为 $0 < x < 2$，第二个的范围为 $2 < x < 4$，第三个的范围为 $4 < x < 6$。$P(x) > 2$ 的概率是多少？

4．给定正态分布 $N(0, 1)$，$p(x) = 0.35$ 的样本 x 是否可以被视为异常？

5．具有 500 个样本的数据集 X 有 $std(X) = 2.5$ 和 $IQR(X) = 3.0$。其最佳带宽是多少？

6．一位专家告诉我们，分布在两个值附近都达到了峰值，密度突然从峰值均值下降了 0.2 个标准差。选择哪种内核最合适？

7．给定样本 x（从 10000 个样本流人口中收集），我们不确定它是异常值还是新值，因为 $p(x) = 0.0005$。在另外 10000 次观察之后，我们重新训练模型并且 x 保持 $p(x) < 0.001$。我们可以得出 x 是一个异常的结论吗？

第 7 章 降维与分量分析

在本章中，我们将介绍和讨论可用于执行降维和分量提取的一些非常重要的技术。降维的目标是将高维数据集转换为低维数据集，以尽量减少信息丢失。分量提取是一种找到可以混合的原子字典以构建样本所需的过程。

本章将着重讨论以下主题。

- **主成分分析（Principal Component Analysis，PCA）**。
- **奇异值分解（Singular Value Decomposition，SVD）**和白化。
- 基于内核的主成分分析。
- 稀疏主成分分析与字典学习。
- 因子分析。
- **独立成分分析（Independent Component Analysis，ICA）**。
- **非负矩阵分解（Non-Negative Matrix Factorization，NNMF）**。
- **潜在** Dirichlet **分配（Latent Dirichlet Allocation，LDA）**。

7.1 技术要求

本章中的代码需求如下。

- Python 3.5+（强烈推荐 Anaconda 发行版）。
- 库。
  - SciPy 0.19+。

- NumPy 1.10+。
- scikit-learn 0.20+。
- pandas 0.22+。
- Matplotlib 2.0+。
- seaborn 0.9+。

示例代码可以从本书配套的代码包中获取。

7.2 主成分分析

降低数据集维度的常用方法之一是基于样本协方差矩阵的分析。通常，我们知道随机变量的信息内容与其方差成正比。例如给定多元高斯，熵用来测量信息的数学表达式，如下所示：

$$H = \frac{1}{2}\log(\det(2\pi e \Sigma))$$

在前面的公式中，Σ 是协方差矩阵。如果我们假设 Σ 是对角的（不损失一般性），则很容易理解熵大于（成比例地）每个单个分量的方差 σ_i^2。这并不奇怪，因为具有低方差的随机变量集中在均值附近，并且发生意外的概率很低。另一方面，当 σ^2 变得越来越大时，潜在的结果随着不确定性的增加而增加，这与信息量成正比。

当然，分量的影响通常是不同的。因此，主成分分析的目标是找到可以将它们投影到较低维子空间的样本的线性变换，从而保留最大数量的初始方差。在实践中，让我们考虑一个数据集 $X \in \mathfrak{R}^{m \times n}$：

$$X = \{\bar{x}_1, \bar{x}_2, \cdots, \bar{x}_m\}, \text{其中 } \bar{x}_i \in \mathbb{R}^n$$

我们想要找到的线性变换是一个新的数据集，如下所示：

$$Z = \{\bar{z}_1, \bar{z}_2, \cdots, \bar{z}_n\}, \text{其中 } \bar{z}_i = A^{\mathrm{T}}\bar{x}_i$$

应用此类变换后，我们希望具有以下内容：

$$\begin{cases} dim(\bar{z}_i) < (\ll) dim(\bar{x}_i) \forall i \\ H(z) \approx H(x) \end{cases}$$

让我们开始考虑样本协方差矩阵（为了我们的目的，我们也可以使用偏差估计）。为简单起见，我们还假设 X 的均值为零：

$$\Sigma_s = \frac{1}{m} X^{\mathrm{T}} X \in \mathbb{R}^{n \times n}$$

这样的矩阵是对称和半正定的（如果你不熟悉这些概念也没关系，但它们对于证明以下步骤非常重要），因此它的特征向量构成了正交标准。快速回顾一下，如果 A 是方阵并满足以下条件，则向量 v_i 称为与特征值 λ_i 相关的特征向量：

$$A\overline{x}_i = \lambda_i \overline{x}_i$$

换句话说，特征向量被转换为其自身的扩展或缩小版本（不发生旋转）。要证明协方差矩阵的特征向量定义了协方差分量的方向（即数据集具有特定协方差分量的方向）并不困难（但将忽略所有的数学细节）。原因很简单，事实上，在变换之后，新的协方差矩阵（转化后的数据集 Z）是不相关的（也就是说，它是对角的），因为新轴与协方差分量对齐。这意味着一个 versor，例如 $v_0 = (1, 0, 0, \cdots, 0)$被转换为 $\sigma_i^2 v_i$，因此它是一个特征向量，其相关的特征值与第 i 个分量的方差成正比。

因此，为了找出哪些元素可以丢弃，我们可以对特征值进行排序，以便满足以下条件：

$$\lambda_1 \leqslant \lambda_2 \leqslant \cdots \leqslant \lambda_n$$

相应的特征向量（$v_1, v_2, \cdots, v_n$）分别确定对应于最大方差的分量，依此类推，直到最后一个。在形式上，我们将这些特征向量定义为主成分。因此，第一主成分是与最大方差相关联的方向，第二主成分与第一主成分正交，并且它与第二大方差相关联，依此类推；对于二维数据集，此概念如图 7-1 所示。

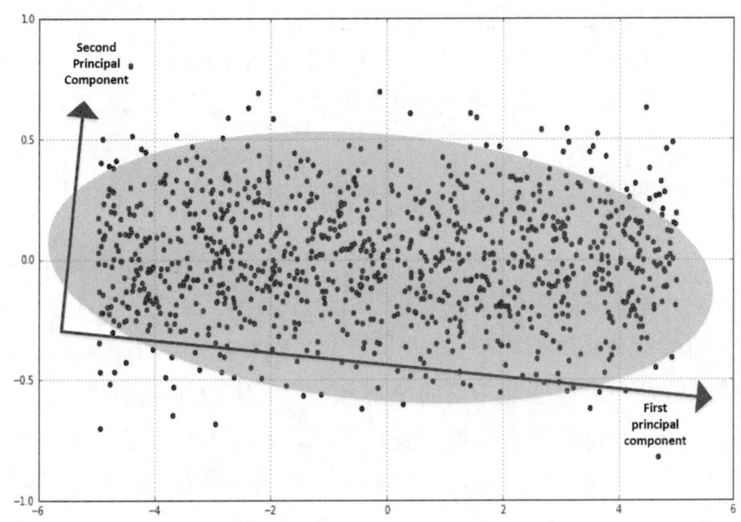

图 7-1　二维数据集的主成分；第一个主成分沿着方差最大的轴，而第二个主成分正交，并且与剩余方差成比例

此时，问题几乎解决了。事实上，如果我们只选择前 k 个主成分（$v_i \in \mathfrak{R}^{n \times 1}$），就可以建立一个变换矩阵 $A_k \in \mathfrak{R}^{n \times k}$，从而将与前 k 个特征值相关的特征向量作为行：

$$A_k = \begin{pmatrix} \overline{v}_1^{(1)} & \cdots & \overline{v}_k^{(1)} \\ \vdots & & \vdots \\ \overline{v}_n^{(1)} & \cdots & \overline{v}_k^{(1)} \end{pmatrix}$$

因此，我们可以使用以下矩阵乘法转换整个数据集：

$$Z = XA_k \ where \ Z \in \mathbb{R}^{m \times k}$$

新数据集 Z 的维数 k 小于（或远小于）n，它包含与分量数成正比的原始方差量。例如考虑图 7-1 中所展示的示例，如果我们选择单个分量，那么所有向量都将沿着第一个主分量转换为点。当然，会有一些信息需要我们逐个考虑。在以下各节中，我们将讨论如何评估此类损失并做出合理的决策。现在，我们将简要介绍如何以有效的方式提取主成分。

7.2.1 具有奇异值分解的 PCA

尽管我们将采用完整的 PCA 实现方法，但了解如何有效地执行此类过程将会很有帮助。当然，最明显的方法是基于样本协方差矩阵的计算，其特征分解（将输出特征值和相应的特征向量）最后可以构建变换矩阵。这种方法很简单，但不幸的是，它的效率很低。主要原因是我们需要计算样本协方差矩阵，这对于大型数据集来说可能是一项很耗时的任务。

奇异值分解提供了一种更为高效的方法，它是一个具有一些重要特征的线性代数过程：它可以直接在数据集上运行，可以在提取所需数量的分量时停止，并且有可以与小批量一起使用的增量版本，克服了内存不足的问题。考虑到数据集 $X \in \mathfrak{R}^{m \times n}$，SVD 可以表示为：

$$X = U\Lambda V^{\mathrm{T}} \ where \ U \in \mathbb{R}^{m \times m}, \Lambda = diag(n \times n), V \in \mathbb{R}^{n \times n}$$

U 是一个单位矩阵（即 $UU^{\mathrm{T}} = U^{\mathrm{T}}U = I$，因此 $U^{\mathrm{T}} = U^{-1}$），包含左侧奇异向量作为行（XX^{T} 的特征向量）；V（也是单一的）包含右侧奇异向量作为行（对应于 $X^{\mathrm{T}}X$ 的特征向量），而 Λ 是包含 $m\Sigma_s$ 奇异值的对角矩阵（它们是 XX^{T} 和 $X^{\mathrm{T}}X$ 的特征值的平方根）。特征值按降序排序，并且重新排列特征向量以匹配相应的位置。由于 $1/m$ 因子是乘法常数，它不会影响特征值的相对大小，因此，排列顺序保持不变。因此，我们可以直接使用 V 或 U，并从 Λ 中选择前 k 个特征值。特别地，我们可以观察到以下结果（因为变换矩阵 A 等于 V）：

$$Z = XA = U\Lambda V^{\mathrm{T}}A = U\Lambda V^{\mathrm{T}}V = U\Lambda$$

因此，通过使用截断版的 U_k（仅包含前 k 个特征向量）和 Λ_k（仅包含前 k 个特征值），我们可以直接获得低维变换数据集（具有 k 个分量），如下所示：

$$Z_k = U_k \Lambda_k$$

这种方法快速、有效，并且在数据集太大而无法放入内存时可以方便地进行缩放。尽管我们在本书中没有使用这样的场景，但关于 scikit-learn 的 TruncatedSVD 类（执行限于 k 个最大特征值的 SVD）和 IncrementalPCA 类（在小批量上执行 PCA）对我们是有帮助的。出于我们的目的，将使用标准 PCA 类和一些重要变体，这些变体要求整个数据集适应内存。

白化

SVD 的一个重要应用是白化过程，它强制均值为 null 的数据集 X（即 $E[X]=0$ 或以 0 为中心）具有一个单位协方差矩阵 C（真实且对称）。这种方法对提高许多监督算法的性能非常有用，这可以受益于所有分量共享的统一单一方差。

将分解应用于 C，我们得到以下结果：

$$C = E[X^{\mathrm{T}}X] = V\Lambda V^{\mathrm{T}} = I$$

矩阵 V 的列是 C 的特征向量，而 Λ 是包含特征值的对角矩阵（请记住，SVD 输出的奇异值是特征向量的平方根）。因此，我们需要找到一个线性变换，$z = Ax$，使 $E[Z^{\mathrm{T}}Z] = I$。在使用前面的分解时，这非常简单：

$$C_W = E[Z^{\mathrm{T}}Z] = E[AX^{\mathrm{T}}XA] = AE[X^{\mathrm{T}}X]A^{\mathrm{T}} = AV\Lambda V^{\mathrm{T}}A^{\mathrm{T}} = I$$

从前面的等式，我们可以得出变换矩阵 A 的表达式：

$$AA^{\mathrm{T}} = V\Lambda^{-1}V^{\mathrm{T}} = I \Rightarrow A = V\Lambda^{-\frac{1}{2}}$$

现在，我们将使用一个小的测试数据集展示白化的效果，如下所示：

```
import numpy as np

from sklearn.datasets import make_blobs

X, _ = make_blobs(n_samples=300, centers=1, cluster_std=2.5,
random_state=1000)

print(np.cov(X.T))
```

代码块的输出显示了数据集的协方差矩阵，如下所示：

```
[[6.37258226 0.40799363]
 [0.40799363 6.32083501]]
```

用于对通用数据集执行白化的函数 whiten()（归零是过程的一部分）显示在以下代码中（正确的参数会在白化后强制比例校正）：

```
import numpy as np

def zero_center(X):
    return X - np.mean(X, axis=0)

def whiten(X, correct=True):
    Xc = zero_center(X)
    _, L, V = np.linalg.svd(Xc)
    W = np.dot(V.T, np.diag(1.0 / L))
    return np.dot(Xc, W) * np.sqrt(X.shape[0]) if correct else 1.0
```

应用于数据集 X 的白化结果如图 7-2 所示。

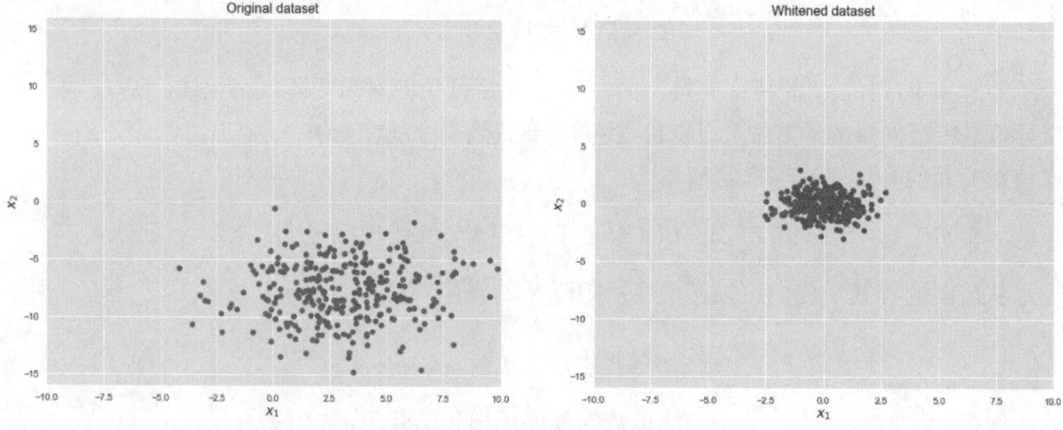

图 7-2　原始数据集（左）和白化后的数据集（右）

我们现在可以检查新的协方差矩阵，如下所示：

```
import numpy as np

Xw = whiten(X)
print(np.cov(Xw.T))
```

输出如下：

```
[[1.00334448e+00 1.78229783e-17]
 [1.78229783e-17 1.00334448e+00]]
```

可以看出，矩阵现在是一个恒等式（具有最小误差），并且数据集也具有空均值。

7.2.2 具有 MNIST 数据集的 PCA

现在让我们应用 PCA 来减少 MNIST 数据集的维数。我们将使用 scikit-learn 提供的压缩版本（1797 张，8 像素×8 像素图像），但我们的考虑不会受到此选择的影响。让我们从加载和规范化数据集开始：

```
from sklearn.datasets import load_digits

digits = load_digits()
X = digits['data'] / np.max(digits['data'])
```

通过理论讨论，我们知道协方差矩阵特征值的大小与相应主成分的相对重要性（也就是解释的差异，因此提供的信息内容）成正比。因此，如果它们按降序排列，则我们可以计算以下差异：

$$\lambda_2 - \lambda_1, \lambda_3 - \lambda_2, \cdots, \lambda_n - \lambda_{n-1}$$

当分量数 $k \to n$ 时重要性将降低，我们可以通过选择第一个最大差异来选择最佳 k，这表明以下所有分量的解释方差量显著下降。为了更好地理解这种机制，我们需要计算特征值及其差异（因为协方差矩阵 C 是半正定的，我们确定 $\lambda_i \geqslant 0 \forall\ i \in (1, n)$）：

```
import numpy as np

C = np.cov(X.T)
l, v = np.linalg.eig(C)
l = np.sort(l)[::-1]
d = l[:l.shape[0]-1] - l[1:]
```

展平图像（64 维数组）每个主成分的特征值差异如图 7-3 所示。

我们可以看出，主成分的差异非常大，并且对应于第四主成分（$\lambda_4 - \lambda_3$）达到最大值。然而，下一个差异仍然非常大，而对应于 λ_6 突然下降。此时，趋势几乎是稳定的（除了一些残余振荡），直到 λ_{11}。然后它开始非常迅速地减小，趋于零。由于我们仍然想要得到正方形图像，因此我们将选择 $k = 16$（相当于将每一边除以 4）。在别的任务中，你可以选择其他值，例如 $k = 15$，甚至 $k = 8$。但是，为了更好地理解降维所引起的误差，分析解释方差也是有帮助的。因此，让我们从执行 PCA 开始：

```
from sklearn.decomposition import PCA
```

```
pca = PCA(n_components=16, random_state=1000)
digits_pca = pca.fit_transform(X)
```

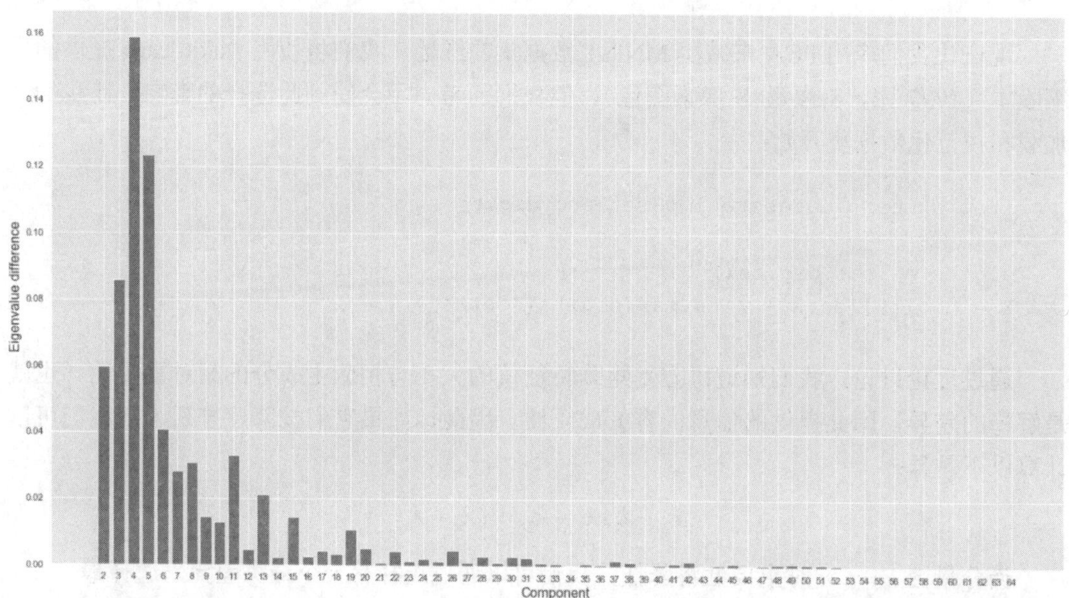

图 7-3 每个主成分的特征值差异

对模型进行拟合，并将所有样本投影到对应于前 16 个主成分的子空间之后，我们将获得数组 digits_pca。如果我们想要将原始图像与它们的重建进行比较，我们需要调用方法 inverse_transform()对原始空间进行投影。因此，如果 PCA 在这种情况下是变换 $f(x)$: $\mathcal{R}^{64} \rightarrow \mathcal{R}^{16}$，则逆变换是 $g(z)$:$\mathcal{R}^{16} \rightarrow \mathcal{R}^{64}$。前 10 个数字的原始样本与其重建之间的比较如图 7-4 所示。

图 7-4 原始样本（上）和重建（下）

重建显然是有损的，但数字仍然是可区分的。现在，让我们通过对数组 explained_variance_ratio 的所有值求和来检查总解释方差，该数组包含每个分量的解释方差的相对量（以便任

何 $k < n$ 个分量的总和始终小于 1)：

```
print(np.sum(pca.explained_variance_ratio_))
```

代码段的输出如下：

```
0.8493974642542452
```

因此，在维数减少到 16 个分量的情况下，我们解释了大约 85%的原始方差。这是一个合理的值，因为我们为每个样本丢弃了 48 个分量。

对应于每个主要成分的解释方差比如图 7-5 所示。

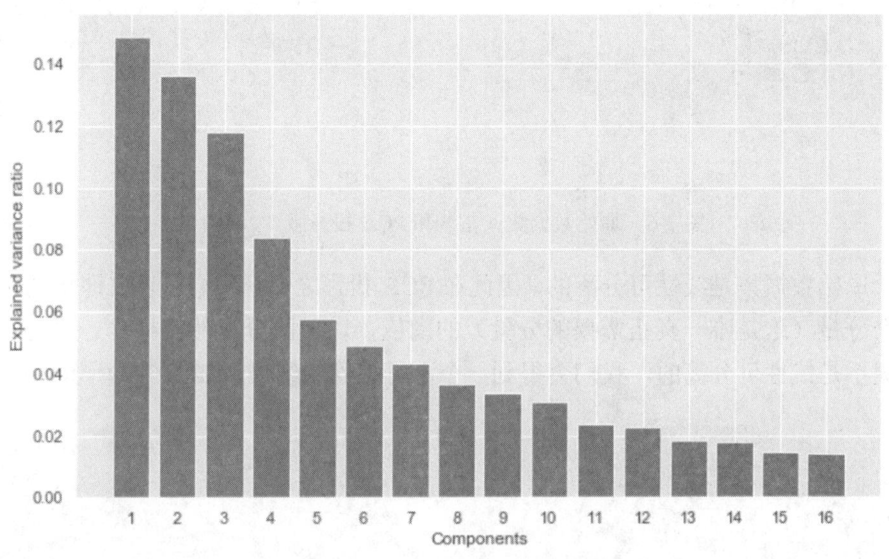

图 7-5　对应于每个主成分的解释方差比

正如预期的那样，解释方差比趋于减少。因为在这种情况下，第一主成分是主要的；例如对于一种颜色（例如黑色或白色）的线条，而其余的则是灰度。这种行为非常普遍，几乎在所有情况下都可以观察到。通过这个图表，我们还可以轻松找到额外的损失，并可以进一步减少这种损失。例如我们可以发现，对 3 个成分的严格限制将解释约 40%的原始方差，因此，剩余的 45%被拆分为其余 13 个成分。我建议你重复此示例，尝试找到区分所有数字所需的最小分量。

7.2.3　基于内核的主成分分析

有时，数据集不能进行线性分离，并且标准 PCA 无法提取正确的主成分。当我们面对非凸聚类的问题时，该过程与第 3 章中讨论的过程并无不同，在这种情况下，由于几何形状，一些算法无法成功执行分离。在这种情况下，我们的目标是根据主成分的结构区分不同的类（在纯粹的、无监督的场景中，我们考虑特定的分组）。因此，我们希望使用转换后的数据集 Z，并检测是否存在可区分的阈值，如图 7-6 所示。

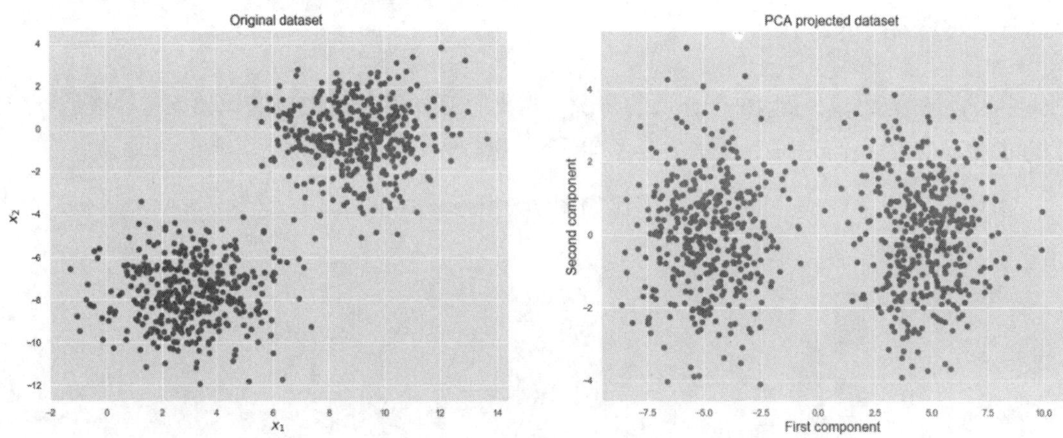

图 7-6　原始数据集（左）和 PCA 投影版本（右）

由于原始数据集是线性可分离的，因此在 PCA 投影之后，我们可以立即找到允许检测的第一个分量（这是唯一真正需要的分量）的阈值，以便区分这两块样本。但是，如果原始数据集不是线性可分离的，我们会得到一个不可接受的结果，如图 7-7 所示。

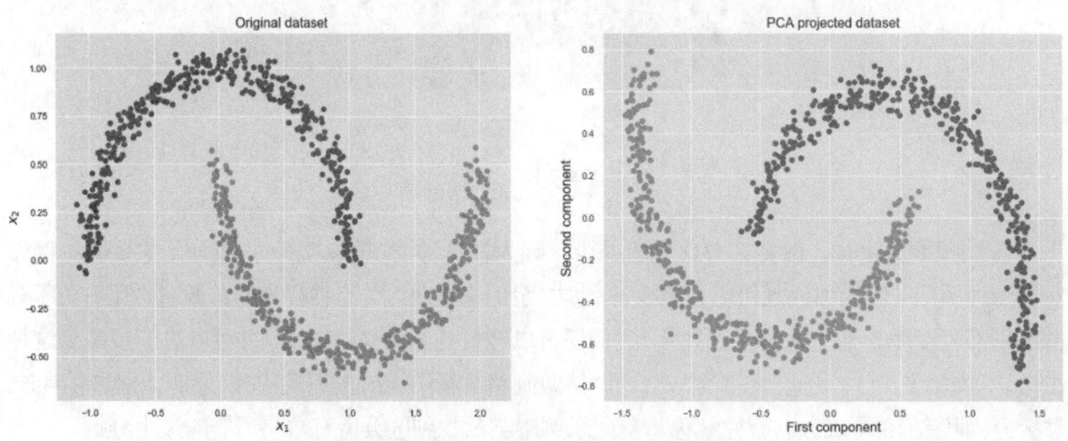

图 7-7　原始数据集（左）和 PCA 投影版本（右）

当几何体更复杂时，找到可区分的阈值是不可能的。但是，我们知道将数据投影到更高维空间可以使它们线性分离。特别地，如果 $x \in \mathcal{R}^n$，我们可以选择一个合适的函数 $f(x)$，

使得 $y = f(x) \in \mathcal{R}^p$，其中 $p \gg n$。不幸的是，将此转换应用于整个数据集可能非常昂贵。事实上，给定一个转换矩阵 A（有 n 个分量），单个分量 $a^{(t)}$在投影之后，可以写成如下公式（记住它们是协方差矩阵的特征向量）：

$$\bar{v}^{(t)} = \sum_i (m\bar{x}_i^{\mathrm{T}} \bullet \bar{x}_i)\bar{x}_i = \sum_i \beta_{it}\bar{x}_i \Rightarrow \bar{a}^{(t)} = \sum_i \alpha_{it} f(\bar{x}_i)$$

因此，单个向量的转换如下：

$$\bar{z}_j = \bar{v}^{(t)^{\mathrm{T}}}\bar{x}_i \Rightarrow \bar{w}_j = \left(\sum_i \alpha_{it} f(\bar{x}_i)\right)^{\mathrm{T}} f(\bar{x}_j)$$

我们可以看出，转换需要计算点积 $f(x_i)^{\mathrm{T}} f(x_i)$。在这些情况下，我们可以使用所谓的**内核技巧**（**Kernel Trick**），它表明存在称为内核的特定函数 $K(\bullet, \bullet)$，具有一个有趣的属性，如下所示：

$$K(\bar{x}_i, \bar{x}_j) = f(\bar{x}_i)^{\mathrm{T}} f(\bar{x}_j)$$

换句话说，我们可以通过简单地计算每对点的内核来计算高维空间中主成分的投影，而不是执行点积，这需要在计算 $f(\bullet)$之后进行 n 次乘法。

一些常见的内核如下所示。

- **径向基函数**或高斯内核：

$$K(\bar{x}_i, \bar{x}_j) = \mathrm{e}^{-\frac{\|\bar{x}_i - \bar{x}_j\|^2}{\sigma^2}} \quad or \quad \mathrm{e}^{-\gamma\|\bar{x}_i - \bar{x}_j\|^2}$$

- 次数为 p 的多项式内核：$K(\bar{x}_i, \bar{x}_j) = (a + b\bar{x}_i^{\mathrm{T}} \bullet \bar{x}_j)^p$
- sigmoid 内核：$K(\bar{x}_i, \bar{x}_j) = \dfrac{\mathrm{e}^2(a + b\bar{x}_i^{\mathrm{T}} \bullet \bar{x}_j) - 1}{\mathrm{e}^2(a + b\bar{x}_i^{\mathrm{T}} \bullet \bar{x}_j) + 1}$

对于非常大的数据集，该过程仍然相当昂贵（但是可以预先计算和存储内核值，以避免浪费额外的时间），但它比标准投影更有效。此外，它的优点是允许在可能进行线性分离的空间中提取主成分。现在，让我们将基于 RBF 内核的 PCA 应用于图 7-7 中显示的半月形数据集。参数 gamma 等于 $1/\sigma^2$。在这种特殊情况下，应用的主要问题是存在双重重叠。考虑到原始标准差约为 1.0（也就是 $\sigma^2 = 1$），我们至少需要 3 个标准差才能正确区分它们。因此，我们将设置 $\gamma = 10$：

```
from sklearn.datasets import make_moons
from sklearn.decomposition import KernelPCA

X, Y = make_moons(n_samples=800, noise=0.05, random_state=1000)
```

```
kpca = KernelPCA(n_components=2, kernel='rbf', gamma=10.0,random_state=1000)
X_pca = kpca.fit_transform(X)
```

原始数据集和投影版本如图 7-8 所示。

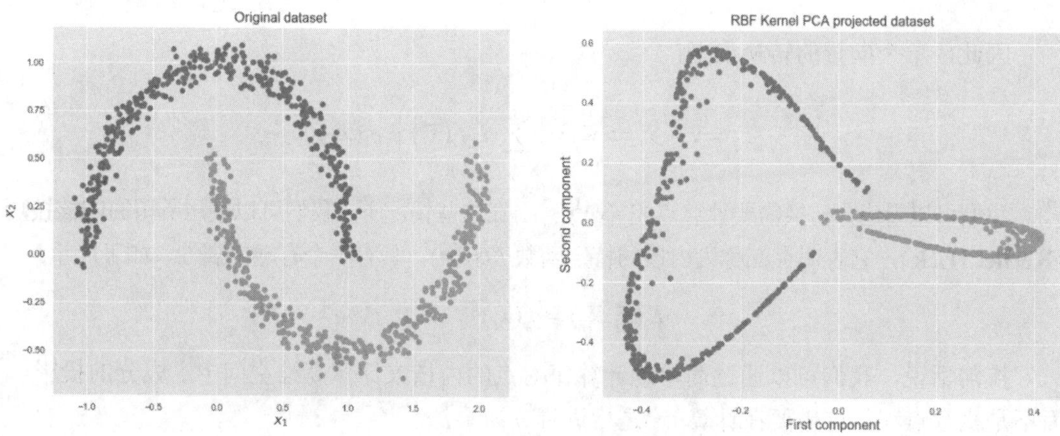

图 7-8 原始数据集（左）和 RBF 内核 PCA 投影版本（右）

我们可以看出，即使在这种情况下，第一个分量也足以做出决定（由于噪声、公差最小），将阈值设置为 0 并允许分离数据集。我建议读者测试其他内核的效果并应用它们，以便区分全是 0 和全是 1 的 MNIST 子集。

7.2.4 通过因子分析增加异方差噪声的强壮性

标准 PCA 的主要问题之一是这种模型在异方差噪声方面的内在弱点。如果你不熟悉这个术语，那么引入下面这两个定义会很有帮助。多变量去相关噪声项的特征在于对角协方差矩阵 C，它可具有两种不同的配置，如下所示。

- $C = diag(\sigma^2, \sigma^2, \cdots, \sigma^2)$：在这种情况下，噪声被定义为等方差的（所有分量具有相同的方差）。
- $C = diag(\sigma_1^2, \sigma_2^2, \cdots, \sigma_n^2)$，并且 $\sigma_1^2 \neq \sigma_2^2 \neq \cdots \neq \sigma_n^2$：在这种情况下，噪声被定义为异方差的（每个分量都有自己的方差）。

我们可以证明，当噪声是等方差时，PCA 可以轻松地对其进行管理，因为单个分量的解释方差以相同的方式受到噪声项的影响（也就是说，这相当于没有噪声）。相反，当噪声是异方差时，PCA 的性能下降，结果可能是绝对不可接受的。出于这个原因，RubinD.和

Thayer D.（在 *EM algorithms for ML factor analysis* 中）提出了一种替代降维方法，称为因子分析，可以解决这类问题。

假设我们有一个零中心数据集 X，包含 m 个样本 $x_i \in \Re^n$。我们的目标是找到一组潜在变量，$z_i \in \Re^p$（$p < n$）和矩阵 A（称为因子加载矩阵），以便可以重写每个样本，如下所示：

$$\overline{x}_i = A\overline{z}_i + \overline{n} \ where \ \overline{z}_i \sim N(0,1) \ and \ \overline{n} \sim N(0, C_n) \ with \ C_n = diag(\sigma_1^2, \sigma_2^2, \cdots, \sigma_n^2)$$

因此，我们现在假设样本 x_i 是一组高斯潜在变量加上一个额外的异方差噪声项的组合。由于潜在变量具有较低的维度，因此问题与标准 PCA 非常相似，主要区别在于现在我们考虑了异方差噪声（当然，n 也可以为 null 或同方差）。因此，当确定分量（即潜在变量）时，模型中包含了不同噪声方差的影响，最终产生了部分滤波（降噪）的效果。在上述提到的论文中，作者提出了一种优化算法，该算法不是非常复杂，但需要许多数学证明（因此，我们省略了证明过程）。该方法基于**期望最大化（Expectation Maximization，EM）**算法，该算法有助于找到最大化对数似然的参数集。在本书中，我们不讨论所有的数学细节（可以在原始论文中去查找），而是检查这种方法的属性，并将结果与标准 PCA 进行比较。

让我们首先加载 Olivetti 面部数据集，将其置 0，然后创建异方差噪声版本，如下所示：

```
import numpy as np

from sklearn.datasets import fetch_olivetti_faces

faces = fetch_olivetti_faces(shuffle=True, random_state=1000)
X = faces['data']
Xz = X - np.mean(X, axis=0)

C = np.diag(np.random.uniform(0.0, 0.1, size=Xz.shape[1]))
Xnz = Xz + np.random.multivariate_normal(np.zeros(shape=Xz.shape[1]), C,
size=Xz.shape[0])
```

一些原始图像和噪声图像如图 7-9 所示。

图 7-9 原始图像（上）和噪声图像（下）

现在，让我们评估以下方法的平均对数似然（通过方法 score()，可在 PCA 和 FactorAnalysis 类中获得）。

- 包含原始数据集和 128 个分量的 PCA。
- 包含噪声数据集和 128 个分量的 PCA。
- 包含噪声数据集和 128 个分量（潜在变量）的因子分析。

在下面的代码段中，3 个模型都被实例化以及训练：

```
from sklearn.decomposition import PCA, FactorAnalysis

pca = PCA(n_components=128, random_state=1000)
pca.fit(Xz)
print('PCA log-likelihood(Xz): {}'.format(pca.score(Xz)))

pcan = PCA(n_components=128, random_state=1000)
pcan.fit(Xnz)
print('PCA log-likelihood(Xnz): {}'.format(pcan.score(Xnz)))

fa = FactorAnalysis(n_components=128, random_state=1000)
fa.fit(Xnz)
print('Factor Analysis log-likelihood(Xnz):
{}'.format(fa.score(Xnz)))
```

代码段的输出如下：

```
PCA log-likelihood(Xz): 4657.3828125
PCA log-likelihood(Xnz): -2426.302304948351
Factor Analysis log-likelihood(Xnz): 1459.2912218162423
```

这些结果表明了在异方差噪声的情况下因子分析的有效性。PCA 实现的最大平均对数似然约为 4657，在存在噪声的情况下大约降至−2426。相反，因子分析实现了大约 1459 的平均对数似然，这远大于使用 PCA 获得的平均对数似然（即使噪声的影响尚未完全滤除）。因此，每当数据集包含（或数据科学家怀疑它包含）异方差噪声（例如样本是作为不同仪器捕获的源叠加而获得）时，我强烈建议将因子分析作为主要的降维方法。当然，如果要求其他条件（例如非线性、稀疏性等），则可以在做出最终决定之前评估本章中讨论的其他方法。

7.2.5 稀疏主成分分析与字典学习

标准 PCA 通常是一种密集的分解。也就是说，向量一旦被变换，就会成为所有具有非零系数分量的线性组合：

$$\bar{z}_i = V^{\mathrm{T}}\bar{x}_i = (\bar{v}_{11}\bar{x}_{i1} + \bar{v}_{21}\bar{x}_{i1} + \cdots + \bar{v}_{n1}\bar{x}_{in}) + \cdots = \alpha_1\bar{x}_i 1 + \cdots + \alpha_n\bar{x}_i n$$

在前面的表达式中，系数 α_i 几乎总是不为零的，因此所有分量都参与重建过程。出于降维的目的，这并不是问题，我们对每个分量的解释方差更感兴趣，以便限制它们。然而，有一些任务有助于分析更大的**构建原子**，前提是每个向量都可以表示为它们的稀疏组合。最经典的示例是文本语料库，其中字典包含的术语多于每个文档中涉及的术语。这些类型的模型通常被称为**字典学习**算法，因为原子集定义了一种字典，包含可用于创建新样本的所有单词。当原子的数量 k 大于样本的维数 n 时，字典被称为**“超完备”**（**Over-complete**），并且表示形式通常是稀疏的。相反，当 $k < n$ 时，字典被称为**“不完备”**（**Under-complete**），且向量需要更密集。

这种学习问题可以通过最小化函数，对解 L_1 范数施加惩罚来轻松解决。这种约束导致稀疏性的原因超出了本书的范围，但是感兴趣的读者可以在 *Mastering Machine Learning Algorithms* 中找到更多的论述。

字典学习（以及稀疏 PCA）的问题可以用以下式子表达：

$$\begin{cases} argmin_{U,V} \|X - UV\|^2 + \alpha\|V\|_1 \\ \|U_k\| = 1 \end{cases}$$

这是算法的一个特殊情况，其中分量 U_k 被强制具有单位长度（除非存在参数 normalize_components=False），并且系数 V 受到惩罚，以便增加其稀疏性（与系数 α 成比例）。

让我们考虑 MNIST 数据集，它使用 30 个分量（生成一个不完整的字典）和中高稀疏度级别（例如 $\alpha = 2.0$）执行稀疏 PCA。数组 ***X*** 应该包含规范化的样本，并在以下 PCA 示例中显示：

```
from sklearn.decomposition import SparsePCA

spca = SparsePCA(n_components=30, alpha=2.0, normalize_components=True,
random_state=1000)
spca.fit(X)
```

在训练过程结束时，数组 components_ 包含原子，如图 7-10 所示。

不难理解每个数字都可以用这些原子组成。然而，考虑到原子数，稀疏度不能非常大。例如让我们考虑一下数字 ***X***[0]的转换：

```
y = spca.transform(X[0].reshape(1, -1)).squeeze()
```

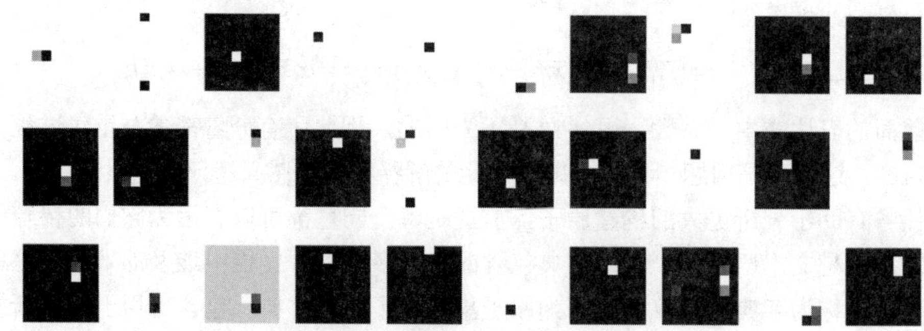

图 7-10　稀疏 PCA 算法提取的分量

系数的绝对值如图 7-11 所示。

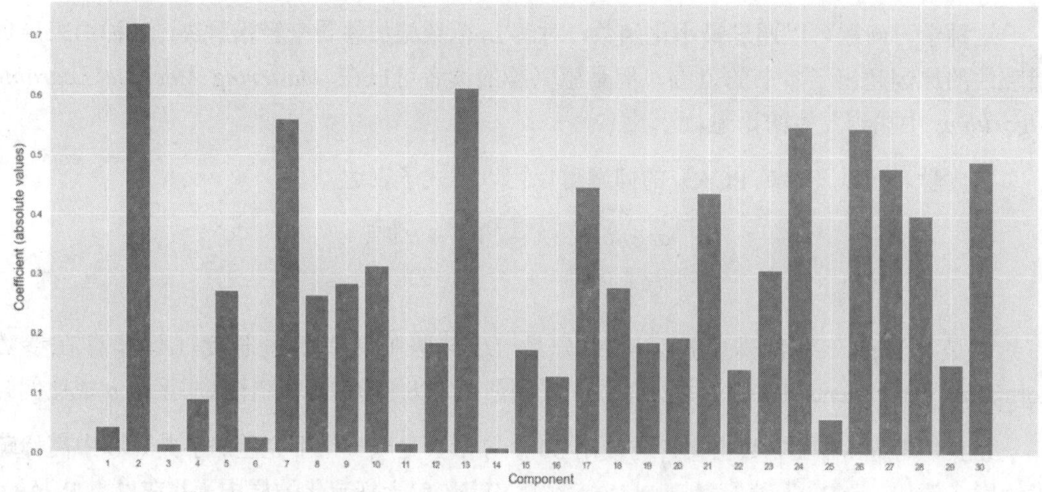

图 7-11　X[0]的稀疏转换的系数的绝对值

显然有一些主成分（例如 **2**、**7**、**13**、**17**、**21**、**24**、**26**、**27** 和 **30**），一些次成分（例如 **5**、**8** 等）和一些空值或可忽略的成分（例如 **1**、**3**、**6** 等）。如果稀疏度级别以相同的代码长度（30 个分量）增加，则对应空成分的系数将降至零，而如果代码长度也增加（例如 k = 100），字典将变得超完备，空系数的数量也会增加。

7.2.6　非负矩阵分解

当数据集 X 是非负数时，我们可以应用一种分解技术（例如在 *Learning the parts of objects by non-negative matrix factorization* 中），当任务的目标是提取对应于样本的结构部分的原子时，事实证明该技术更为可靠。例如在图像的情况下，它们应该是几何元素，甚至是更复杂的部分。**非负矩阵分解**强加的主要条件是涉及的所有矩阵必须是非负的并且 $X = UV$。因此，一旦定义了一个范数 N（例如 Frobenius 范数），简单的目标就变成如下：

$$min_{U,V} \|X - UV\|_N$$

由于在需要稀疏性时这通常是不可接受的（并且，为了在更改解以满足特定要求时具有更大的灵活性），因此，我们通常通过对 Frobenius（L_2 的矩阵扩展）和 L_1 范数（例如在 ElasticNet 中）添加惩罚来描述问题（例如在 scikit-learn 中）：

$$min_{U,V}\left[\|X - UV\|_N + \alpha\beta(\|U\|_1 + \|V\|_1) + \frac{1}{2}\alpha(1-\beta)(\|U\|_{Frob}^2 + \|V\|_{Frob}^2)\right]$$

双重正则化允许你通过避免类似于监督模型过度拟合的效果，来获得分量和样本之间的稀疏度和更好的匹配（由于解是次优的，它在适应从相同数据生成过程中抽取的新样本时也更灵活，因此这增加了通常可实现的可能性）。

现在，让我们考虑一下 MNIST 数据集，将其分解为 50 个原子，最初设置 $\alpha = 2.0$ 和 $\beta = 0.1$（在 scikit-learn 中称为 l1_ratio）。此配置将强制中等稀疏度和较强的 $L2$ / Frobenius 正则化。这个过程很简单，类似于稀疏的 PCA：

```
from sklearn.decomposition import NMF

nmf = NMF(n_components=50, alpha=2.0, l1_ratio=0.1, random_state=1000)
nmf.fit(X)
```

在训练过程结束时，分量（原子）如图 7-12 所示。

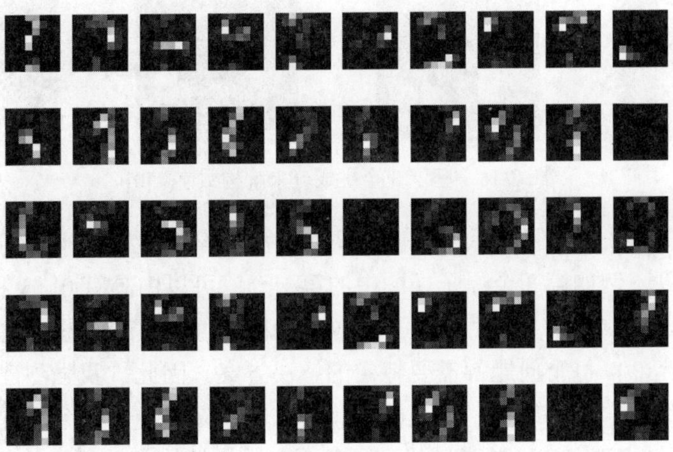

图 7-12 NNMF 算法提取的原子

与我们在标准字典学习中所观察到的相反，原子现在更加结构化，并且它们会再现数字的特定部分（例如垂直或水平的边、圆形、点等）。因此，我们可以期待更多的稀疏表示，因为更少的分量足以生成一个数字。考虑到 7.2.5 节（数字 $X[0]$）中的示例，所有分量的绝对系数如图 7-13 所示。

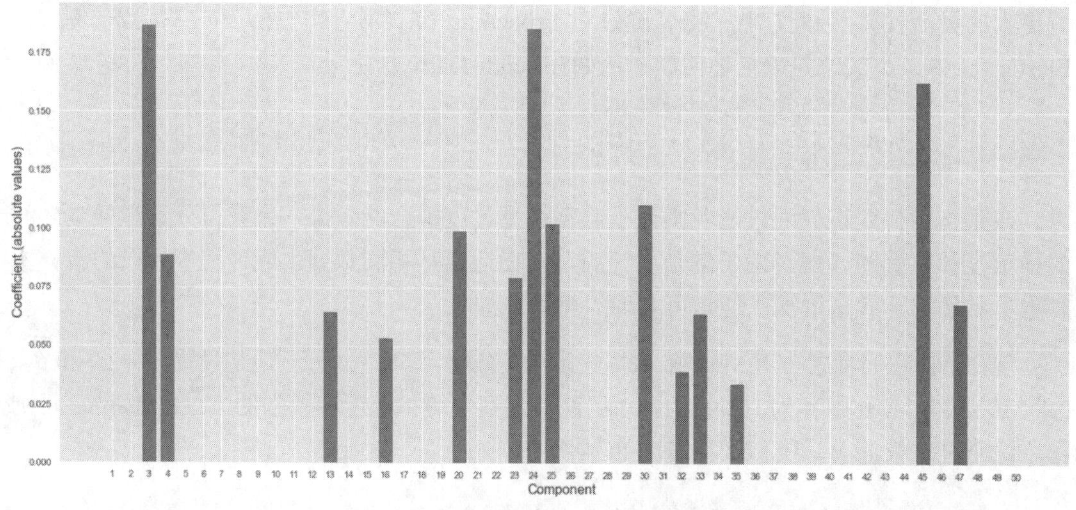

图 7-13　$X[0]$的 NNMF 的绝对系数

3 个主成分是（**3**、**24** 和 **45**）。因此，我们可以尝试将样本表达为它们的组合。系数分别为 0.19、0.18 和 0.16，如图 7-14 所示（数字 $X[0]$表示为零）。

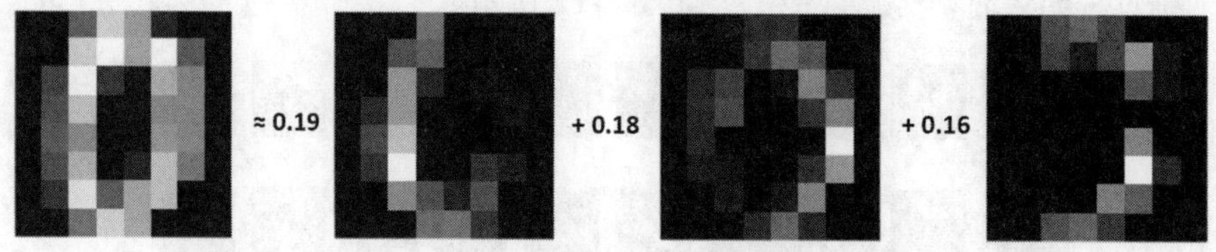

图 7-14　基于 3 个主成分来解构数字 $X[0]$

值得注意的是算法是如何选择原子的。即使这个过程受到参数 α 和 β 以及范数的影响，我们也可以观察到，例如第 3 个原子（图中的第一个）可以由具有 0、3 和 8 的数字共享；最后一个原子可以组成数字 0、9。当原子的粒度太粗糙时，具有较弱 L_1 惩罚的超完备字典可能是有用的。当然，每个问题都需要特定的解决方案。因此，我强烈建议与该领域专家一起检查原子的结构。作为练习，我建议你将 NNMF 应用于另一个小图像数据集（例如 Olivetti、Cifar-10 或 STL-10），并尝试找到隔离固定数量结构部件所需的正确参数（例如对面部而言，它们可以是眼睛、鼻子和嘴巴等）。

7.3 独立成分分析

使用标准 PCA（或其他技术，如因子分析）时，分量是不相关的，但不能保证它们在统计上是独立的。换句话说，假设我们有一个数据集 X，它是从联合概率分布 $p(X)$中得出的。如果有 n 个分量，我们不能总是确保以下等式成立：

$$p(x_1, x_2, \cdots, x_n) = p(x_1)p(x_2)\cdots p(x_n)$$

然而，有许多重要的任务基于一个称为**鸡尾酒会**（**Cocktail Party**）的常见模型。在这种情况下，我们可以假设（或者我们知道）许多不同的独立源（例如声音和音乐）重叠并生成单个信号。此时，我们的目标是尝试通过对每个样本应用线性变换来分离源。让我们考虑一个白化数据集 X（所有分量都具有相同的信息内容），我们可以假设从高斯分布 $N(0, I)$中采样（这不是一个限制条件，因为许多不同的源很容易重叠并收敛到正态分布）。因此，目标可以表示如下：

$$\bar{x}_i = A\bar{z}_i \ \forall \ \bar{x}_i \in X \text{ 且 } p(\bar{z};\theta) = \alpha \sum_k \mathrm{e}^{f_k(\bar{z})}$$

换句话说，我们将每个样本表示为许多独立因子的乘积，并具有基于指数函数的先验分布。必须绝对强制执行的唯一条件是非高斯性（否则，分量将变得无法区分）。因此，函数 $f_k(z)$不能是二次多项式。在实践中，我们还希望包括中等稀疏度，因此我们期望峰值和重尾分布（即概率仅在非常短的范围内高，然后突然下降到几乎为零）。这种情况可以通过检查标准化的第 4 次矩阵来验证，也称为**峰度**（**Kurtosis**）：

$$Kurtosis(X) = E\left[\left(\frac{x-\mu_x}{\sigma_x}\right)^4\right]$$

对于高斯分布，峰度为 3。由于这通常是参考值，所以 $Kurtosis(X) > 3$ 的所有分布都称为超高斯或 **leptokurtic**，而具有 $Kurtosis(X) < 3$ 的分布称为亚高斯或 **platykurtic**。前一类分布的一个例子是拉普拉斯（Laplace）的一种，如图 7-15 所示。

不幸的是，对异常值而言，由于其缺乏鲁棒性，所以我们不鼓励使用峰度（也就是说，因为它涉及 4 次幂，即使很小的值也可以被放大并且改变最终结果。例如尾部有异常值的噪声高斯可以显示为超高斯）。为此，Hyvarinen 和 Oja（在 *Independent Component Analysis: Algorithms and Applications* 中）提出了一种基于 **negentropy** 概念的**快速独立分量分析**（**Fast Independent Component Analysis**，**FastICA**）的算法。我们不打算在本书中描述整个模型。但是理解基本思想会有所帮助。可以证明，在具有相同方差的所有分布之间，高斯具有最大的熵。因此，如果已经从具有协方差 Σ 的分布中得出数据集 X（零中心），则可以将 X 的负熵定义为高斯 N（0，Σ）的熵与 X 熵之间的差：

$$H_N(X) = H(N(0,\Sigma)) - H(X)$$

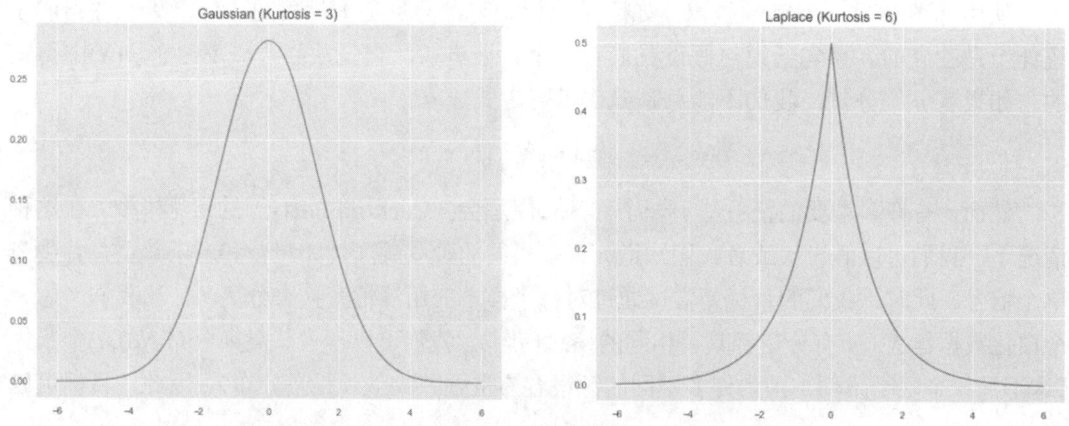

图 7-15　高斯分布（左）和拉普拉斯分布（右）的概率密度函数

因此，我们的目标是通过减少 $H(X)$来减少 $H_N(X)$（总是大于或等于零）。FastICA 算法基于特定函数组合的 $H_N(X)$近似值。最常见的称为 **logcosh**（也是 scikit-learn 中的默认值），如下所示：

$$f(x) = \frac{1}{a}\log(cosh(ax))$$

通过这种技巧，我们可以更容易地优化负熵，并且最终的分解肯定包含独立分量。现在，让我们将 FastICA 算法应用于 MNIST 数据集（为了提高精度，我们设置 max_iter=10000 和 tol=1e−5）：

```
from sklearn.decomposition import FastICA

ica = FastICA(n_components=50, max_iter=10000, tol=1e-5, random_state=1000)
ica.fit(X)
```

FastICA 算法提取的 50 个独立分量（始终通过 components_实例变量获得），如图 7-16 所示。

在这种情况下，分量可以立即识别为数字的一部分（我建议大家通过减少或增加分量的数量到最多 64 个，来重复该示例，这是考虑到数据集的维度的最大数量）。分量倾向于达到相应分布的平均位置。因此，使用较小的数字，我们就可以区分更多的结构化模式（可以被认为是不同的重叠信号），而使用大量分量会导致更多以特征为中心的元素。然而，与 NNMF 相反，FastICA 不保证提取样本的实际部分，而是提取更完整的区域。换句话说，虽然 NNMF 可以很容易地检测到例如某些单个边，但 FastICA 倾向于将样本视为不同信号的总和，在图像显示的情况下，除非分量的数量急剧增加，否则这些信号通常涉及样本的整个维度。为了更好地理解这个概念，让我们考虑一下 Olivetti 面部数据集，其中包含 400 个 64 像素×64 像素的灰度肖像：

```
from sklearn.datasets import fetch_olivetti_faces
faces = fetch_olivetti_faces(shuffle=True, random_state=1000)
```

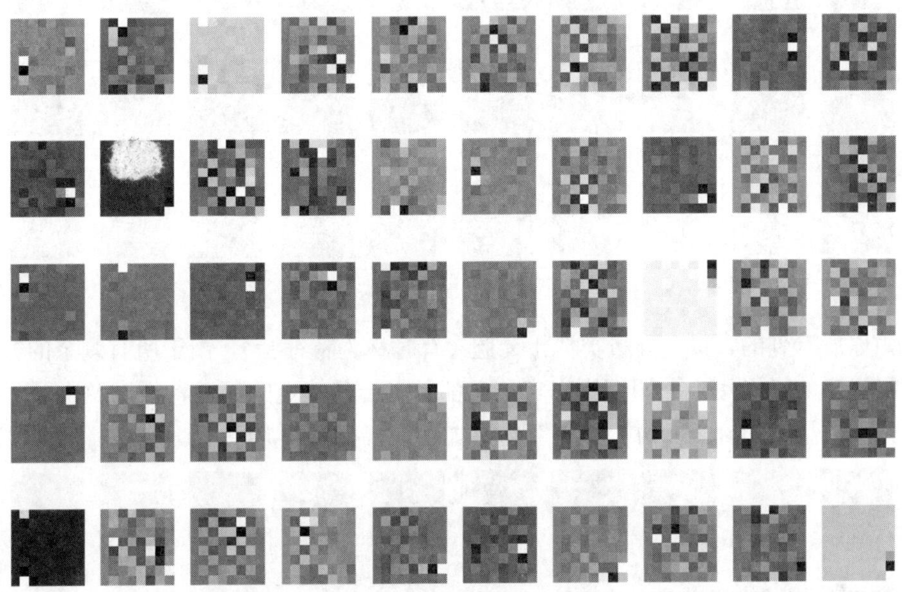

图 7-16 FastICA 算法提取的 50 个独立分量

前 10 个面部样本如图 7-17 所示。

图 7-17 从 Olivetti 面部数据集中提取的面部样本（前 10 个）

现在，让我们提取 100 个独立分量：

```
ica = FastICA(n_components=100, max_iter=10000, tol=1e-5,
random_state=1000)
ica.fit(faces['data'])
```

前 50 个独立分量，如图 7-18 所示。

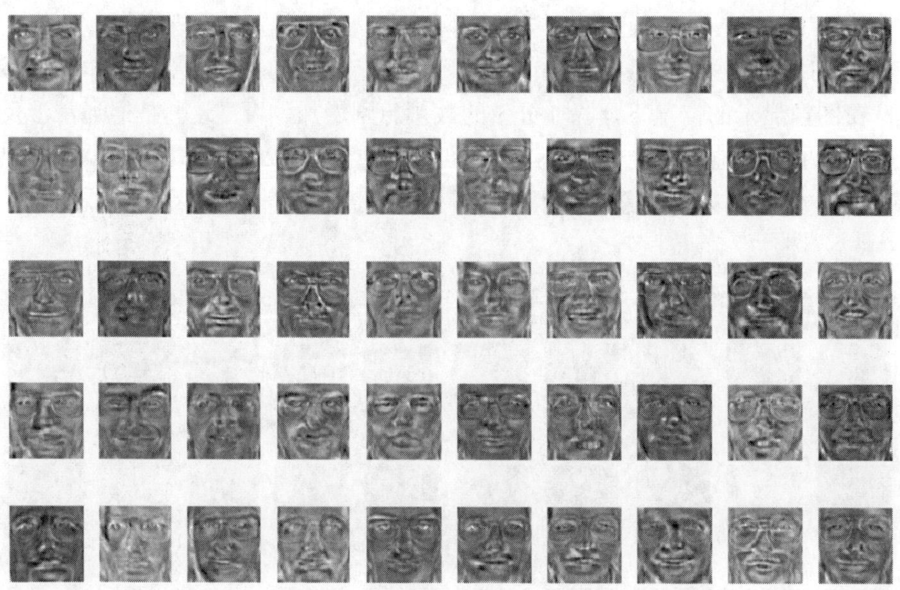

图 7-18　FastICA 提取的前 50 个（共 100 个）独立分量

正如你所看到的，每个分量类似于**元脸**（有时称为特征脸），由于所有剩余的分量（即使无法在精确的样本集中立即识别出它们）都具有一些特定的显性特征以及次要贡献，因此，当分量数量增加到 350 时，效果变得更加明显，如图 7-19 所示。

图 7-19　FastICA 提取的前 50 个（共 350 个）独立分量

在这种情况下，次要特征不那么占优势，因为分布重叠较多，并且它们中的每一个都以原子特征脸为中心。当然，如果没有完整的领域知识，就无法定义最佳分量数。例如在 Olivetti 面部数据集中，识别特定子元素（例如眼镜的位置）或更完整的面部表情可能是有帮助的。在前一种情况下，更多的分量产生更集中的解（即使它们在全局上不易区分），而在后一种情况下，较小的分量（例如在前面的示例中）产生更完整的结，从而可以评估不同的影响因素。就信号方面，分量的数量应该等于预期的重叠因子数（假设它们是独立的）。例如一个音频信号可以包含一个人在机场交谈的录音，以及宣布航班信息的背景声音。在这种情况下，场景可以由 3 个分量组成：两个声音和一个噪声。由于噪声将部分地分解为主成分，因此最终数量将等于 2。

7.4 具有潜在 Dirichlet 分配的主题建模

我们现在将考虑另一种在处理文档时非常有用的分解（即 NLP）。理论部分不是很容易理解，因为它需要深入了解概率论和统计学（可以在论文 *Latent Dirichlet Allocation* 中找到）。因此，我们只讨论主要元素，且没有任何数学参考（*Machine Learning Algorithms, Second Edition* 中也有更简洁的描述）。让我们考虑一组文档 d_j，也称为**语料库**（**Corpus**），其原子（或分量）是单词 w_i：

$$d_j = (w_{j1}, w_{j2}, \cdots, w_{jm}) \; and \; Corpus = (d_1, d_2, \cdots, d_p)$$

收集完所有单词后，我们可以构建一个字典：

$$Dictionary = \{w_1, w_2, \cdots, w_n\}$$

我们还可以表示以下不等式（$N(\bullet)$计算集的元素数）：

$$N(d_j) \ll N(Dictionary) \forall j \in Corpus$$

这意味着文档之间的单词分布是稀疏的，因为在单个文档中只使用了几个单词。而前者的选择是对称 Dirichlet 分布（模型以它命名），它非常稀疏（此外，它是分类分布的共轭先验，这是一阶多项式，因此很容易纳入模型）。概率密度函数（因为分布是对称的，参数 $\alpha_i = \alpha \; \forall i$）如下：

$$p(\bar{x}, \bar{\alpha}) = \frac{\Gamma(\sum_k \alpha_k)}{\prod_k \Gamma(\alpha_k)} \prod_k x_k^{\alpha_k - 1} = \frac{\Gamma(\alpha k)}{\Gamma(\alpha)^k} \prod_k x_k^{\alpha - 1} (for \; the \; symmetry)$$

现在，让我们考虑将文档的语义分组到主题 t_k，并假设每个主题都以少量特殊词表征：

$$t_k = (w_{k1}, w_{k2}, \cdots, w_{kt}) \; and \; Topics = (t_1, t_2, \cdots, t_k)$$

这意味着主题之间的单词分布也很稀疏。因此，我们有完整的联合概率（单词，主题）并且我们想要确定条件概率 $p(w_i|t_k)$和 $p(t_k|w_i)$。换句话说，给定一个文档，该文档是术语的集合（每个术语都有一个边际概率 $p(w_i)$），我们想要计算这样一个文档属于特定主题的概率。由于文档被温和地分配给所有主题（也就是说，它可以在不同程度上属于一个以上的主题），因此我们需要考虑一个稀疏的主题文档分布，从中得出主题混合（θ_i）：

$$\theta_i \sim Dir(\alpha)$$

以类似的方式，我们需要考虑主题词分布（因为一个单词可以由不同程度的更多主题共享），我们可以从中得出主题词混合样本 β_j：

$$\beta_j \sim Dir(\gamma)$$

潜在 Dirichlet **分配**（**Latent Dirichlet Allocation**，**LDA**）是一种生成模型（训练目标以简单的方式找到最佳参数 α 和 γ），能够从语料库中提取固定数量的主题并用一组话来表述它们。给定一个示例文档，它能够通过提供主题混合概率向量（$\theta_i = (p(t_1), p(t_2), \cdots, p(t_k))$）将其分配给一个主题。它还可以处理未知的文档（使用相同的字典）。

现在，让我们将 LDA 应用于 20 个新闻组数据集的子集，其中包含为 NLP 研究公开发布的数千条消息。特别地，我们想要对 rec.autos 和 comp.sys.mac.hardware 子组建模。我们可以使用 scikit-learn 内置的函数 fetch_20newsgroups()，要求删除所有不必要的标题、页脚和引用（附加答案的其他帖子）：

```
from sklearn.datasets import fetch_20newsgroups

news = fetch_20newsgroups(subset='all', categories=('rec.autos',
'comp.sys.mac.hardware'), remove=('headers', 'footers', 'quotes'),
random_state=1000)

corpus = news['data']
labels = news['target']
```

此时，我们需要对语料库进行向量化。换句话说，我们需要将每个文档转换为包含词汇表中每个单词的频率（计数）的稀疏向量：

$$d_j = \{w_1, w_2, \cdots, w_p\} \Rightarrow f(d_j) = \{n(w_1), n(w_2), \cdots, n(w_N)\}$$

我们将使用 CountVectorizer 类执行此步骤，要求去除方言并删除具有非常高的相对频率但不具有代表性的停用词（例如英语中的“和”“等等”）。此外，我们强制标记器排除所有非纯文本的标记（通过设置 token_pattern='[a-z]+'）。在其他情况下可能不同，但在这种情况下，我们不想依赖数字和符号：

```
from sklearn.feature_extraction.text import CountVectorizer

cv = CountVectorizer(strip_accents='unicode', stop_words='english',
analyzer='word', token_pattern='[a-z]+')
Xc = cv.fit_transform(corpus)

print(len(cv.vocabulary_))
```

代码段的输出如下：

```
14182
```

因此，每个文档都是 14182 维的稀疏向量（显然大多数值都为空）。我们现在可以通过 n_components=2 来执行 LDA，因为我们希望提取两个主题：

```
from sklearn.decomposition import LatentDirichletAllocation

lda = LatentDirichletAllocation(n_components=2, learning_method='online',
max_iter=100, random_state=1000)
Xl = lda.fit_transform(Xc)
```

在训练过程之后，components_实例变量包含每对（单词和主题）的相对频率（以计数为单位）。因此，在我们的例子中，它的形状是（2,14,182），为了定义主题 i，components_[i, j]元素（其中 $i \in (0, 1)$和 $j \in (0, 14, 181)$）可以解释成单词 j 的重要性。因此，我们有兴趣检查两个主题的前 10 个单词：

```
import numpy as np

Mwts_lda = np.argsort(lda.components_, axis=1)[::-1]

for t in range(2):
    print('\nTopic ' + str(t))
    for i in range(10):
        print(cv.get_feature_names()[Mwts_lda[t, i]])
```

输出如下：

```
Topic 0
compresion
progress
```

```
deliberate
dependency
preemptive
wv
nmsu
bpp
coexist
logically

Topic 1
argues
compromising
overtorque
moly
forbid
cautioned
sauber
explosion
eventual
agressive
```

我们很容易（考虑一些非常特殊的术语）理解 Topic 0 已经分配给了 comp.sys.mac.hardware，Topic 1 已分配给 rec.autos（不幸的是，这个过程不能基于自动检测，因为语义必须由人解释）。为了评估模型，我们考虑两个示例消息，如下所示：

```
print(corpus[100])
print(corpus[200])
```

输出（仅限于几行）如下：

```
I'm trying to find some information on accelerator boards for the SE. Has
anyone used any in the past, especially those from Extreme Systems, Novy or
MacProducts? I'm looking for a board that will support extended video,
especially Radius's two-page monitor. Has anyone used Connectix Virtual in
conjunction with their board? Any software snafus? Are there any stats
anywhere on the speed difference between a board with an FPU and one
without? Please send mail directly to me. Thanks.

...

The new Cruisers DO NOT have independent suspension in the front. They
still
```

```
run a straight axle, but with coils. The 4Runner is the one with
independent
front. The Cruisers have incredible wheel travel with this system.

The 91-up Cruiser does have full time 4WD, but the center diff locks in
low range. My brother has a 91 and is an incredibly sturdy vehicle which
has done all the 4+ trails in Moab without a tow. The 93 and later is even
better with the bigger engine and locking diffs.
```

因此，第一篇帖子显然是与图形有关的消息，而第二篇帖子则是一条新闻。让我们为它们计算主题混合，如下所示：

```
print(Xl[100])
print(Xl[200])
```

输出如下：

```
[0.98512538 0.01487462]
[0.01528335 0.98471665]
```

因此，第一条消息具有约 98%的概率属于 Topic 0，而第二条消息几乎不可能分配给 Topic 1。这确认分解工作正常。为了更好地了解整体分布，可视化属于每个类别的消息的混合将很有帮助，如图 7-20 所示。

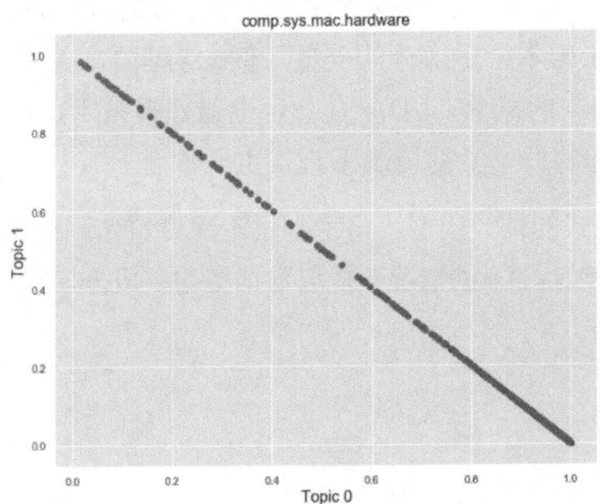

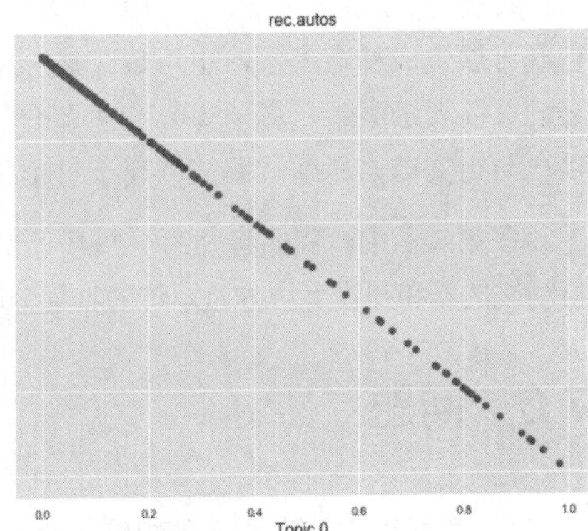

图 7-20 comp.sys.mac.hardware（左）和 rec.autos（右）的主题混合

如你所见，主题几乎是正交的。属于 rec.autos 的大多数消息的 $p(t_0) < 0.5$ 以及 $p(t_1) > 0.5$；而 comp.sys.mac.hardware 略有重叠，其中不具有 $p(t_0) > 0.5$ 和 $p(t_1) < 0.5$ 的消息略多。这可

能是由于存在可以使两个主题具有相同重要性的单词（例如 discussion 或 debate 的术语在两个新闻组中可能同样存在）。作为练习，我建议你使用更多子集，尝试证明主题的正交性，并检测可能导致错误分配的单词。

7.5 总结

在本章中，我们介绍了可用于降维和字典学习的不同技术。PCA 是一种非常著名的方法，它涉及查找分量，该分量是与方差较大的方向相关联的数据集最重要的分量。该方法具有对协方差矩阵进行对角化，并提供对每个特征重要性即时测量的双重效果，从而简化选择并使用最大化残差来解释方差（可用较少分量来解释的方差量）。由于 PCA 本质上是一种线性方法，因此通常不能与非线性数据集一起使用。出于这个原因，我们已经开发了基于内核的变体。在我们的示例中，你了解了基于 RBF 内核如何将非线性可分离数据集投影到子空间，PCA 可以在子空间中确定一个判别分量。

稀疏 PCA 和字典学习是广泛使用的技术，当我们需要提取可以混合的构建原子（以线性组合）以生成样本时，可以使用这些技术。在许多情况下，我们的目标是找到一个所谓的超完备的字典，这相当于说我们期望比实际需要更多的原子构建每个样本（这就是表示稀疏的原因）。PCA 可以提取不相关的分量，且很少找不到统计意义上独立的分量。出于这个原因，我们引入了 FastICA 的概念，该技术是为了从样本中提取重叠源而开发的，可以将其视为独立原因的总和（例如声音或视觉元素）。另一种具有特殊表征的方法是 NNMF，它既可以生成稀疏表示，也可以生成一组类似于样本特定部分的分量（例如对面部而言，它们可以表示眼睛、鼻子等）。7.4 节介绍了 LDA 的概念，LDA 是一种主题建模技术，可以在给定文档语料库（即文档属于每个特定主题的概率）的情况下查找主题混合。

在第 8 章中，我们将介绍一些基于无监督范式的神经模型。将特别讨论深度置信网络、自动编码器和在没有协方差矩阵的特征分解（不是 SVD）的情况下提取数据集的主成分模型。

7.6 问题

1．数据集 X 具有协方差矩阵 $C=diag(2,1)$。你对 PCA 有什么期望？

2．考虑到问题 1，如果 X 是以 0 为中心且球 $B_{0.5}(0, 0)$为空，我们可以假设 $x = 0$ 的阈值（第一主成分）允许水平判别吗？

3．PCA 提取的分量在统计上是独立的。正确吗？

4．$Kurt(X)$=5 的分布适用于 ICA。正确吗？

5．包含样本（1,2）和（0,−3）的数据集 X 的 NNMF 是多少？

6．10 个文档的语料库与 10 个术语的字典相关联。我们知道每个文档的固定长度是 30 个字。该字典是否超完备？

7．基于内核的 PCA 与二次内核一起使用。如果原始维度为 2，那么执行 PCA 的新空间维度是多少？

第 8 章 无监督神经网络模型

在本章中，我们将讨论一些可用于无监督任务的神经模型。选择神经网络（通常是深层网络）可以解决高维数据集的复杂性，这些数据集的某些特性需要复杂的处理单元（例如图像）。

本章将着重讨论以下主题。

- 自编码器。
- 去噪自编码器。
- 稀疏自编码器。
- 变分自编码器。
- PCA 神经网络。
- Sanger 网络。
- Rubner-Tavan 网络。
- 无监督的深度置信网络（**Deep Belief Networks**，**DBN**）。

8.1 技术要求

本章中的代码需求如下。

- Python 3.5+（强烈推荐 Anaconda 发行版）。
- 库。

- SciPy 0.19+。
- NumPy 1.10+。
- scikit-learn 0.20+。
- pandas 0.22+。
- Matplotlib 2.0+。
- seaborn 0.9+。
- TensorFlow 1.5+。
- 无监督的深度信念网络（Deep Belief Network，DBN）。

示例代码可在本书配套的代码包中找到。

8.2 自编码器

在第 7 章中，我们讨论了一些可以减少数据集维度的常用方法，并且这些方法具有独特的统计属性（例如协方差矩阵）。但当复杂度增加时，即使是**基于内核的主成分分析**也可能无法找到合适的低维表示。换句话说，信息的丢失可以克服一个阈值，该阈值确保有效地重建样本的可能性。而**自编码器**则是利用神经网络的极端非线性来找到给定数据集低维表示的模型。特别地，假设 X 是从数据生成过程 $p_{data}(x)$中提取的一组样本。为简单起见，我们将考虑 $x_i \in \mathcal{R}^n$，但对支撑的结构没有任何限制（例如对于 RGB 图像，$x_i \in \mathcal{R}^{n \times m \times 3}$）。自编码器的结构分为两个部分：编码器将高维输入转换为更短的代码，解码器执行逆操作，如图 8-1 所示。

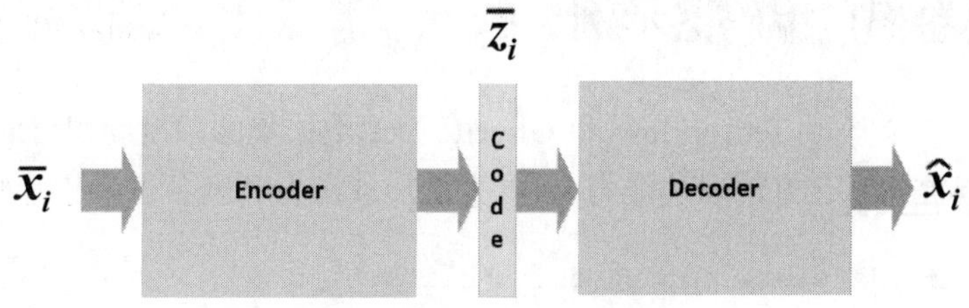

图 8-1 通用自编码器结构

如果代码是 p 维向量，则可以将编码器定义为参数化函数 $e(\bullet)$：

$$\bar{z}_i = e(\bar{x}_i, \bar{\theta}_e) where\ \bar{x}_i \in \mathbb{R}^n\ and\ \bar{z}_i \in \mathbb{R}^p$$

类似地，解码器是另一个参数化函数 $d(\bullet)$：

$$\hat{x}_i = d(\overline{z}_i, \overline{\theta}_d) \ where \ \hat{x}_i \in \mathbb{R}^n \ and \ \overline{z}_i \in \mathbb{R}^p$$

因此，完整自编码器是一个复合函数，给定输入样本 x_i，提供最佳重建作为输出：

$$\hat{x}_i = d(e(\overline{x}_i, \overline{\theta}_e), \overline{\theta}_d) = g(\overline{x}_i, \overline{\theta})$$

由于它们通常通过神经网络实现，因此使用反向传播算法（通常基于均方误差成本函数）训练自编码器：

$$C(X, \hat{X}, \overline{\theta}) = \frac{1}{m} \sum_i (\overline{x}_i - g(\overline{x}_i, \overline{\theta}))$$

或者，考虑到数据生成过程，我们可以考虑参数化条件分布 $q(\bullet)$重新表达目标：

$$q(\hat{x}_i \mid \overline{x}_i) = p(e(\overline{x}_i, \overline{\theta}_e), \overline{\theta}_d \mid \overline{x}_i)$$

因此，成本函数现在可以成为 $p_{data}(\bullet)$和 $q(\bullet)$之间的 Kullback-Leibler 散度：

$$D_{KL}(p_{data} \| q) = \sum_i p_{data}(\overline{x}_i) \log \frac{p_{data}(\overline{x}_i)}{q(\hat{x}_i \mid \overline{x}_i)} = -H(p_{data}) + H(p_{data}, q) = H(p_{data}, q) + k$$

由于 p_{data} 的熵是常数，因此我们可以通过优化过程将其排除。因此，散度的最小化等于 p_{data} 和 q 之间交叉熵的最小化。如果假定 p_{data} 和 q 为高斯，则 Kullback-Leibler 成本函数等效于均方误差，因此这两种方法是可互换的。在某些情况下，当数据在（0,1）范围内进行归一化时，我们可以对 p_{data} 和 q 使用伯努利分布。从形式上来说，这并不完全正确，因为伯努利分布是二元的，$x_i \in \{0, 1\}^d$。然而，sigmoid 输出单元的使用也保证了连续样本 $x_i \in \{0, 1\}^d$ 的成功优化。在这种情况下，成本函数变为：

$$H(p_{data}, q) = -\sum_i \hat{x}_i \log(\hat{x}_i) + (1 - \hat{x}_i) \log(1 - \hat{x}_i)$$

8.2.1　深度卷积自编码器示例

让我们实现一个基于 TensorFlow 和 Olivetti 面部数据集的深度卷积自编码器（该数据集相对较小，但提供了良好的表达能力）。首先从加载图像和准备训练集开始：

```
from sklearn.datasets import fetch_olivetti_faces

faces = fetch_olivetti_faces(shuffle=True, random_state=1000)
X_train = faces['images']
```

样本是 400 个 64 像素×64 像素的灰度图像，我们将调整大小为 32 像素×32 像素，以加快计算速度并避免内存问题（此操作会导致视觉精度略有下降，如果你有足够的计算资源则可以忽略此操作）。我们现在可以定义主要常量，nb_epochs、batch_size、code_length 和 graph：

```
import tensorflow as tf

nb_epochs = 600
batch_size = 50
code_length = 256
width = 32
height = 32

graph = tf.Graph()
```

因此，我们将模型迭代 600 代，样本大小为 50 个。由于每个图像是 64×64=4096，所以压缩比是 4096/256=16 倍。当然，这个选择不是一个硬性的规则，我建议你始终尝试不同的配置，以最大限度提高收敛速度和最终精度。在本实例中，我们对编码器进行以下建模。

- 具有 16（3×3）个滤波器、（2×2）步幅、ReLU 激活和相同填充的 2D 卷积。
- 具有 32（3×3）个滤波器、（1×1）步幅、ReLU 激活和相同填充的 2D 卷积。
- 具有 64（3×3）个滤波器、（1×1）步幅、ReLU 激活和相同填充的 2D 卷积。
- 具有 128（3×3）个滤波器、（1×1）步幅、ReLU 激活和相同填充的 2D 卷积。

解码器利用一系列转置卷积（也称反卷积）。

- 具有 128（3×3）个滤波器、（2×2）步幅、ReLU 激活和相同填充的 2D 转置卷积。
- 具有 64（3×3）个滤波器、（1×1）步幅、ReLU 激活和相同填充的 2D 转置卷积。
- 具有 32（3×3）个滤波器、（1×1）步幅、ReLU 激活和相同填充的 2D 转置卷积。
- 具有 1（3×3）个滤波器、（1×1）步幅、Sigmoid 激活和相同填充的 2D 转置卷积。

损失函数是基于重建和原始图像之间差异的 L_2 范数。优化器是 Adam，学习率 η=0.001。TensorFlow DAG 的编码器部分如下：

```
import tensorflow as tf

with graph.as_default():
    input_images_xl = tf.placeholder(tf.float32, shape=(None, X_train.
shape[1], X_train.shape[2], 1))
    input_images = tf.image.resize_images(input_images_xl, (width, height),
method=tf.image.ResizeMethod.BICUBIC)

    # Encoder
```

```
    conv_0 = tf.layers.conv2d(inputs=input_images,
                              filters=16,
                              kernel_size=(3, 3),
                              strides=(2, 2),
                              activation=tf.nn.relu,
                              padding='same')

    conv_1 = tf.layers.conv2d(inputs=conv_0,
                              filters=32,
                              kernel_size=(3, 3),
                              activation=tf.nn.relu,
                              padding='same')

    conv_2 = tf.layers.conv2d(inputs=conv_1,
                              filters=64,
                              kernel_size=(3, 3),
                              activation=tf.nn.relu,
                              padding='same')
    conv_3 = tf.layers.conv2d(inputs=conv_2,
                              filters=128,
                              kernel_size=(3, 3),
                              activation=tf.nn.relu,
                              padding='same')
```

DAG 的代码部分如下：

```
import tensorflow as tf

with graph.as_default():
    # Code layer
    code_input = tf.layers.flatten(inputs=conv_3)

    code_layer = tf.layers.dense(inputs=code_input,
                                 units=code_length,
                                 activation=tf.nn.sigmoid)

    code_mean = tf.reduce_mean(code_layer, axis=1)
```

DAG 的解码器部分如下：

```
import tensorflow as tf

with graph.as_default():
    # Decoder
    decoder_input = tf.reshape(code_layer, (-1, int(width / 2), int(height
/ 2), 1))
```

```
    convt_0 = tf.layers.conv2d_transpose(inputs=decoder_input,
                                         filters=128,
                                         kernel_size=(3, 3),
                                         strides=(2, 2),
                                         activation=tf.nn.relu,
                                         padding='same')

    convt_1 = tf.layers.conv2d_transpose(inputs=convt_0,
                                         filters=64,
                                         kernel_size=(3, 3),
                                         activation=tf.nn.relu,
                                         padding='same')

    convt_2 = tf.layers.conv2d_transpose(inputs=convt_1,
                                         filters=32,
                                         kernel_size=(3, 3),
                                         activation=tf.nn.relu,
                                         padding='same')

    convt_3 = tf.layers.conv2d_transpose(inputs=convt_2,
                                         filters=1,
                                         kernel_size=(3, 3),
                                         activation=tf.sigmoid,
                                         padding='same')
    output_images = tf.image.resize_images(convt_3, (X_train.shape[1], X_
train.shape[2]),
method=tf.image.ResizeMethod.BICUBIC)
```

在以下代码段中定义了损失函数和 Adam 优化器：

```
import tensorflow as tf

with graph.as_default():
    # Loss
    loss = tf.nn.l2_loss(convt_3 - input_images)

    # Training step
    training_step = tf.train.AdamOptimizer(0.001).minimize(loss)
```

一旦定义了完整的 DAG，我们就可以初始化会话和所有变量：

```
import tensorflow as tf

session = tf.InteractiveSession(graph=graph)
tf.global_variables_initializer().run()
```

一旦 TensorFlow 初始化后，我们就可以启动训练过程了，如下所示：

```
import numpy as np

for e in range(nb_epochs):
    np.random.shuffle(X_train)

    total_loss = 0.0
    code_means = []

    for i in range(0, X_train.shape[0] - batch_size, batch_size):
        X = np.expand_dims(X_train[i:i + batch_size, :, :], axis=3).astype
(np.float32)_, n_loss, c_mean = session.run([training_step, loss, code_mean],
                                          feed_dict={
                                              input_images_xl: X
                                          })
        total_loss += n_loss
        code_means.append(c_mean)

    print('Epoch {}) Average loss per sample: {} (Code mean: {})'.
          format(e + 1, total_loss / float(X_train.shape[0]), np.mean
(code_means)))
```

代码段的输出如下：

```
Epoch 1) Average loss per sample: 11.933397521972656 (Code mean:
0.5420681238174438)
Epoch 2) Average loss per sample: 10.294102325439454 (Code mean:
0.4132006764411926)
Epoch 3) Average loss per sample: 9.917563934326171 (Code mean:
0.38105469942092896)
...
Epoch 600) Average loss per sample: 0.4635812330245972 (Code mean:
0.42368677258491516)
```

在训练过程结束时，每个样本的平均损失约为 0.46（考虑 32 像素×32 像素的图像），并且代码的平均值为 0.42。该值表示编码相当密集，因为单个值应均匀分布在（0,1）中。因此，平均值为 0.5。在这种情况下，我们对这个数据不感兴趣，但我们也会在寻找稀疏度时比较结果。

深度卷积自编码器的样本输出如图 8-2 所示。

图 8-2 深度卷积自编码器的样本输出

样本图像增加到 64 像素×64 像素对重建质量有一定影响，但是通过降低压缩比和增加代码长度，我们可以获得更好的结果。

8.2.2 去噪自编码器

自编码器的一个非常有用的应用与它们找到低维表示的能力并不严格相关，而是依赖于从输入到输出的转换过程。特别地，我们假设一个以 0 为中心的数据集 X 和一个噪声版本，其样本具有以下结构：

$$\bar{x}_i^n = \bar{x}_i + \bar{n}(i)，其中\ \bar{n}(i) \sim N(0, \Sigma)$$

在这种情况下，自编码器的目标是去除噪声项并恢复原始样本 x_i。从数学的角度来看，标准自编码器和**去噪自编码器**之间没有特别的区别，但重要的是要考虑这些模型的容量需求。由于它们必须恢复原始样本，所以在输入被破坏（其特征占据更大的样本空间）的情况下，层的数量和维度可能大于标准自编码器。当然，考虑到复杂性，没有一些测试就不可能有清晰的洞察力。因此，我强烈建议从较小的模型开始并增加容量，直到最佳成本函数达到合适的值。为了增加噪声，这是一些可能的策略。

- 损坏每个批次中包含的样本（贯穿整个周期）。
- 使用噪声层作为编码器的输入 1。
- 使用丢失层作为编码器的输入 1（例如使用椒盐噪声）。在这种情况下，我们可以固定丢失的概率，或者可以在预定间隔（例如（0.1,0.5））中随机采样。

如果假设噪声是高斯噪声（这是最常见的选择），则可能产生同方差和异方差噪声。在第一种情况下，方差对于所有分量保持恒定，即 $n(i) \sim N(0, \sigma^2 I)$，而在后一种情况下，每个分量都有其自己的方差。在没有限制的时候，我们总是优选采用异方差噪声，以增加系统的整体鲁棒性。

向深度卷积自编码器中添加噪声

在此示例中，我们将修改以前开发的深度卷积自编码器，以便管理噪声输入样本。DAG几乎相同，不同之处在于我们需要同时输入噪声图像和原始图像：

```
import tensorflow as tf

with graph.as_default():
    input_images_xl = tf.placeholder(tf.float32,
                                     shape=(None, X_train.shape[1],
X_train.shape[2], 1))
    input_noisy_images_xl = tf.placeholder(tf.float32,
                                           shape=(None, X_train.shape[1],
X_train.shape[2], 1))
    input_images = tf.image.resize_images(input_images_xl, (width, height),
method=tf.image.ResizeMethod.BICUBIC)
    input_noisy_images = tf.image.resize_images(input_noisy_images_xl,
(width, height),
method=tf.image.ResizeMethod.BICUBIC)

    # Encoder
    conv_0 = tf.layers.conv2d(inputs=input_noisy_images,
                              filters=16,
                              kernel_size=(3, 3),
                              strides=(2, 2),
                              activation=tf.nn.relu,
                              padding='same')
...
```

当然，损失函数是通过考虑原始图像来计算的：

```
...

# Loss
loss = tf.nn.l2_loss(convt_3 - input_images)

# Training step
training_step = tf.train.AdamOptimizer(0.001).minimize(loss)
```

在变量的标准初始化之后，我们可以考虑增加噪声 $n_i \sim N(0, 0.45)$（即 $\sigma \approx 0.2$）来开始训练过程：

```
import numpy as np

for e in range(nb_epochs):
    np.random.shuffle(X_train)

    total_loss = 0.0
    code_means = []

    for i in range(0, X_train.shape[0] - batch_size, batch_size):
        X = np.expand_dims(X_train[i:i + batch_size, :, :],
axis=3).astype(np.float32)
        Xn = np.clip(X + np.random.normal(0.0, 0.2, size=(batch_size,
X_train.shape[1], X_train.shape[2], 1)), 0.0, 1.0)

        _, n_loss, c_mean = session.run([training_step, loss, code_mean],
                                        feed_dict={
                                            input_images_xl: X,
                                            input_noisy_images_xl: Xn
                                        })
        total_loss += n_loss
        code_means.append(c_mean)

    print('Epoch {}) Average loss per sample: {} (Code mean: {})'.
format(e + 1, total_loss / float(X_train.shape[0]), np.mean(code_means)))
```

一旦模型经过训练，就可以用一些有噪声的样本进行测试，去噪结果如图 8-3 所示。

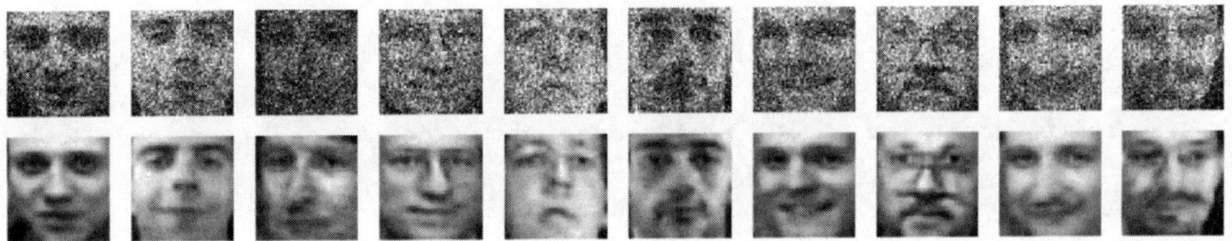

图 8-3 噪声图像（上）和去噪图像（下）

如你所见，即使输入图像已经完全损坏，但自编码器已成功学习如何去噪。我建议你使用其他数据集测试模型，寻找允许合理且较好重建的最大噪声方差。

8.2.3 稀疏自编码器

标准自编码器生成的代码通常很密集。但是，正如在本书第 7 章中所讨论的那样，有时候，我们最好使用超完备的字典和稀疏编码。实现此目标的主要策略是在成本函数中简单地添加 L_1 惩罚（在代码层上）：

$$C_s(X,\hat{X},\bar{\theta})=C(X,\hat{X},\bar{\theta})+\alpha\sum_i\|\bar{z}_i\|_1$$

α 常数决定将达到的稀疏程度。当然，由于 C_s 的最佳值与原始值不一致，为了达到相同的精度，通常需要更多的代和更长的代码层。由 Andrew Ng 提出的另一种方法（在 *Sparse Autoencoder* 一文中）是基于稍微不同的途径。代码层被认为是一组独立的伯努利随机变量。因此，给定另一组具有小均值的伯努利变量，例如 $p_r \sim B(0.05)$，我们可以尝试找到最佳代码，该代码也最大限度地减少了 z_i 和此类参考分布之间的 Kullback-Leibler 散度：

$$Ls_i=\sum_j D_{KL}(\bar{z}_i^j\parallel p_r)=\sum_j p_r\log\frac{p_r}{\bar{z}_i^j}+(1-p_r)\log\frac{1-p_r}{1-\bar{z}_i^j}$$

因此，新的成本函数为：

$$C_s(X,\hat{X},\bar{\theta})=C(X,\hat{X},\bar{\theta})+\alpha\sum_i Ls_i$$

最终效果与使用 L_1 惩罚所获得的效果没有太大差别。实际上，在这两种情况下，模型都被迫学习次优表示，同时也试图最小化一个目标，如果单独考虑，将导致输出代码始终变为空。因此，全成本函数将达到最小值，以保证模型的重建能力和稀疏度（必须始终与代码长度平衡）。所以一般来说，代码越长，模型可以实现的稀疏度越大。

向深度卷积自编码器中添加稀疏约束

在此示例中，我们希望通过使用 L_1 惩罚来增加代码的稀疏度。DAG 和训练过程与主要示例完全相同，唯一的区别是损失函数，现在变为：

```
...
sparsity_constraint = 0.01 * tf.reduce_sum(tf.norm(code_layer, ord=1,
axis=1))
loss = tf.nn.l2_loss(convt_3 - input_images) + sparsity_constraint
...
```

我们增加了稀疏约束，$\alpha = 0.01$。因此，我们可以通过检查平均代码长度来重新训练模型。该过程的输出如下：

```
Epoch 1) Average loss per sample: 12.785746307373048 (Code mean:
0.30300647020339966)
Epoch 2) Average loss per sample: 10.576686706542969 (Code mean:
0.16661183536052704)
Epoch 3) Average loss per sample: 10.204148864746093 (Code mean:
0.15442773699760437)
...
```

```
Epoch 600) Average loss per sample: 0.8058895015716553 (Code mean:
0.028538944199681282)
```

正如你所看到的，代码现在变得非常稀疏，最终平均值约为 0.03。这条信息表明大多数代码值接近于 0，并且在解码图像时只能考虑其中的几个值。作为练习，我建议你分析一组选定的图像的代码，尝试根据其激活或停用来理解其值的语义。

8.2.4 变分自编码器

让我们考虑一个从数据生成过程 p_{data} 中提取的数据集 X。变分自编码器是一种生成模型（基于标准自编码器的主要概念），由 Kingma 和 Welling 提出（在 *Auto-Encoding Variational Bayes* 中），旨在重现数据生成过程。为了实现这一目标，我们需要从基于一组潜在变量 z 和一组可学习参数 θ 的通用模型开始。给定样本 $x_i \in X$，模型的概率为 $p(x,z;\theta)$。训练过程的目标是找到似然 $p(x;\theta)$最大化的最优参数，这可以通过边缘化整个联合概率来得到：

$$p(\bar{x};\bar{\theta}) = \int p(\bar{x},\bar{z};\bar{\theta})\mathrm{d}z = \int p(\bar{x}\,|\,\bar{z};\bar{\theta})p(\bar{z};\bar{\theta})\mathrm{d}z$$

前面的表达式很简单，但不幸的是，它很难以封闭的形式处理。主要原因是我们没有关于先验 $p(z;\theta)$的有效信息。此外，即使假设 $z \sim N(0,\Sigma)$（例如 $N(0,I)$），找到有效样本的概率也非常小。换句话说，给定一个值 z，我们不太可能生成实际属于 p_{data} 的样本。为了解决这个问题，一种变分方法被提出，我们将简要介绍一下（前面提到的论文中有完整的解释）。先假设标准自编码器的结构，然后我们通过将编码器建模为 $q(z|x;\theta_q)$来引入代理参数化分布。在这一点上，我们可以计算 $q(\bullet)$和实际条件概率 $p(z|x;\theta)$之间的 Kullback-Leibler 散度：

$$\begin{aligned}
D_{KL}(q\,\|\,p) &= \sum_z q(\bar{z}\,|\,\bar{x};\bar{\theta})\log\frac{q(\bar{z}\,|\,\bar{x};\bar{\theta}_q)}{p(\bar{z}\,|\,\bar{x};\bar{\theta})} = E_z[\log q(\bar{z}\,|\,\bar{x};\bar{\theta}_q)] - E_z[\log p(\bar{z}\,|\,\bar{x};\bar{\theta})] \\
&= E_z[\log q(\bar{z}\,|\,\bar{x};\bar{\theta}_q)] - E_z[\log p(\bar{x}\,|\,\bar{z};\bar{\theta}) - \log p(\bar{z};\bar{\theta}) + \log p(\bar{x};\bar{\theta})]
\end{aligned}$$

当期望值运算符在 z 上工作时，我们可以提取最后一项并将其移动到表达式的左侧，从而变为：

$$\begin{aligned}
\log p(\bar{x};\bar{\theta}) - D_{KL}(q\,\|\,p) &= E_z[\log q(\bar{z}\,|\,\bar{x};\bar{\theta}) - \log p(\bar{x}\,|\,\bar{z};\bar{\theta}) - \log p(\bar{z};\bar{\theta})] \\
&= E_z[\log p(\bar{x}\,|\,\bar{z};\bar{\theta}) - D_{KL}(q\,\|\,p(\bar{z};\bar{\theta}))]
\end{aligned}$$

经过另一个简单的操作后，前面的等式变为：

$$\begin{aligned}
\log p(\bar{x};\bar{\theta}) &= E_z[\log p(\bar{x}\,|\,\bar{z};\bar{\theta}) - D_{KL}(q\,\|\,p(\bar{z};\bar{\theta})) + D_{KL}(q\,\|\,p)] \\
&= ELBO_{\bar{\theta}} + D_{KL}(q\,\|\,p)
\end{aligned}$$

左侧是模型下样本的对数似然，而右侧是非负项（KL 散度）和另一项称为**证据下界**（**Evidence Lower Bound，ELBO**）的总和：

$$ELBO_{\bar{\theta}} = -D_{KL}(q \parallel p(\bar{z};\bar{\theta})) + E_z[\log p(\bar{x},\bar{z};\bar{\theta})]$$

正如我们将讨论的那样，使用 ELBO 比处理公式的剩余部分更容易，并且由于 KL 散度不会产生负面影响，因此如果我们最大化 ELBO，我们也最大化对数似然。

我们先前定义了 $p(z;\theta) = N(0, I)$。因此，我们可以将 $q(z|x;\theta)$建模为多元高斯模型，其中两个参数集（均值向量和协方差矩阵）由分裂概率编码器表示。特别是给定样本 x，编码器现在必须同时输出均值向量 $\mu(z|x;\theta_q)$和协方差矩阵 $\Sigma(z|x;\theta_q)$。为简单起见，我们可以假设矩阵是对角线矩阵，因此两个分量具有完全相同的结构。得到的分布是 $q(z|x;\theta_q) = N(\mu(z|x;\theta_q), \Sigma(z|x;\theta_q))$。因此，ELBO 的第一项是两个高斯分布之间的负 KL 散度：

$$D_{KL}(N(\mu(\bar{z}\,|\,\bar{x};\bar{\theta}_q), \Sigma(\bar{z}\,|\,\bar{x};\bar{\theta}_q)) \| N(0,I) =$$
$$\frac{1}{2}(tr(\Sigma(\bar{z}\,|\,\bar{x};\bar{\theta}_q) + \mu(\bar{z}\,|\,\bar{x};\bar{\theta}_q)^{\mathrm{T}}\mu(\bar{z}\,|\,\bar{x};\bar{\theta}_q) - \log|\Sigma(\bar{z}\,|\,\bar{x};\bar{\theta}_q)| - p)$$

在前面的公式中，p 是代码长度，因此它是均值向量和对角协方差向量的维数。右侧的表达式很容易计算，因为Σ是对角的（即该矩阵的迹是元素的总和，行列式是乘积）。然而，当采用**随机梯度下降**（**Stochastic Gradient Descent，SGD**）算法时，该公式的最大化虽然是正确的，但不是可微的运算。为了克服这个问题，建议大家重新分配分布。

当一个批次出现时，我们对正态分布进行采样，获得 $\alpha \sim N(0, I)$。使用此值和概率编码器的输出可以构建所需的样本：$\mu(z|x;\theta_q) + \alpha \cdot \Sigma(z|x;\theta_q)^2$。该表达式是可微分的，因为$\alpha$在每批次中是恒定的（当然，$\mu(z|x;\theta_q)$和 $\Sigma(z|x;\theta_q)$通过神经网络进行参数化，它们是可微分的）。

ELBO 右侧的第二项是 $\log p(x|z;\theta)$的期望值。显而易见，这样的表达式与原始分布和重构之间的交叉熵相对应：

$$E_z[\log p(\bar{x}\,|\,\bar{z};\bar{\theta}_q)] = \sum_z p(\bar{z}\,|\,\bar{x};\bar{\theta}_q)\log p(\bar{x}\,|\,\bar{z};\bar{\theta}) = -H(p(\bar{z}\,|\,\bar{x};\bar{\theta}), p(\bar{x}\,|\,\bar{z};\bar{\theta}))$$

这是标准自编码器的成本函数，我们将在假设使用伯努利分布时将其最小化。那么，公式如下：

$$H = -\sum_i p(\bar{x}\,|\,\bar{z};\bar{\theta})\log(p(\bar{x}\,|\,\bar{z};\bar{\theta})) + (1 - p(\bar{x}\,|\,\bar{z};\bar{\theta})\log(1 - p(\bar{x}\,|\,\bar{z};\bar{\theta}))$$

深度卷积变分自编码器示例

在这个例子中，我们希望构建并训练一个基于 Olivetti 面部数据集的深度卷积变分自编码器。该结构与我们第一个示例中使用的结构非常相似。编码器具有以下层。

- 具有 16（3×3）个滤波器、（2×2）步幅、ReLU 激活和相同填充的 2D 卷积。
- 具有 32（3×3）个滤波器、（1×1）步幅、ReLU 激活和相同填充的 2D 卷积。
- 具有 64（3×3）个滤波器、（1×1）步幅、ReLU 激活和相同填充的 2D 卷积。
- 具有 128（3×3）个滤波器、（1×1）步幅、ReLU 激活和相同填充的 2D 卷积。

解码器具有以下转置卷积。

- 具有 128（3×3）个滤波器、（2×2）步幅、ReLU 激活和相同填充的 2D 转置卷积。
- 具有 128（3×3）个滤波器、（2×2）步幅、ReLU 激活和相同填充的 2D 转置卷积。
- 具有 32（3×3）个滤波器、（1×1）步幅、ReLU 激活和相同填充的 2D 转置卷积。
- 具有 1（3×3）个滤波器、（1×1）步幅、Sigmoid 激活和相同填充的 2D 转置卷积。

噪声的产生完全由 TensorFlow 管理，这是基于理论部分所解释的技巧。DAG 的第一部分（包含图形定义和编码器）显示在以下代码段中：

```
import tensorflow as tf

nb_epochs = 800
batch_size = 100
code_length = 512
width = 32
height = 32

graph = tf.Graph()

with graph.as_default():
    input_images_xl = tf.placeholder(tf.float32,
                                     shape=(batch_size, X_train.shape[1],
X_train.shape[2], 1))
    input_images = tf.image.resize_images(input_images_xl, (width, height),
method=tf.image.ResizeMethod.BICUBIC)

    # Encoder
    conv_0 = tf.layers.conv2d(inputs=input_images,
                              filters=16,
                              kernel_size=(3, 3),
                              strides=(2, 2),
                              activation=tf.nn.relu,
```

```
                                     padding='same')

    conv_1 = tf.layers.conv2d(inputs=conv_0,
                              filters=32,
                              kernel_size=(3, 3),
                              activation=tf.nn.relu,
                              padding='same')
    conv_2 = tf.layers.conv2d(inputs=conv_1,
                              filters=64,
                              kernel_size=(3, 3),
                              activation=tf.nn.relu,
                              padding='same')

    conv_3 = tf.layers.conv2d(inputs=conv_2,
                              filters=128,
                              kernel_size=(3, 3),
                              activation=tf.nn.relu,
                              padding='same')
```

DAG 中定义代码层的部分如下：

```
import tensorflow as tf

with graph.as_default():
    # Code layer
    code_input = tf.layers.flatten(inputs=conv_3)

    code_mean = tf.layers.dense(inputs=code_input,
                                units=width * height)

    code_log_variance = tf.layers.dense(inputs=code_input,units=width * height)

    code_std = tf.sqrt(tf.exp(code_log_variance))
```

DAG 的解码器部分如下：

```
import tensorflow as tf

with graph.as_default():
    # Decoder
    decoder_input = tf.reshape(sampled_code, (-1, int(width / 4),
int(height / 4), 16))

    convt_0 = tf.layers.conv2d_transpose(inputs=decoder_input,
```

```
                                                   filters=128,
                                                   kernel_size=(3, 3),
                                                   strides=(2, 2),
                                                   activation=tf.nn.relu,
                                                   padding='same')

    convt_1 = tf.layers.conv2d_transpose(inputs=convt_0,
                                                   filters=128,
                                                   kernel_size=(3, 3),
                                                   strides=(2, 2),
                                                   activation=tf.nn.relu,
                                                   padding='same')
    convt_2 = tf.layers.conv2d_transpose(inputs=convt_1,
                                                   filters=32,
                                                   kernel_size=(3, 3),
                                                   activation=tf.nn.relu,
                                                   padding='same')

    convt_3 = tf.layers.conv2d_transpose(inputs=convt_2,
                                                   filters=1,
                                                   kernel_size=(3, 3),
                                                   padding='same')

    convt_output = tf.nn.sigmoid(convt_3)
    output_images = tf.image.resize_images(convt_output, (X_train.shape[1],
X_train.shape[2]),
method=tf.image.ResizeMethod.BICUBIC)
```

DAG 的最后一部分包含损失函数和 Adam 优化器，如下所示：

```
import tensorflow as tf

with graph.as_default():
    # Loss
    reconstruction =
tf.nn.sigmoid_cross_entropy_with_logits(logits=convt_3,
labels=input_images)
    kl_divergence = 0.5 * tf.reduce_sum(
            tf.square(code_mean) + tf.square(code_std) - tf.log(1e-8 +
tf.square(code_std)) - 1, axis=1)

    loss = tf.reduce_sum(tf.reduce_sum(reconstruction) + kl_divergence)

    # Training step
```

```
    training_step = tf.train.AdamOptimizer(0.001).minimize(loss)
```

损失函数由以下两部分组成。

- 基于交叉熵的重建损失。
- 代码分布和参考正态分布之间的 Kullback-Leibler 散度。

此时，像往常一样，我们可以初始化会话和所有变量，并开始 800 次迭代和 100 个样本的训练过程：

```
import tensorflow as tf
import numpy as np

session = tf.InteractiveSession(graph=graph)
tf.global_variables_initializer().run()

for e in range(nb_epochs):
    np.random.shuffle(X_train)

    total_loss = 0.0

    for i in range(0, X_train.shape[0] - batch_size, batch_size):
        X = np.zeros((batch_size, 64, 64, 1), dtype=np.float32)
        X[:, :, :, 0] = X_train[i:i + batch_size, :, :]

        _, n_loss = session.run([training_step, loss],
                                feed_dict={
                                    input_images_xl: X
                                })
        total_loss += n_loss

    print('Epoch {}) Average loss per sample: {}'.format(e + 1, total_loss
/ float(batch_size)))
```

在训练过程结束时，我们可以测试几个样本的重构，结果如图 8-4 所示。

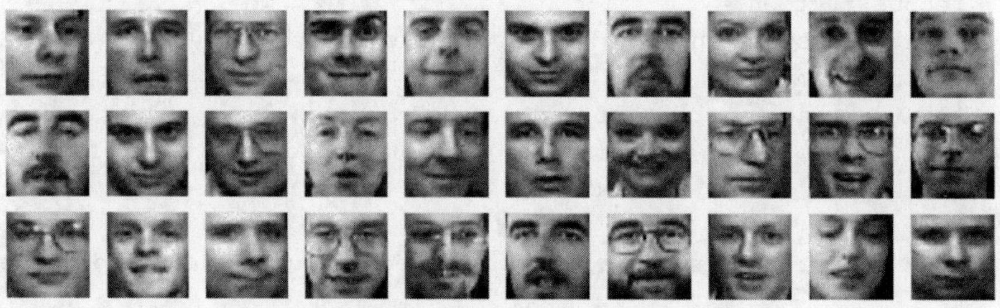

图 8-4 变分自编码器产生的样本重构

作为练习，我建议读者修改 DAG，以便接受通用输入代码并评估模型的生成属性。或者，可以获得训练样本的代码并施加一些噪声，以观察对输出重构的影响。

8.3 基于赫布的主成分分析

在本节中，我们将分析两个神经模型（Sanger 和 Rubner-Tavan 网络），它们可以执行**主成分分析**，无须特征分解协方差矩阵或执行截断的 SVD。这两个神经模型都基于**赫布学习**（**Hebbian Learning**）的概念（更多细节，请参阅 *Theoretical Neuroscience* 或者 *Mastering Machine Learning Algorithms*），这是最早的关于简单的神经元动力学的数学理论之一。这些概念非常有趣，特别是在成分分析领域，为更好地理解网络的动态，提供神经元基本模型的快速概述都很有帮助。让我们考虑一个输入 $x \in \mathcal{R}^n$ 和一个权重向量 $w \in \mathcal{R}^n$。神经元执行点积（无偏差），以产生标量输出 y：

$$y = \overline{w}^{\mathrm{T}} \overline{x}$$

现在，我们想象两个神经元，第一个被称为突触前神经元，另一个被称为突触后神经元。**赫布定律**指出，当突触前神经元和突触后神经元输出具有相同符号的值（特别是两者都是正数）时，突触强度必须增加，而当符号不同时，它必须被削弱。这种概念的数学表达式如下：

$$\Delta\overline{w} = \eta y\overline{x} = \eta(\overline{w}^{\mathrm{T}}\overline{x})\overline{x}$$

常数 η 是学习率。完整的分析超出了本书的范围，但是有可能证明赫布神经元（通过一些非常简单的修改，控制 w 的生长）可以修改突触权重，以便在经过大量的迭代后，它沿着数据集 X 的第一个主成分对齐。以这个结论（不再证明）为起点，我们可以介绍 Sanger 网络。

8.3.1 Sanger 网络

Sanger 网络模型由 Sanger 提出（在 *Optimal Unsupervised Learning in a Single-Layer Linear Feedforward Neural Network* 中），为了通过在线程序以降序提取数据集 X 的前 k 个主成分（相反，标准 PCA 需要整个数据集的批处理过程）。虽然有一种基于 SVD 特定版本的增量算法，但相较而言，这些神经模型的主要优点是它们能够在不损失性能的情况下处理单个样本。在展示网络结构之前，有必要对赫布定律进行修改，该定律称为 **Oja 定律**：

$$\Delta\overline{w} = \eta y\overline{x} - \alpha y^2\overline{w}$$

引入该定律是为了解决标准赫布神经元无限生长的问题。实际上，这也很容易理解，

如果点积 $w^{\mathrm{T}}x$ 为正，则 Δw 将通过逐渐增加 w 的幅度来更新权重。因此，在大量迭代之后，模型可能会溢出。Oja 定律通过引入自动限制来克服这个问题，该限制会迫使权重达到饱和，不影响神经元找到第一主成分方向的能力。实际上，用 w_k 表示进行第 k 次迭代后的权重向量，可以证明以下内容：

$$\lim_{k \to \infty} |w_k| = \frac{1}{\sqrt{\alpha}}$$

Sanger 网络基于 Oja 定律的修改版本，被定义为**广义赫布学习（Generalized Hebbian Learning，GHL）**。假设我们有一个数据集 X，包含 m 个向量，$x_i \in \Re^n$。通用的 Sanger 网络结构如图 8-5 所示。

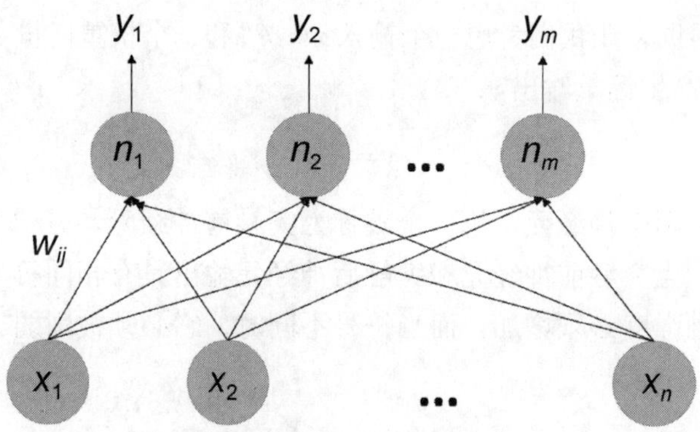

图 8-5 通用的 Sanger 网络结构

权重被组织成矩阵，$W = \{w_{ij}\}$（w_{ij} 是连接突触前神经元 i 与突触后神经元 j 的权重），因此，我们可以使用以下公式计算输出的激活：

$$\overline{y} = W\,\overline{x}$$

在这种网络中，我们对最终权重更感兴趣，因为它们必须等于前 n 个主成分。但不幸的是，如果我们在没有任何修改的情况下应用 Oja 定律，所有的神经元都会找到相同的分量（第一个），因此我们必须采用不同的策略。从理论上讲，我们知道主成分必须是正交的，如果 w_1 是具有第一个分量方向的矢量，我们可以强制 w_2 与 w_1 正交，依此类推，该方法基于 **Gram-Schmidt 正交归一化程序**。让我们考虑两个向量——w_1 已经收敛，w_{20} 在没有任何干预的情况下也会收敛到 w_1。我们可以通过考虑 w_{20} 在 w_1 上的投影来找到 w_{20} 的正交分量：

$$P_{\overline{w}_1}(\overline{w}_{20}) = (\overline{w}_1^{\mathrm{T}} \overline{w}_{20}) \frac{\overline{w}_1}{\|\overline{w}_1\|}$$

此时，正交分量 w_2 等于如下：

$$\bar{w}_2 = \bar{w}_{20} - P_{\bar{w}_1}(\bar{w}_{20})$$

第三个分量必须与 w_1 和 w_2 正交，因此必须对所有 n 个单元重复该过程，直到最终收敛。此外，我们现在使用的是已经融合的分量，即使用的是并行更新的动态系统。因此，我们有必要将此过程合并到学习规则中，如下所示：

$$\Delta w_{ij} = \eta\left(y_i \bar{x}_j - y_i \sum_{k=1}^{i} w_{kj} y_k\right)$$

先前的更新是指给定输入 x 的单个权重 w_{ij}。容易理解的是，第一部分是标准的赫布定律，而剩下的部分是正交项，它扩展到 y_i 之前的所有单元。

在矩阵形式中，更新变为以下内容：

$$\Delta W = \eta(\bar{y}\,\bar{x}^{\mathrm{T}} - Tril(\bar{y}\,\bar{y}^{\mathrm{T}})W) \; where \; \bar{y}\,\bar{y}^{\mathrm{T}} = W\bar{x}\bar{x}^{\mathrm{T}}W^{\mathrm{T}}$$

函数 $Tril(\bullet)$计算方阵的下三角部分。其与之前的收敛性证明是不同的，但是在 η 单调递减的条件下，我们可以看到该模型如何以降序收敛到前 n 个主成分：

$$\lim_{t\to\infty} \eta_t = 0$$

这种约束并不难实现，然而，通常当 $\eta < 1$ 时，该算法也可以达到收敛并且在迭代期间保持不变。

Sanger 网络示例

让我们考虑一个用 scikit-learn 的 make_blobs()函数获得的二维以 0 为中心的数据集：

```
import numpy as np

def zero_center(Xd):
    return Xd - np.mean(Xd, axis=0)

X, _ = make_blobs(n_samples=500, centers=3, cluster_std=[5.0, 1.0, 2.5],
random_state=1000)
Xs = zero_center(X)

Q = np.cov(Xs.T)
eigu, eigv = np.linalg.eig(Q)

print('Covariance matrix: {}'.format(Q))
print('Eigenvalues: {}'.format(eigu))
```

```
print('Eigenvectors: {}'.format(eigv.T))
```

代码段的输出如下：

```
Covariance matrix: [[18.14296606 8.15571356]
 [ 8.15571356 22.87011239]]
Eigenvalues: [12.01524122 28.99783723]
Eigenvectors: [[-0.79948496 0.60068611]
 [-0.60068611 -0.79948496]]
```

特征值分别约为 12 和 29，表明第一主成分（对应于转置的特征向量矩阵的第一行，即(−0.799,0.6)）比第二主成分短得多。当然，在这种情况下，我们已经通过特征分解协方差矩阵来计算主成分，但这仅仅是出于教学目的。Sanger 网络将按降序提取分量，因此，我们希望找到第二列作为第一列，第一列作为权重矩阵的第二列。让我们从初始化权重和训练常数开始：

```
import numpy as np

n_components = 2
learning_rate = 0.01
nb_iterations = 5000
t = 0.0

W_sanger = np.random.normal(scale=0.5, size=(n_components, Xs.shape[1]))
W_sanger /= np.linalg.norm(W_sanger, axis=1).reshape((n_components, 1))
```

为了重现该示例，必须将随机种子设置为 1000，即 np.random.seed(1000)。

在这种情况下，我们执行固定的迭代次数（5000）。但是，我建议你修改这个示例，以便使用基于两个后续时间步幅计算权重差的范数（例如 Frobinius）公差和停止标准（此方法可以通过避免无用的迭代来加速培训）。

Sanger 网络的初始配置如图 8-6 所示。

此时，我们可以开始训练周期：

```
import numpy as np

for i in range(nb_iterations):
    dw = np.zeros((n_components, Xs.shape[1]))
    t += 1.0
```

```
    for j in range(Xs.shape[0]):
        Ysj = np.dot(W_sanger, Xs[j]).reshape((n_components, 1))
        QYd = np.tril(np.dot(Ysj, Ysj.T))
        dw += np.dot(Ysj, Xs[j].reshape((1, X.shape[1]))) - np.dot(QYd,
W_sanger)

    W_sanger += (learning_rate / t) * dw
    W_sanger /= np.linalg.norm(W_sanger, axis=1).reshape((n_components, 1))

print('Final weights: {}'.format(W_sanger))
print('Final covariance matrix: {}'.format(np.cov(np.dot(Xs,
W_sanger.T).T)))
```

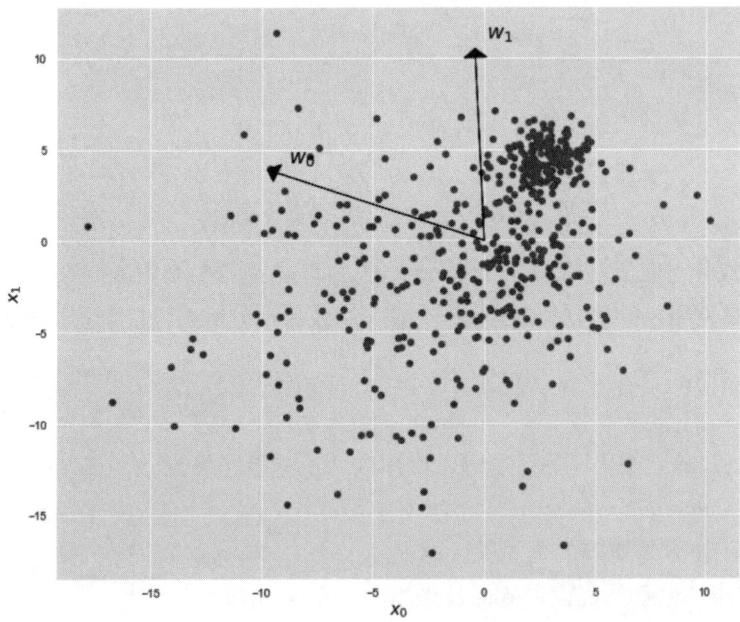

图 8-6　Sanger 网络的初始配置

代码段的输出如下：

```
Final weights: [[-0.60068611 -0.79948496]
 [-0.79948496 0.60068611]]
Final covariance matrix: [[ 2.89978372e+01 -2.31873305e-13]
 [-2.31873305e-13 1.20152412e+01]]
```

如你所见，最终协方差矩阵与预期相关，并且权重已经收敛到 C 的特征向量。Sanger 网络的最终配置（主成分）如图 8-7 所示。

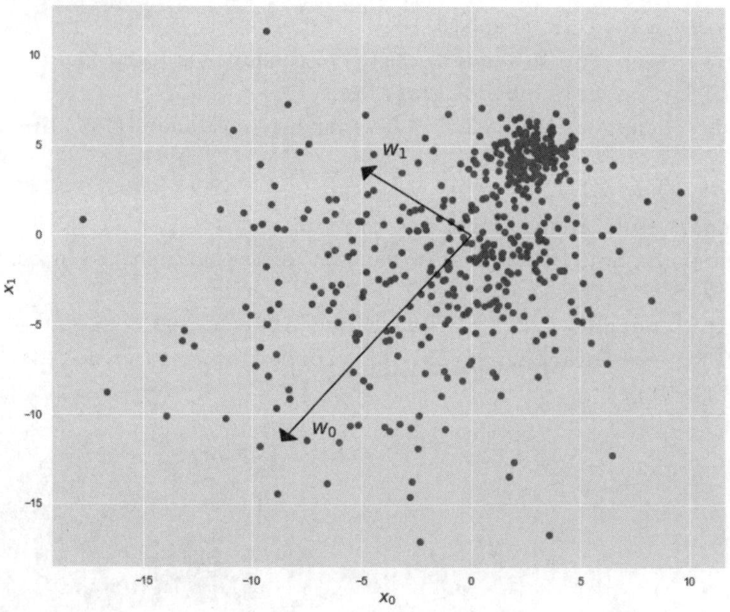

图 8-7 Sanger 网络的最终配置

第一个主成分对应于权重 w_0，它是最大的，而 w_1 是第二个主成分。我建议你使用更高维的数据集测试网络，并根据协方差矩阵的 SVD 或特征分解将性能与标准算法进行比较。

8.3.2 Rubner-Tavan 网络

由 Rubner 和 Tavan 提出了另一个可以执行 PCA 的神经网络（参见 *A Self-Organizing Network for Principal-Components Analysis*）。然而，他们的方法基于协方差矩阵的去相关，这是 PCA 的最终结果（也就是说，它就像是采用自下而上的策略操作，而标准程序是自上而下的）。让我们考虑一个以 0 为中心的数据集 X 和一个输出为 $y \in \mathcal{R}^m$ 向量的网络。因此，通过 Rubner-Tavan 网络的结构如图 8-8 所示，输出分布的协方差矩阵如下：

$$C = \frac{1}{n_{samples}} \begin{pmatrix} \sum_i y_{i1} y_{i1} & \cdots & \sum_i y_{i1} y_{im} \\ \vdots & & \vdots \\ \sum_i y_{im} y_{i1} & \cdots & \sum_i y_{im} y_{im} \end{pmatrix}$$

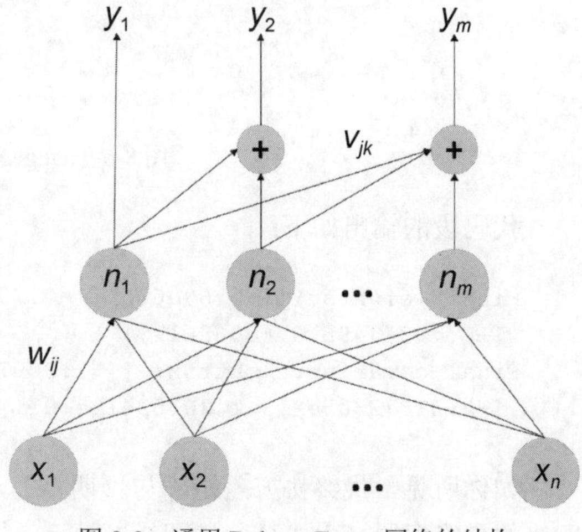

图 8-8 通用 Rubner-Tavan 网络的结构

如你所见，Rubner-Tavan 网络与 Sanger 网络的主要区别在于每次输出单元之前存在求和节点（第一个除外）。这种方法称为**分层横向连接**（**Hierarchical Lateral Connection**），因为每个节点 y_i $(i > 0)$由直接分量 n_i 组成，总和为所有先前的加权输出。因此，假设符号 $v^{(i)}$指示向量的第 i 个向量 i，则 Rubner-Tavan 网络的输出如下所示：

$$\overline{y}^{(i)} = \sum_{j=1}^{m} w_{ij}\overline{x}^{(j)} + \sum_{k=1}^{i-1} v_{jk}\overline{y}^{(k)}$$

我们已经证明，具有特定权重更新规则（我们将要讨论的）的该模型收敛于单个稳定的固定点，并且输出被迫变得互不相关。查看模型的结构，操作顺序如下。

- 第一个输出保持不变。
- 第二个输出被迫与第一个输出不相关。
- 第三个输出被迫与第一个和第二个输出不相关，依此类推。
- 最后的输出被迫与之前的所有输出不相关。

在多次迭代之后，每个生成 y_iy_j（其中 $i \neq j$）都变为空，并且 C 成为对角协方差矩阵。此外，在上述论文中，作者证明了特征值（对应于方差）按降序排列，因此我们可以通过包含前 p 行和列的子矩阵来选择前 p 个分量。

Rubner-Tavan 网络通过使用两个不同的定律进行更新，每个定律对应一个权重层。使用 Oja 定律更新内部权重 w_{ij}：

$$\Delta w_{ij} = \eta\overline{y}^{(i)}\left(\overline{x}^{(j)} - w_{ij}\overline{y}^{(i)}\right)$$

这条定律保证了在 w_{ij} 不无限增长的情况下提取主成分。相反，外部权重 v_{jk} 使用反赫布定律更新：

$$\Delta v_{jk} = -\eta\overline{y}^{(j)}\left(\overline{y}^{(k)} + v_{jk}\overline{y}^{(i)}\right)\forall i \neq k$$

前一个公式的第一项$-\eta y^{(j)}y^{(k)}$负责相关性，而第二项类似于 Oja 定律，作为自限制正则化器，防止权重溢出。特别是$-\eta y^{(j)}y^{(k)}$项可以被解释为更新规则 Δw_{ij} 的反馈信号，它受由 Δv_{jk} 项校正的实际输出影响。考虑到 Sanger 网络的行为，我们很难理解，一旦输出被取消相关性，内部权重 w_{ij} 就会变成正交的，表示 X 的第一主成分。

在矩阵形式中，权重 w_{ij} 可以立即排列成 $W = \{w_{ij}\}$，因此在训练过程结束时，每列都是 C 的特征向量（按降序排列）。相反，对于外部权重 v_{jk}，我们需要再次使用 $Tril(\bullet)$ 运算符：

$$V = Tril_{[V(i,j)=0 \ if \ i=j]}\begin{pmatrix} \overline{v}_1 \\ \vdots \\ \overline{v}_m \end{pmatrix} = \begin{pmatrix} 0 & 0 & \cdots & 0 \\ \overline{v}_{21} & 0 & \cdots & 0 \\ \vdots & \vdots & & \vdots \\ \overline{v}_{m1} & \overline{v}_{m2} & \cdots & 0 \end{pmatrix}$$

因此，迭代 t+1 的输出变为：

$$\overline{y}^{(t+1)} = W^{\mathrm{T}}\overline{x} + V\overline{y}^{(t)}$$

值得注意的是，这样的网络输出具有周期性。因此，一旦输入被应用，就需要进行几次迭代以便让 y 稳定下来（理想情况下，更新必须持续到$||y^{(t+1)}-y^{(t)}||\rightarrow 0$）。

Rubner-Tavan 网络示例

在此示例中，我们将使用 Sanger 网络示例中定义的数据集，以便使用 Rubner-Tavan 网络来执行主成分提取。为方便起见，让我们重新计算特征分解：

```
import numpy as np

Q = np.cov(Xs.T)
eigu, eigv = np.linalg.eig(Q)

print('Eigenvalues: {}'.format(eigu))
print('Eigenvectors: {}'.format(eigv.T))
```

代码段的输出如下：

```
Eigenvalues: [12.01524122 28.99783723]
Eigenvectors: [[-0.79948496 0.60068611]
 [-0.60068611 -0.79948496]]
```

我们现在可以初始化超参数，如下所示：

```
n_components = 2
learning_rate = 0.0001
max_iterations = 1000
stabilization_cycles = 5
threshold = 0.00001

W = np.random.normal(0.0, 0.5, size=(Xs.shape[1], n_components))
V = np.tril(np.random.normal(0.0, 0.01, size=(n_components, n_components)))
np.fill_diagonal(V, 0.0)
```

```
prev_W = np.zeros((Xs.shape[1], n_components))
t = 0
```

因此，我们选择使用等于 0.00001 的停止阈值（比较基于权重矩阵的两次连续计算的 Frobenius 范数）和最多 1000 次迭代。我们还设置了 5 个稳定周期和固定学习速率 η=0.0001。现在可以开始学习过程了，如下所示：

```
import numpy as np

while np.linalg.norm(W - prev_W, ord='fro') > threshold and t <
max_iterations:
    prev_W = W.copy()
    t += 1

    for i in range(Xs.shape[0]):
        y_p = np.zeros((n_components, 1))
        xi = np.expand_dims(Xs[i], 1)
        y = None

        for _ in range(stabilization_cycles):
            y = np.dot(W.T, xi) + np.dot(V, y_p)
            y_p = y.copy()

        dW = np.zeros((Xs.shape[1], n_components))
        dV = np.zeros((n_components, n_components))

        for t in range(n_components):
            y2 = np.power(y[t], 2)
            dW[:, t] = np.squeeze((y[t] * xi) + (y2 * np.expand_dims(W[:,
t], 1)))
            dV[t, :] = -np.squeeze((y[t] * y) + (y2 * np.expand_dims(V[t,
:], 1)))

        W += (learning_rate * dW)
        V += (learning_rate * dV)

        V = np.tril(V)
        np.fill_diagonal(V, 0.0)

        W /= np.linalg.norm(W, axis=0).reshape((1, n_components))

print('Final weights: {}'.format(W))
```

代码段的输出如下所示：

```
Final weights: [[-0.60814345 -0.80365858]
 [-0.79382715 0.59509065]]
```

正如预期的那样，权重收敛于协方差矩阵的特征向量。我们同样还计算最终的协方差矩阵，以便检查其值：

```
import numpy as np

Y_comp = np.zeros((Xs.shape[0], n_components))

for i in range(Xs.shape[0]):
    y_p = np.zeros((n_components, 1))
    xi = np.expand_dims(Xs[i], 1)

    for _ in range(stabilization_cycles):
        Y_comp[i] = np.squeeze(np.dot(W.T, xi) + np.dot(V.T, y_p))
        y_p = y.copy()

print('Final covariance matrix: {}'.format(np.cov(Y_comp.T)))
```

输出如下：

```
Final covariance matrix: [[28.9963492 0.31487817]
 [ 0.31487817 12.01606874]]
```

同样，最终的协方差矩阵是不相关的（误差可忽略不计）。Rubner-Tavan 网络通常比 Sanger 网络更快，由于反赫布反馈加速了融合，因此，当采用这种模型时，它们应该是首选的。然而为了避免振荡，调整学习速率是非常重要的，我建议从一个较小的值开始，稍微增加它，直到迭代次数达到最小值。

另外我们也可以从较高的学习速率开始，从而加快初始校正速度，并通过使用线性（如 Sanger 网络）或指数衰减来逐步降低学习速率。

8.4 无监督的深度置信网络

在本节中，我们将讨论一个非常著名的生成模型。在无监督的情况下，我们可以使用该模型来执行输入数据集 X 的降维，该模型来自预定义的数据生成过程。由于本书没有特定的先决条件且该模型的数学复杂性很高，所以我们将简要介绍概念，不提供证明过程，也不会深入分析算法的结构。在讨论**深度置信网络**之前，有必要引入另一个模型，即**受限玻尔兹曼机**（**Restricted Boltzmann Machine**，**RBM**），它可以被认为是 DBN 的一个组成部分。

8.4.1　受限玻尔兹曼机

RBM 也被称为 **Harmonium**，在 *Information Processing in Dynamical Systems: Foundations of Harmony Theory* 中作为概率生成模型被提出。换句话说，RBM 的目标是学习未知分布（即数据生成过程），以便生成所有可能的样本。通用的受限玻尔兹曼机结构如图 8-9 所示。

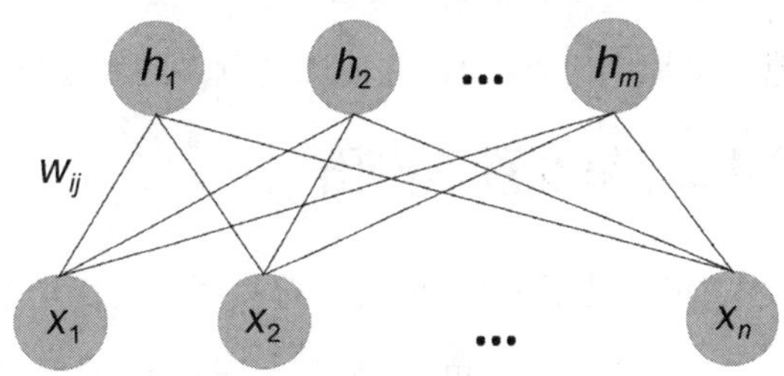

图 8-9　通用的受限玻尔兹曼机结构

神经元 x_i 是可观测的（即它们表示由 RBM 必须学习的过程所生成的向量），而 h_j 是隐藏的（即它们被隐藏并且有助于 x_i 假定的值）。由于同一层的神经元之间没有连接（即描述网络的图是独立的），因此在没有任何进一步细节的情况下，我们需要说明这个模型具有**马尔可夫随机场**（**Markov Random Field**，**MRF**）的结构。MRF 的一个重要特性是可以用 Gibbs 分布模拟完整的联合概率 $p(x, h; \theta)$：

$$p(\overline{x},\overline{h};\overline{\theta})=\frac{1}{Z}\mathrm{e}^{-E(\overline{x},\overline{h};\overline{\theta})}$$

指数 $E(x, h, \theta)$起到物理系统能量的作用，在本示例中，它等于以下内容：

$$E(\overline{x},\overline{h})=-\sum_i\sum_j w_{ij}\overline{x}_i\overline{h}_j-\sum_i b_i\overline{x}_i-\sum_j c_j\overline{h}_j \ and\ \overline{\theta}=\{\overline{w},\overline{b},\overline{c}\}$$

该公式的主要假设是所有神经元都是伯努利分布的（即 $x_i,h_j \sim \mathrm{B}(0,1)$），而 b_i 和 c_j 是可观测单位和潜在单位的偏差。在给定数据生成过程 p_{data} 的情况下，必须优化 RBM 以使得似然 $p(x; \theta)$最大化。跳过所有中间步骤（可以在上述论文中找到），我们可以证明以下内容：

$$\begin{cases} p(\overline{x}_i=1\,|\,\overline{h})=\sigma\left(\sum_j w_{ij}\overline{h}_j+\overline{b}_i\right) \\ p(\overline{h}_j=1\,|\,\overline{x})=\sigma\left(\sum_i w_{ij}\overline{x}_j+\overline{c}_j\right) \end{cases}$$

在前面的公式中，$\sigma(\bullet)$是 Sigmoid 函数。给定这两个表达式，我们就可以得出（省略操作）对数似然相对于所有可学习变量的梯度：

$$\begin{cases}\nabla_{w_{ij}} L(\overline{\theta};\overline{x}) = p(\overline{h}_j = 1 | \overline{x})\overline{x}_i - \sum_{\overline{x}} p(\overline{x};\overline{\theta}) p(\overline{h}_j = 1 | \overline{x})\overline{x}_i \\ \nabla_{\overline{b}_i} L(\overline{\theta};\overline{x}) = \overline{x}_i - \sum_{\overline{x}} p(\overline{x};\overline{\theta})\overline{x}_i \\ \nabla_{\overline{c}_j} L(\overline{\theta};\overline{x}) = p(\overline{h}_j = 1 | \overline{x}) - \sum_{\overline{x}} p(\overline{x};\overline{\theta}) p(\overline{h}_j = 1 | \overline{x})\end{cases}$$

很容易理解所有梯度的第一项都非常容易计算，而第二项都需要对所有可能的可观测值求和。这显然是一个无法以封闭的形式解决的难题。出于这个原因，Hinton（在 *A Practical Guide to Training Restricted Boltzmann Machines* 中）提出了一种称为**对比发散**（**Contrastive Divergence**）的算法，此算法可用于找到近似解。对这种算法的解释需要了解马尔可夫链的知识（这不是先决条件），但是我们可以总结出这种策略，即它通过有限（和少量）的采样步骤计算梯度的近似值（一般来说，一个步骤就足以获得良好的结果）。这种方法可以非常有效地训练 RBM，并使深度置信网络易于使用且极其有效。

8.4.2 深度置信网络

DBN 是基于 RBM 的堆叠模型。通用的 DBN 结构如图 8-10 所示。

一层包含可见单元，而其余所有单元都是潜在单元。在无监督场景中，我们的目标是学习未知分布，找出样本的内部表示形式。实际上，当潜在单元的数量小于输入单元的数量时，模型将学习如何使用较低维子空间对分布进行编码。Hinton 和 Osindero（在 *Fast Learning Algorithm for Deep Belief Nets* 中）提出了一种循序渐进的训练程序（是通常实现）。每对层被视为一个 RBM 并且通过使用对比发散算法来训练。一旦训练了 RBM，隐藏层就成为后续 RBM 的可观测层，并且该过程一直持续到最后一层。因此，DBN 开发了一系列内部表示（这就是为什么它被定义为深度网络），其中每个级别都在较低级别的功能上进行训练。

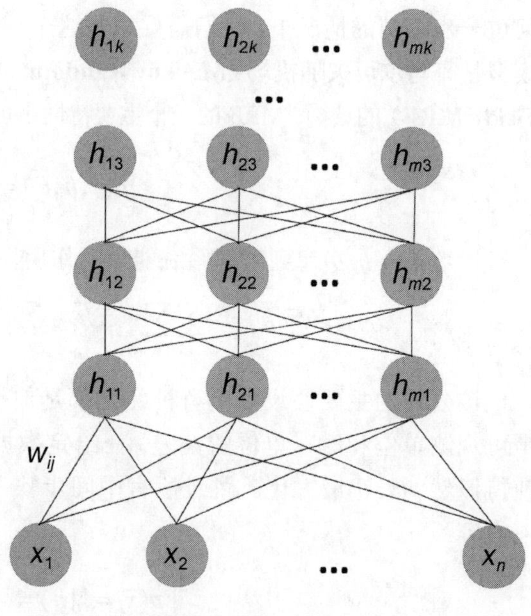

图 8-10　通用的 DBN 结构

该过程与变分自编码器没有什么不同，但在这种情况下，模型的结构更加严格（例如不可能使用卷积单位）。而且，输出不是输入的重建，而是内部表示。因此，考虑到 8.4.1 节中讨论的公式，如果有必要反转过程（即给定内部表示，获得输入），则必须应用以下公式，从最顶层进行采样：

$$p(\overline{x}_i = 1 | \overline{h}) = \sigma\left(\sum_j w_{ij}\overline{h}_j + \overline{b}_i\right)$$

当然，我们必须向后重复该过程，直到达到实际的输入层为止。DBN 非常强大（例如在天体物理学领域的几个科学应用），它们的结构不像其他更新的模型那样灵活，且复杂性通常更高，因此我总是建议从较小的模型开始，只有在最终精度不足以满足特定目的时才增加层数或神经元数量。

8.4.3 无监督 DBN 示例

在本例中，我们要使用 DBN 来查找 MNIST 数据集的低维表示。由于这些模型的复杂度很容易增加，我们将过程限制为 500 个随机样本。该实现基于深度置信网络包，它同时支持 NumPy 和 TensorFlow。在前一种情况下，我们必须从 dbn 包导入类（名称保持不变），而在后一种情况中，包是 dbn.tensorflow。在这个例子中，我们将使用 NumPy 版本，该版本的要求较少，但也建议读者尝试使用 TensorFlow 版本。

让我们从加载和规范化数据集开始，如下所示：

```
import numpy as np

from sklearn.datasets import load_digits
from sklearn.utils import shuffle

nb_samples = 500

digits = load_digits()

X_train = digits['data'] / np.max(digits['data'])
Y_train = digits['target']

X_train, Y_train = shuffle(X_train, Y_train, random_state=1000)
X_train = X_train[0:nb_samples]
Y_train = Y_train[0:nb_samples]
```

我们现在可以用以下结构实例化 UnsupervisedDBN 类。

- 64 个输入神经元（从数据集中隐式检测到）。
- 32 个 sigmoid 神经元。

- 32 个 sigmoid 神经元。
- 16 个 sigmoid 神经元。

因此，最后一个表示由 16 个值（原始维度的四分之一）组成。我们将学习率设置为 η=0.025，每批次设置 16 个样本（当然，为了尽量减少重建误差，请你检查其他配置）。以下代码段初始化并训练模型：

```
from dbn import UnsupervisedDBN

unsupervised_dbn = UnsupervisedDBN(hidden_layers_structure=[32, 32, 16],
                                   learning_rate_rbm=0.025,
                                   n_epochs_rbm=500,
                                   batch_size=16,
                                   activation_function='sigmoid')

X_dbn = unsupervised_dbn.fit_transform(X_train)
```

在训练过程结束时，我们可以在将其投影到二维空间之后分析其分布。通常，我们将采用 t-SNE 算法，该算法可以保证找到最相似的低维分布：

```
from sklearn.manifold import TSNE

tsne = TSNE(n_components=2, perplexity=10, random_state=1000)
X_tsne = tsne.fit_transform(X_dbn)
```

无监督 DBN 输出表示的 t-SNE 图如图 8-11 所示。

如你所见，大多数块都有很强的内聚性，这表明数字的特殊属性已成功表示在低维空间中。在某些情况下，同一个数字组被分成更多的聚类，但一般来说，噪声（隔离）点的数量非常少。例如包含数字 2 的组用符号×表示。大多数样本的范围为 $0 < x_0 < 30$，$x_1 < -40$，但一个子组位于$-10 < x_1 < 10$ 的范围内。如果我们检查这个小聚类的邻域，它们是由代表数字 8 的样本组成的（用正方形表示）。很容易理解，一些格式错误的二进制与格式错误的八进制非常类似，这证明了原始聚类的分裂是正确的。从统计学角度来看，解释的方差可能会产生不同的影响。在某些情况下，一些分量足以确定一个类的特殊功能，但这通常是不可能的。当属于不同类别的样本显示出相似性时，我们只能通过次成分的差异进行区分。在处理包含几乎（或甚至部分）重叠的样本的数据集时，这种考虑非常重要。在进行降维时，数据科学家的主要任务不是检查整体解释的方差，而是要了解是否存在受降维负面影响的区域。在这种情况下，我们可以定义多个检测规则（例如当样本 $x_i \in R_1$ 或 $x_i \in R_4 \rightarrow x_i$，

具有 y_k 标签时）或者尝试避免创建此分段的模型（建议你测试更复杂的 DBN 和更高维度的输出表示）。

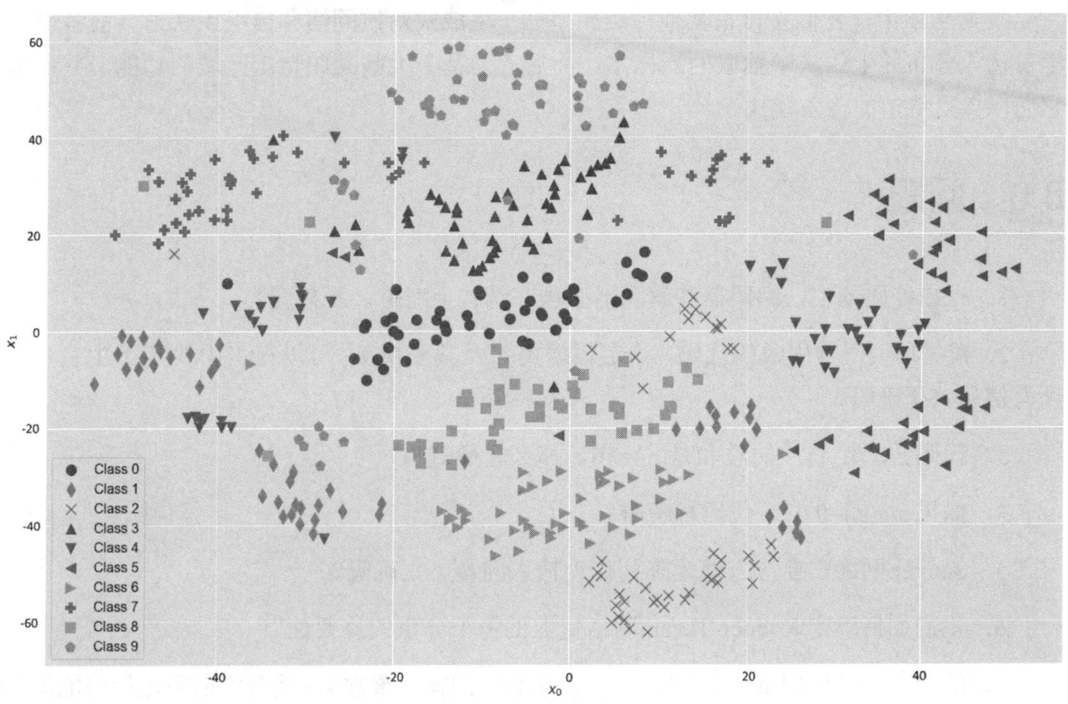

图 8-11 无监督 DBN 输出表示的 t-SNE 图

8.5 总结

在本章中，我们讨论了一些用于解决无监督任务非常常见的神经模型。自编码器允许你查找数据集的低维表示形式，而不会对其复杂性进行特定限制。特别地，深度卷积网络的使用有助于检测和学习高层次和低层次的几何特征，当内部代码也比原始维度短得多时，这可以使重建非常精确。我们还讨论了如何为自编码器添加稀疏性，以及如何使用这些模型对样本进行降噪。标准自编码器的一个略有不同的变体是变分自编码器，它是一种生成模型，可以提高学习数据生成过程的能力，从而绘制数据集。

Sanger 和 Rubner-Tavan 网络是神经模型，能够在不进行任何统计预处理的情况下提取数据集的前 k 个主成分。它们还具有以在线方式自然工作的优势（而标准 PCA 通常需要整个数据集，即使存在性能稍差于离线算法的增量变体），以及按降序提取分量的优势。我们讨论的最后一个模型是无监督环境中的 DBN。我们描述了它们的构建块——RBM 的生成特性，然后分析了这些模型如何学习数据生成过程的内部（通常是低维）表示。

在第 9 章中，我们将讨论其他神经模型——**生成式对抗网络**和**自组织映射**。前者可以学习输入分布并生成从中抽取的新样本，而后者则基于大脑某些特定区域的功能，并训练它们以接受特定的输入模式。

8.6　问题

1．在自编码器中，编码器和解码器必须在结构上对称。正确吗？

2．根据自编码器生成的代码，给定数据集 X 及其变换 Y，可以在 Y 中找到 X 中包含的所有信息。正确吗？

3．代码 $z_i \in (0, 1)^{128}$ 的总和是(z_i)=36，那么它稀疏吗？

4．如果 $std(z_i)=0.03$，代码稀疏吗？

5．Sanger 网络需要协方差矩阵列作为输入向量。正确吗？

6．我们如何确定 Rubner-Tavan 网络提取的每个分量的重要性？

7．给定一个随机向量，$h_i \in \mathcal{R}^m$（m 是 DBN 的输出维数），是否可以确定最可能的相应输入样本？

第 9 章 生成式对抗网络和自组织映射

在这一章中，我们再讨论一些非常流行的神经模型，就将结束无监督学习的整个过程，这些模型可用于执行数据生成过程并可从中抽取新的样本。此外，我们将分析自组织映射的功能，这些功能可以调整样本的结构，使特定单元对不同的输入模式做出响应。

本章将着重讨论以下主题。

- **生成式对抗网络（Generative Adversarial Networks，GAN）。**
- **深度卷积 GAN（Deep Convolutional GAN，DCGAN）。**
- **Wasserstein GAN（WGAN）。**
- **自组织映射（Self-Organizing Maps，SOM）。**

9.1 技术要求

本章中的代码需求如下。

- Python 3.5+（强烈建议使用 Anaconda 的发行版本）。
- 库。
    - SciPy 0.19+。
    - NumPy 1.10+。
    - scikit-learn 0.20+。
    - pandas 0.22+。

- Matplotlib 2.0+。
- seaborn 0.9+。
- TensorFlow 1.5+。
- Keras 2+（仅用于数据集实用程序功能）。

示例代码可以在本书配套的代码包中找到。

9.2 生成式对抗网络

这些生成模型是由 Goodfellow 和其他研究人员提出的（参见 *Generative Adversarial Networks*），目的是利用**对抗训练**的力量，以及深度神经网络的灵活性。在不需要太多技术细节的情况下，我们可以引入对抗训练的概念，将其作为一种基于博弈论的技术进行介绍，其目的是优化两个相互对抗的代理。当一个代理试图欺骗其对手时，另一个代理必须学习如何区分正确的和伪造的输入。特别地，GAN 是一个分为两个明确定义组件的模型。

- **生成器**。
- **鉴别器**（也称为**评价器**）。

让我们首先假设有一个数据生成过程 p_{data} 和一个从中抽取的 m 个样本的数据集 X:

$$X = \{\overline{x}_1, \overline{x}_2, \cdots, \overline{x}_m\}, \text{其中} \overline{x}_i \in \mathbb{R}^n$$

为简单起见，假设数据集具有单个维度。但是，这不是约束也不是限制。生成器是一个参数化函数（通常使用神经网络），它由一个噪声样本输入，并提供 n 维向量作为输出：

$$\hat{x}_i = g(\overline{z}_i; \overline{\theta}_g), \text{其中} \hat{x}_i \in \mathbb{R}^n \text{ 且 } \overline{z}_i \sim U(-1,1)$$

换句话说，生成器是在样本 $x \in \mathcal{R}^n$ 上将均匀分布转换为另一个分布 $p_g(x)$。GAN 的主要目标如下：

$$p_g(\overline{x}) \to p_{data}(\overline{x})$$

自编码器是通过直接训练整个模型来实现这样的目标的，与其相反，在 GAN 中是通过生成器和鉴别器之间进行的博弈来实现目标的，且后者是另一个参数化函数，其采用样本 $x_i \in \mathcal{R}^n$，并返回概率：

$$p_i = d(\overline{x}_i; \overline{\theta}_d), \text{其中} \overline{x}_i \in \mathbb{R}^n \text{ 且 } p_i \in (0,1)$$

鉴别器的作用是区分从 p_{data}（返回大概率）和 $g(z;\theta_g)$（返回小概率）生成的样本。然而，由于生成器的目标是增强重现 p_{data} 的能力，因此它的作用是学习如何使用从几乎完美的数据生成过程中再现的样本来欺骗鉴别器。而鉴别器的目标是最大化以下条件：

$$\begin{cases}\log(d(\overline{x};\overline{\theta}_d)) if\ \overline{x}_i \sim p_{data} \\ \log(1-d(g(\overline{z};\overline{\theta}_g);\overline{\theta}_d)\ otherwise\end{cases}$$

然而，这是一个**极小极大游戏**（**Minimax Game**），这意味着两个对手 A 和 B，必须尝试最小化（A）和最大化（B）同样的目标。在这种情况下，生成器的目标是最小化先前双倍成本函数的第二项：

$$\log(1-d(g(\overline{z};\overline{\theta}_g);\overline{\theta}_d))$$

实际上，当两个代理都成功地优化了目标时，鉴别器将能够区分从 p_{data} 和异常值中抽取的样本，并且生成器能够输出属于 p_{data} 的合成样本。然而，必须清楚的是，我们可以通过使用单个目标来表达问题，并且训练过程的目标是找出最佳参数集 $\theta = \{\theta_d, \theta_g\}$，从而使鉴别器将其最大化，同时使生成器将其最小化。两个代理必须同时进行优化，但在实践中，该过程是交替的（例如生成器、鉴别器、生成器等）。在更紧凑的形式中，目标可以表示如下：

$$\begin{aligned}V(g,d) &= E_{\overline{x}\sim p_{data}}[\log(d(\overline{x};\overline{\theta}_d))] + E_{\overline{z}\sim p_{noise}}[\log(1-d(g(\overline{x};\overline{\theta}_g);\overline{\theta}_d))] \\ &= V_{data}(d) + V_{noise}(g,d)\end{aligned}$$

因此，我们可以通过解决以下问题使参数集达到最佳：

$$\overline{\theta}_{opt} = argmax_{\overline{\theta}_d}\, argmin_{\overline{\theta}_d} V(g,d)$$

根据博弈论，这是一个接受**纳什均衡**（**Nash Equilibrium**）点的非合作博弈。当满足这样的条件时，如果我们假设两个玩家都知道对手的策略，那么他们就没有理由改变自己的策略了。在 GAN 的情况中，这种条件意味着一旦达到均衡（甚至只是理论上的），生成器就可以继续输出样本，并确保它们不会被鉴别器错误分类。同时，鉴别器没有理由改变其策略，因为它可以完美地区分 p_{data} 和任何其他分布。从动态的角度来看，两个组件的训练速度是不对称的。虽然生成器通常需要更多次迭代，但鉴别器可以非常快速地收敛。然而，这种过早收敛对于整体性能来说可能是非常危险的。事实上，由于鉴别器提供的反馈，生成器也达到了最佳状态。不幸的是，当梯度非常小时，这种贡献变得可以忽略不计，显而易见的结果是生成器错失了提高其输出更好样本的能力的机会（例如当样本是图像时，即使使用复杂的体系结构，其质量也可能保持在非常低的水平）。这种情况并不取决于生成器固有容量的不足，而是取决于一旦鉴别器收敛（或非常接近），生成器开始应用的有限次校正。在实践中，由于没有具体的规则，我们唯一有效的建议是在训练过程中检查两个损失函数。如果鉴别器损失下降得太快，而生成器的损失仍然很大，则我们通常优选的是将更多的生成器训练步骤与单个鉴别器步骤进行交错。

9.2.1 GAN 分析

假设我们有一个通过使用数据集 X（从 $p_{data}(x)$中提取）来进行适当训练的 GAN。Goodfellow 等人证明，给定生成器分布 $p_g(x)$，最佳鉴别器如下：

$$d_{opt}(\bar{x}) = \frac{p_{data}(\bar{x})}{p_{data}(\bar{x}) + p_g(\bar{x})}$$

全局目标可以通过使用最佳鉴别器重写：

$$V(d_{opt}) = E_{\bar{x} \sim p_{data}}[\log(d_{opt}(\bar{x};\bar{\theta}_d))] + E_{\bar{x} \sim p_g}[\log(1 - d_{opt}(\bar{x};\bar{\theta}_d))]$$

我们现在可以展开前面的表达式：

$$V(d_{opt}) = E_{\bar{x} \sim p_{data}}\left[\log\left(\frac{p_{data}(\bar{x})}{p_{data}(\bar{x}) + p_g(\bar{x})}\right)\right] + E_{\bar{x} \sim p_g}\left[\log\left(\frac{p_g(\bar{x})}{p_{data}(\bar{x}) + p_g(\bar{x})}\right)\right]$$

现在，让我们考虑分布 a 和 b 之间的 Kullback-Leibler 散度：

$$(D_{KL})(a \| b) = \sum_x a(x) \log \frac{a(x)}{b(x)} = E_x\left[\log \frac{a(x)}{b(x)}\right]$$

考虑到前面的表达式，经过一些简单的操作后，我们很容易证明以下等式：

$$\frac{1}{2}V(d_{opt}) + \log(2) = \frac{1}{2}D_{KL}\left(p_{data} \| \frac{p_{data} + p_g}{2}\right) + \frac{1}{2}D_{KL}\left(p_g \| \frac{p_{data} + p_g}{2}\right) = D_{JS}(p_{data} \| p_g)$$

因此，该目标可以表示为数据生成过程和生成器分布之间的 **Jensen-Shannon 散度**。其与 Kullback-Leibler 散度的主要区别在于 $0 \leqslant D_{JS}(p_{data} \| p_g) \leqslant \log(2)$，并且它是对称的。这种重新构造并不令人惊讶，因为 GAN 的真正目标是成为可以成功重现 p_{data} 的生成模型，如图 9-1 所示。

初始分布通常与目标分布完全不同。因此，GAN 必须将其重造并将其向 p_{data} 转移。当重叠完成时，Jensen-Shannon 散度达到最小值，并且优化完成。然而，正如我们将在下文中讨论的那样，由于 Jensen-Shannon 散度的特性，这个过程并不总是如此平稳地运行，并且 GAN 将会达到与理想最终配置相距甚远的次优最小值。

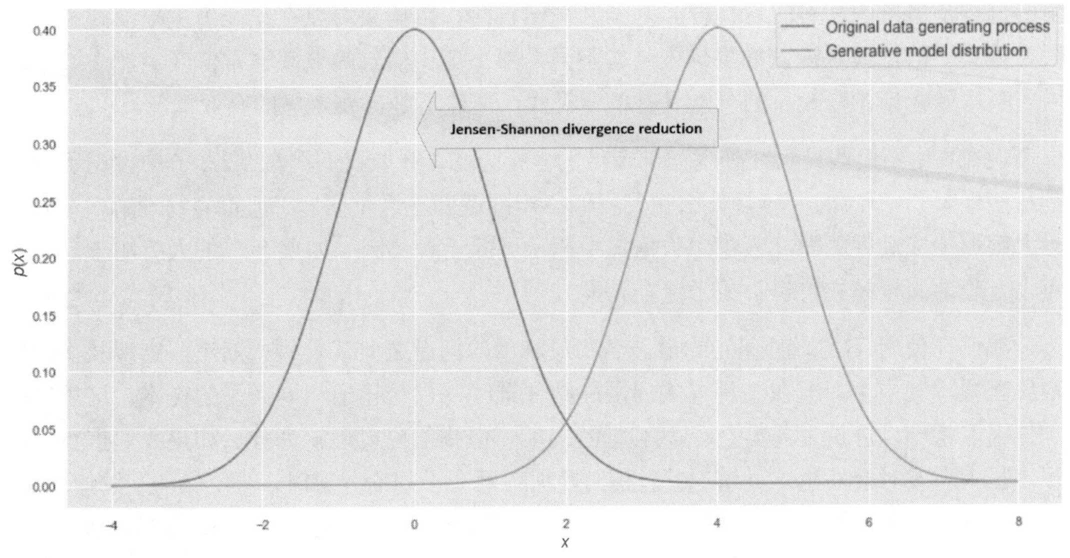

图 9-1 GAN 的目标是将生成的模型分布朝 p_{data} 的方向移动，以试图使重叠最大化

模式崩溃

给定概率分布，最常出现的值（在离散情况下）或对应于概率密度函数最大值的值（在连续情况下），被称为**模式**。如果我们考虑后一种情况，PDF 具有单一最大值的分布称为**单模**；当有两个局部最大值时，它被称为**双模**，依此类推（通常，当存在多种模式时，分布简称为**多模**），如图 9-2 所示。

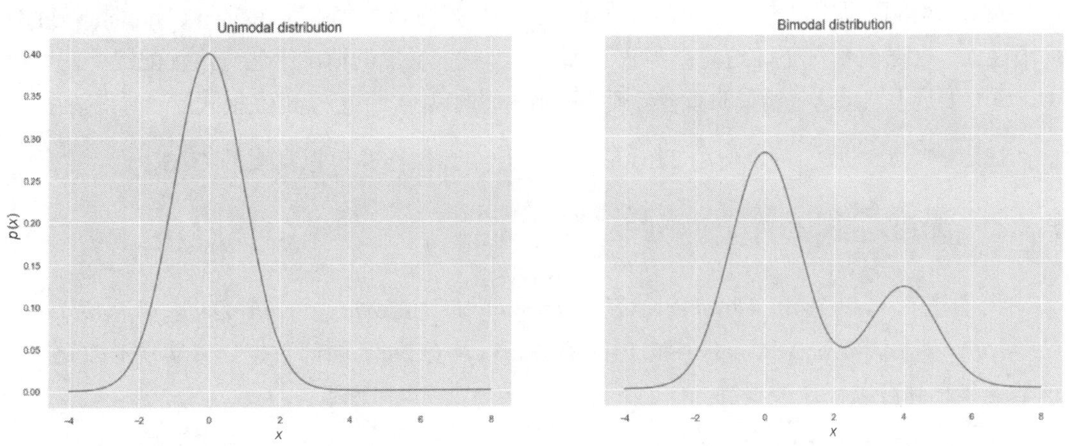

图 9-2 单模（左）和双模（右）分布的示例

在处理复杂数据集时，我们无法轻易估计模式的数量。但是，我们可以合理假设数据

生成过程是多模的。有时，当样本基于共同结构时，数据集可以存在一个主导模式和几个次要模式。但一般来说，如果样本结构不同，那么单一模式的概率非常低（当然，如果对同一基本元素稍作修改，则可能具有单一模式，但这不是需要考虑的有效情况）。

现在，让我们假设正在处理面部图像的多模分布（例如我们将在 9.2.2 节中讨论示例中的那些样本）。模式的内容是什么呢？我们很难准确回答这个问题，但很容易理解，对应于最大数据生成过程的面部应包含数据集中最常见的元素（例如如果 80%的人有胡子，我们可以合理地假设模式将包含胡子这个元素）。

我们在使用 GAN 时遇到的最著名和最棘手的问题之一就是**模式崩溃**，它涉及次优的最终配置，其中生成器在某种模式周围冻结并继续提供与输出相同类型的样本。这种情况的原因非常难以分析（事实上，只有理论知识），但我们可以理解为什么如果我们重新思考极小极大游戏时会发生这种情况。当我们要训练两个不同的分量时，即使保证了纳什均衡，这种情况也可能在几次迭代之后发生，鉴别器对于最常见的模式变得非常有选择性。当然，由于生成器被训练以欺骗鉴别器，实现该目标的最简单方法是简单地避免远离模式的所有样本。这种行为增加了鉴别器的选择性，并创建了一个反馈过程，使 GAN 陷入只存在数据生成过程的一小部分区域的状态。

在梯度方面，由鉴别器提供的用于优化生成器的信息很快变得非常稀少，因为最常见的样本不需要任何调整。另一方面，当生成器开始避免所有那些 $p(x)$不接近最大值的样本时，它们不会将鉴别器暴露给新的、可能有效的样本，因此梯度将保持非常小，直到为零。遗憾的是，现在还没有可用于避免该问题的全局策略，但在本章中，我们将讨论为降低模式崩溃（WGAN）风险而提出的方法之一。特别地，我们将把注意力集中在 Jensen-Shannon 散度的局限性上。在某些情况下，这可能导致 GAN 在没有大梯度的情况下达到次优配置。在本章中，重要的是不熟悉这些模型的读者必须意识到它们的风险，并且能够在模式崩溃时识别它们。

在这一点上，我们可以使用 TensorFlow 进行实际操作并模拟真实的 GAN。

9.2.2　深度卷积 GAN 示例

我们现在可以基于 *Unsupervised Representation Learning with Deep Convolutional Generative Adversarial Networks* 中提出的模型，以及 Olivetti 面部数据集来实现 DCGAN，该数据集小到可以快速被训练。

让我们首先加载数据集并规范化（−1，1）中的值，如下所示：

```
from sklearn.datasets import fetch_olivetti_faces
```

```
faces = fetch_olivetti_faces(shuffle=True, random_state=1000)

X_train = faces['images']
X_train = (2.0 * X_train) - 1.0

width = X_train.shape[1]
height = X_train.shape[2]
```

一些面部样本如图 9-3 所示。

图 9-3 从 Olivetti 面部数据集中采集的面部样本

即使所有面部的结构都类似，眼睛（有和没有眼镜）、鼻子和嘴巴的形状也会存在细微差别。此外，有些人留胡子，表情完全不同（微笑、严肃、盯着远离相机的东西，等等）。因此，我们期望一个多模分布，可能具有对应于平均面部结构的主模式以及对应于具有特定共同特征子集的若干其他模式。

此时，我们可以定义主常量，如下所示：

```
nb_samples = 400
code_length = 512
nb_epochs = 500
batch_size = 50
nb_iterations = int(nb_samples / batch_size)
```

我们有 400 个 64 像素×64 像素的灰度样本（对应于每个样本有 4096 个分量）。在这个例子中，我们选择使用具有 512 个分量的噪声代码向量，对模型进行 500 次迭代，批次大小为 50。这些值不是基于黄金法则，因为（特别是对于 GAN 而言）我们几乎不可能知道哪个设置将产生最佳结果。因此，像往常一样，我强烈建议在做出决定之前检查不同的超参数集。

当训练过程不太长时，我们可以使用一组统一采样的超参数来检查生成器和鉴别器的平均损失（例如批次大小$\in\{20, 50, 100, 200\}$）。如果最佳值存在于（50，100）中，那么一个好的策略是提取一些随机值并重新训练模型。我们可以重复这样的过程，直到采样值之间的差异可以忽略不计。当然，考虑到这些模型的复杂性，只能使用专用硬件（即多个 GPU 或 TPU）才能进行全面搜索。因此，另一个建议是从测试过的配置开始（即使上下文不同），并应用小的修改，以便针对特定任务优化它们。在这个例子中，我们根据原始文件设置了许多值，但是我建议读者在更改后重新运行代码并观察差异。

现在，我们可以基于以下结构为生成器定义 DAG。

- 具有 1024（4×4）个滤波器、（1×1）步幅、有效的填充和线性输出的 2D 卷积。
- 批处理规范化和泄漏 ReLU 激活（当输入值为负时更高效。事实上，当 $x < 0$ 时，标准 ReLU 具有空梯度，而泄漏 ReLU 具有允许轻微修改的恒定小梯度）。
- 具有 512（4×4）个滤波器、（2×2）步幅、相同的填充和线性输出的 2D 卷积。
- 批处理规范化和泄漏 ReLU 激活。
- 具有 256（4×4）个滤波器、（2×2）步幅、相同的填充和线性输出的 2D 卷积。
- 批处理规范化和泄漏 ReLU 激活。
- 具有 128（4×4）个滤波器、（2×2）步幅、相同的填充和线性输出的 2D 卷积。
- 批处理规范化和泄漏 ReLU 激活。
- 具有 1（4×4）个滤波器、（2×2）步幅、相同的填充和双曲正切输出的 2D 卷积。

生成器的代码显示如下：

```
import tensorflow as tf

def generator(z, is_training=True):
    with tf.variable_scope('generator'):
        conv_0 = tf.layers.conv2d_transpose(inputs=z,
                                            filters=1024,
                                            kernel_size=(4, 4),
                                            padding='valid')
        b_conv_0 = tf.layers.batch_normalization(inputs=conv_0,
training=is_training)

        conv_1 =
tf.layers.conv2d_transpose(inputs=tf.nn.leaky_relu(b_conv_0),
                                            filters=512,
                                            kernel_size=(4, 4),
                                            strides=(2, 2),
                                            padding='same')

        b_conv_1 = tf.layers.batch_normalization(inputs=conv_1,
training=is_training)
```

```
        conv_2 =
tf.layers.conv2d_transpose(inputs=tf.nn.leaky_relu(b_conv_1),
                                                  filters=256,
                                                  kernel_size=(4, 4),
                                                  strides=(2, 2),
                                                  padding='same')

        b_conv_2 = tf.layers.batch_normalization(inputs=conv_2,
training=is_training)

        conv_3 =
tf.layers.conv2d_transpose(inputs=tf.nn.leaky_relu(b_conv_2),
                                                  filters=128,
                                                  kernel_size=(4, 4),
                                                  strides=(2, 2),
                                                  padding='same')

        b_conv_3 = tf.layers.batch_normalization(inputs=conv_3,
training=is_training)

        conv_4 =
tf.layers.conv2d_transpose(inputs=tf.nn.leaky_relu(b_conv_3),
                                                  filters=1,
                                                  kernel_size=(4, 4),
                                                  strides=(2, 2),
                                                  padding='same')
        return tf.nn.tanh(conv_4)
```

代码很简单，但是有必要阐明对变量范围上下文的需求（通过命令 tf.variable_scope('generator')定义）。由于我们需要以替代方式训练模型，因此在优化生成器时，只需更新其变量。因此，我们定义了命名范围内的所有层，这些层允许强制优化器仅处理所有可训练变量的子集。

鉴别器的 DAG 基于以下对称结构。

- 具有 128（4×4）个滤波器、（2×2）步幅、相同的填充和泄漏的 ReLU 输出的 2D 卷积。
- 具有 256（4×4）个滤波器、（2×2）步幅、相同的填充和线性输出的 2D 卷积。
- 批处理规范化和泄露的 ReLU 激活。
- 具有 512（4×4）个滤波器、（2×2）步幅、相同的填充和线性输出的 2D 卷积。

- 批处理规范化和泄露的 ReLU 激活。
- 具有 1024（4×4）个滤波器、（2×2）步幅、相同的填充和线性输出的 2D 卷积。
- 批处理规范化和泄露的 ReLU 激活。
- 具有 1（4×4）个滤波器、（2×2）步幅、有效的填充和线性输出的 2D 卷积（输出预计为 sigmoid，可以表示概率，但我们将直接在损失函数内部执行此变换）。

鉴别器的代码如下：

```
import tensorflow as tf

def discriminator(x, is_training=True, reuse_variables=True):
    with tf.variable_scope('discriminator', reuse=reuse_variables):
        conv_0 = tf.layers.conv2d(inputs=x,
                                  filters=128,
                                  kernel_size=(4, 4),
                                  strides=(2, 2),
                                  padding='same')

        conv_1 = tf.layers.conv2d(inputs=tf.nn.leaky_relu(conv_0),
                                  filters=256,
                                  kernel_size=(4, 4),
                                  strides=(2, 2),
                                  padding='same')

        b_conv_1 = tf.layers.batch_normalization(inputs=conv_1,
training=is_training)

        conv_2 = tf.layers.conv2d(inputs=tf.nn.leaky_relu(b_conv_1),
                                  filters=512,
                                  kernel_size=(4, 4),
                                  strides=(2, 2),
                                  padding='same')

        b_conv_2 = tf.layers.batch_normalization(inputs=conv_2,
training=is_training)

        conv_3 = tf.layers.conv2d(inputs=tf.nn.leaky_relu(b_conv_2),
                                  filters=1024,
                                  kernel_size=(4, 4),
                                  strides=(2, 2),
                                  padding='same')
```

```
        b_conv_3 = tf.layers.batch_normalization(inputs=conv_3,
training=is_training)

        conv_4 = tf.layers.conv2d(inputs=tf.nn.leaky_relu(b_conv_3),
                                  filters=1,
                                  kernel_size=(4, 4),
                                  padding='valid')
        return conv_4
```

此外，在这种情况下，我们需要声明一个专用的变量范围。但是，由于鉴别器用于两个不同的情况（即真实样本的评估和生成样本的评估），我们需要在第二个声明中要求重用该变量。如果没有设置这样的标志，则每次调用该函数都将对应于不同的鉴别器，产生新的变量集。

一旦声明了两个主分量，我们就可以初始化图像并为 GAN 设置整个 DAG，如下所示：

```
import tensorflow as tf

graph = tf.Graph()

with graph.as_default():
    input_x = tf.placeholder(tf.float32, shape=(None, width, height, 1))
    input_z = tf.placeholder(tf.float32, shape=(None, code_length))
    is_training = tf.placeholder(tf.bool)

    gen = generator(z=tf.reshape(input_z, (-1, 1, 1, code_length)),
is_training=is_training)

    discr_1_l = discriminator(x=input_x, is_training=is_training,
reuse_variables=False)
    discr_2_l = discriminator(x=gen, is_training=is_training,
reuse_variables=True)

    loss_d_1 = tf.reduce_mean(
tf.nn.sigmoid_cross_entropy_with_logits(labels=tf.ones_like(discr_1_l),
logits=discr_1_l))
    loss_d_2 = tf.reduce_mean(
tf.nn.sigmoid_cross_entropy_with_logits(labels=tf.zeros_like(discr_2_l),
logits=discr_2_l))
    loss_d = loss_d_1 + loss_d_2
```

```
    loss_g = tf.reduce_mean(
tf.nn.sigmoid_cross_entropy_with_logits(labels=tf.ones_like(discr_2_l),
logits=discr_2_l))

    variables_g = [variable for variable in tf.trainable_variables() if
variable.name.startswith('generator')]
    variables_d = [variable for variable in tf.trainable_variables() if
variable.name.startswith('discriminator')]

    with
tf.control_dependencies(tf.get_collection(tf.GraphKeys.UPDATE_OPS)):
        training_step_d = tf.train.AdamOptimizer(0.0001,
beta1=0.5).minimize(loss=loss_d, var_list=variables_d)
        training_step_g = tf.train.AdamOptimizer(0.0005,
beta1=0.5).minimize(loss=loss_g, var_list=variables_g)
```

第一块包含占位符的声明。为了清楚起见，虽然 input_x 和 input_z 的目的很容易理解，但是 is_training 可能不太明显。此布尔标志的目标是允许在生产阶段禁用批处理规范化（它必须仅在训练阶段有效）。接下来的步骤包括声明生成器和两个鉴别器（它们在形式上是相同的，因为变量是共享的，但是一个用真实样本提供，另一个必须评估生成器的输出）。然后定义损失函数，这些函数基于一种加速计算并提高数值稳定性的技巧。

函数 tf.nn.sigmoid_cross_entropy_with_logits()接受 logit（这就是为什么我们没有直接将 sigmoid 转换应用于鉴别器输出），并允许我们执行以下向量计算：

$$L=-x_{label}\log(\sigma(x_{logit}))-(1-x_{label})\log(1-\sigma(x_{logit}))$$

因此，由于函数 loss_d_1()是真实样本的损失函数，我们使用运算符 tf.ones_like()将所有标签设置为等于 1。因此，sigmoid 交叉熵的第二项变为空，结果如下：

$$L_{d1}=\frac{1}{batch\ size}\sum_i \log(\sigma(x_i))$$

相反，函数 loss_d_2()恰好需要 sigmoid 交叉熵的第二项。因此，我们将所有标签设置为 0，以获得损失函数：

$$L_{d2}=\frac{1}{batch\ size}\sum_i \log(1-\sigma(x_i))$$

相同的概念适用于生成器损失函数。接下来的步骤需要定义两个 Adam 优化器。正如我们之前解释的那样，我们需要隔离变量，以便进行交替训练。因此，现在函数 minimize()都包含必须更新的损失和变量集。TensorFlow 官方文档中建议使用上下文声明 tf.control_ dependencies(tf.get_collection(tf.GraphKeys.UPDATE_OPS))，无论何时使用批处理规范化，其目标是仅在计算均值和方差之后才允许执行训练步骤（有关此技术的更多详细信息，请查看 *Accelerating Deep Network Training by Reducing Internal Covariate Shift*）。

此时，我们可以创建一个会话并初始化所有变量，如下所示：

```
import tensorflow as tf

session = tf.InteractiveSession(graph=graph)
tf.global_variables_initializer().run()
```

一旦一切准备就绪后，我们就可以开始训练了。以下代码段显示了对鉴别器和生成器执行交替训练的代码：

```
import numpy as np

samples_range = np.arange(nb_samples)

for e in range(nb_epochs):
    d_losses = []
    g_losses = []

    for i in range(nb_iterations):
        Xi = np.random.choice(samples_range, size=batch_size)
        X = np.expand_dims(X_train[Xi], axis=3)
        Z = np.random.uniform(-1.0, 1.0, size=(batch_size,
code_length)).astype(np.float32)

        _, d_loss = session.run([training_step_d, loss_d],
                                feed_dict={
                                    input_x: X,
                                    input_z: Z,
                                    is_training: True
                                })
        d_losses.append(d_loss)

        Z = np.random.uniform(-1.0, 1.0, size=(batch_size,
code_length)).astype(np.float32)

        _, g_loss = session.run([training_step_g, loss_g],
                                feed_dict={
                                    input_x: X,
                                    input_z: Z,
```

```
                                          is_training: True
                                      })
        g_losses.append(g_loss)

    print('Epoch {}) Avg. discriminator loss: {} - Avg. generator loss:
{}'.format(e + 1, np.mean(d_losses), np.mean(g_losses)))
```

在这两个步骤中，我们为该网络提供一批真实图像（在生成器优化期间不会使用）和均匀采样的代码 Z，其中每个分量为 $z_i \sim U(-1, 1)$。为了降低模式崩溃的风险，我们将在每次迭代开始时对集合进行打乱。这不是一种健壮的方法，但它至少可以保证避免可能导致 GAN 处于次优配置的相互关联。

在训练过程结束时，我们可以生成一些面部样本，如下所示：

```
import numpy as np

Z = np.random.uniform(-1.0, 1.0, size=(20, code_length)).astype(np.float32)

Ys = session.run([gen],
                 feed_dict={
                     input_z: Z,
                     is_training: False
                 })

Ys = np.squeeze((Ys[0] + 1.0) * 0.5 * 255.0).astype(np.uint8)
```

DCGAN 生成的面部样本如图 9-4 所示。

图 9-4 DCGAN 生成的面部样本

我们可以看出生成的样本质量非常高，更长的训练阶段效果会更好（以及更深入的超参数搜索）。GAN 已成功学习如何使用同一组属性生成新的面部。表情和视觉元素（例如眼睛形状、眼镜的存在等）都被重新应用于不同的模型，以便产生从相同的原始数据生成过程中绘制的潜在面部。例如第一行的第七个和第八个面部样本基于同一个人，他被修改了某些属性。原始图像如图 9-5 所示。

    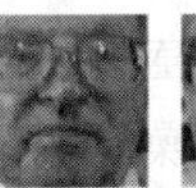     

图 9-5 对应于 Olivetti 人之一的原始图像

这两个生成的样本的嘴的结构都是通用的，但是看第二个样本，我们可以确认该样本已经从其他样本中提取了许多元素（鼻子、眼睛、前额和朝向），生成了一张不存在的人的面部。即使模型正常工作，也会出现局部模式崩溃，因为某些面部（具有其相对属性，如眼镜）比其他面部更常见。相反，一些女性面部（数据集中的少数部分）已经与男性属性合并生成样本，如第一行第二个或最后一行第八个样本。作为练习，我建议读者使用不同的参数和其他数据集（包含灰度和 RGB 图像，如 Cifar-10 或 STL-10）重新训练模型。

本章中此示例和其他示例中显示的图像通常基于随机迭代。因此，为了提高再现性，我建议将 NumPy 和 TensorFlow 的随机种子设置为 1000。命令为：np.random. seed(1000) 和 tf.set_random_seed(1000)。

9.2.3 Wasserstein GAN

给定概率分布 $p(x)$，集合 $D_p = \{x : p(x) > 0\}$被称为支持。如果两个分布 $p(x)$和 $q(x)$具有不相交的支持（即 $D_p \cap D_q = \{\varnothing\}$），则 Jensen-Shannon 散度等于 log(2)。这意味着渐变为空，不再进行任何校正。在涉及 GAN 的通用方案中，$p_g(x)$和 p_{data} 完全重叠的可能性极小（但是，你可以预期最小重叠）。因此，梯度非常小，权重的更新也是如此。这样的问题可能会阻止训练过程并将 GAN 陷入无法逃脱的次优配置中。出于这个原因，Arjovsky、Chintala 和 Bottou（在 *Wasserstein GAN* 中）基于更可靠的差异度量，提出了一个略有不同的模型，称为 **Wasserstein 距离**（或地球移动距离）：

$$D_W(p_{data} \| p_g) = inf_{\mu \sim \prod(p_{data}, p_g)} E_{(x,y)\sim\mu}\left[\|x - y\|\right]$$

为了理解前面的公式，有必要说$\prod(p_{data}, p_g)$是包含数据生成过程和生成器分布之间所有可能的联合分布的集合。因此，Wasserstein 距离等于范数$\|x - y\|$的期望值集合的最小值，假设耦合(x, y)是来自分布 $\mu \sim \prod(p_{data}, p_g)$的样本。即使该概念是直接的，这样的定义仍不是非常直观。我们可以通过考虑两个二维点来概括该概念，其中这两个二维点的距离是两个最近点之间的距离。很明显，该度量完全克服了不相交的问题，而且也与实际分布距离成比例。不幸的是，我们没有使用有限集。因此，Wasserstein 距离的计算效率非常低，几乎不可能在实际任务中使用。然而，**Kantorovich-Rubinstein 定理**（由于它超出了本书的范围，

因此未全面分析）允许我们通过使用特殊支持函数 $f(x)$来简化表达式：

$$D_W(p_{data} \| p_g) = \frac{1}{2} sup_{\|f\| \leqslant L} \ E_{\bar{x} \sim p_{data}}[f(\bar{x})] - E_{\bar{x} \sim p_g}[F(\bar{x})]$$

该定理强加的主要约束是 $f(x)$必须是 L-Lipschitz 函数，也就是说给定的非负常数 L，适用以下条件：

$$|f(x_2) - f(x_1)| \leqslant L \|x_2 - x_1\| \forall x_1, x_2 \in X$$

考虑使用神经网络参数化的函数 $f(\bullet)$，全局目标变为如下：

$$D_W(p_{data} \| p_g) = \max_{\bar{\theta}_c \in \Theta_c} E_{\bar{x} \sim p_{data}}[f(\bar{x}; \bar{\theta}_c)] - E_{\bar{z} \sim p_{data}}[f(g(\bar{z}; \bar{\theta}_g); \bar{\theta}_c)] = \max_{\bar{\theta}_c \in \Theta_c}(W_{data} - W_{noise})$$

在这种特定情况下，鉴别器通常被称为评价器，因此 $f(x; \theta_c)$扮演这个角色。由于这样的函数必须是 L-Lipschitz，因此作者建议在应用修正后剪切所有变量 θ_c：

$$\bar{\theta}_c^{(t+1)} = clip(\bar{\theta}_c^{(t+1)} + \alpha \nabla_{\bar{\theta}_c} D_W, -c, c)$$

该方法效率不高，因为它减慢了学习过程。然而，当函数执行一组有限变量的操作时，假设输出总是受常数约束，则可以应用 Kantorovich-Rubinstein 定理。当然，由于参数化通常需要许多变量（有时数百万或更多），因此剪切常数应保持非常小（例如 0.01）。此外，由于剪切的存在会影响评价器的训练速度，因此在每次迭代期间也需要增加评价器训练步骤的数量（例如评价器为 5 次，生成器为 1 次，依此类推）。

将 DCGAN 转换为 WGAN

在这个例子中，我们将使用 Fashion MNIST 数据集（由 Keras 直接提供）实现基于 Wasserstein 距离的 DCGAN。该数据集由 60000 个 28 像素×28 像素的衣服灰度图像组成，它由 Zalando 引入，作为标准 MNIST 数据集的替代品，因为该数据集的类太容易与许多分类器分离。考虑到此类网络所需的训练时间，我们决定将过程限制为 5000 个样本，但具有足够资源的读者可以选择增加样本数量或去掉此限制。

第一步包括加载、切片和规范化数据集（(−1, 1) 中），如下所示：

```
import numpy as np

from keras.datasets import fashion_mnist

nb_samples = 5000

(X_train, _), (_, _) = fashion_mnist.load_data()
X_train = X_train.astype(np.float32)[0:nb_samples] / 255.0
```

```
X_train = (2.0 * X_train) - 1.0

width = X_train.shape[1]
height = X_train.shape[2]
```

从 Fashion MNIST 数据集中提取的样本，如图 9-6 所示。

图 9-6 从 Fashion MNIST 数据集中提取的样本

我们现在可以基于 DCGAN 的同一层定义生成器 DAG，如下所示。

- 具有 1024（4×4）个滤波器、（1×1）步幅、有效的填充和线性输出的 2D 卷积。
- 批处理规范化和泄漏 ReLU 激活。
- 具有 512（4×4）个滤波器、（2×2）步幅、相同的填充和线性输出的 2D 卷积。
- 批处理规范化和泄漏 ReLU 激活。
- 具有 256（4×4）个滤波器、（2×2）步幅、相同的填充和线性输出的 2D 卷积。
- 批处理规范化和泄漏 ReLU 激活。
- 具有 128（4×4）个滤波器、（2×2）步幅、相同的填充和线性输出的 2D 卷积。
- 批处理规范化和泄漏 ReLU 激活。
- 具有 1（4×4）个滤波器、（2×2）步幅、相同的填充和双曲正切输出的 2D 卷积。

代码显示如下：

```
import tensorflow as tf

def generator(z, is_training=True):
    with tf.variable_scope('generator'):
        conv_0 = tf.layers.conv2d_transpose(inputs=z,
                                            filters=1024,
                                            kernel_size=(4, 4),
                                            padding='valid')

        b_conv_0 = tf.layers.batch_normalization(inputs=conv_0,
training=is_training)
```

```
        conv_1 =
tf.layers.conv2d_transpose(inputs=tf.nn.leaky_relu(b_conv_0),
                                             filters=512,
                                             kernel_size=(4, 4),
                                             strides=(2, 2),
                                             padding='same')

        b_conv_1 = tf.layers.batch_normalization(inputs=conv_1,
training=is_training)

        conv_2 =
tf.layers.conv2d_transpose(inputs=tf.nn.leaky_relu(b_conv_1),
                                             filters=256,
                                             kernel_size=(4, 4),
                                             strides=(2, 2),
                                             padding='same')
        b_conv_2 = tf.layers.batch_normalization(inputs=conv_2,
training=is_training)

        conv_3 =
tf.layers.conv2d_transpose(inputs=tf.nn.leaky_relu(b_conv_2),
                                             filters=128,
                                             kernel_size=(4, 4),
                                             strides=(2, 2),
                                             padding='same')
        b_conv_3 = tf.layers.batch_normalization(inputs=conv_3,
training=is_training)

        conv_4 =
tf.layers.conv2d_transpose(inputs=tf.nn.leaky_relu(b_conv_3),
                                             filters=1,
                                             kernel_size=(4, 4),
                                             strides=(2, 2),
                                             padding='same')

        return tf.nn.tanh(conv_4)
```

评价器的 DAG 基于以下层集。

- 具有 128（4×4）个滤波器、（2×2）步幅、相同的填充和泄漏的 ReLU 输出的 2D 卷积。
- 具有 256（4×4）个滤波器、（2×2）步幅、相同的填充和线性输出的 2D 卷积。
- 批处理规范化和泄漏 ReLU 激活。

- 具有 512（4×4）个滤波器、（2×2）步幅、相同的填充和线性输出的 2D 卷积。
- 批处理规范化和泄漏 ReLU 激活。
- 具有 1024（4×4）个滤波器、（2×2）步幅、相同的填充和线性输出的 2D 卷积。
- 批处理规范化和泄漏 ReLU 激活。
- 具有 1（4×4）个滤波器、（2×2）步幅、有效的填充和线性输出的 2D 卷积。

相应的代码如下：

```
import tensorflow as tf

def critic(x, is_training=True, reuse_variables=True):
    with tf.variable_scope('critic', reuse=reuse_variables):
        conv_0 = tf.layers.conv2d(inputs=x,
                                  filters=128,
                                  kernel_size=(4, 4),
                                  strides=(2, 2),
                                  padding='same')

        conv_1 = tf.layers.conv2d(inputs=tf.nn.leaky_relu(conv_0),
                                  filters=256,
                                  kernel_size=(4, 4),
                                  strides=(2, 2),
                                  padding='same')

        b_conv_1 = tf.layers.batch_normalization(inputs=conv_1,
training=is_training)

        conv_2 = tf.layers.conv2d(inputs=tf.nn.leaky_relu(b_conv_1),
                                  filters=512,
                                  kernel_size=(4, 4),
                                  strides=(2, 2),
                                  padding='same')

        b_conv_2 = tf.layers.batch_normalization(inputs=conv_2,
training=is_training)

        conv_3 = tf.layers.conv2d(inputs=tf.nn.leaky_relu(b_conv_2),
                                  filters=1024,
                                  kernel_size=(4, 4),
                                  strides=(2, 2),
                                  padding='same')
```

```
        b_conv_3 = tf.layers.batch_normalization(inputs=conv_3,
training=is_training)

        conv_4 = tf.layers.conv2d(inputs=tf.nn.leaky_relu(b_conv_3),
                                  filters=1,
                                  kernel_size=(4, 4),
                                  padding='valid')

        return conv_4
```

由于与 DCGAN 没有特别的差异，因此无须添加其他注释。因此，我们可以继续讨论图像和整个 DAG 的定义，如下所示：

```
import tensorflow as tf

nb_epochs = 100
nb_critic = 5
batch_size = 64
nb_iterations = int(nb_samples / batch_size)
code_length = 100

graph = tf.Graph()

with graph.as_default():
    input_x = tf.placeholder(tf.float32, shape=(None, width, height, 1))
    input_z = tf.placeholder(tf.float32, shape=(None, code_length))
    is_training = tf.placeholder(tf.bool)

    gen = generator(z=tf.reshape(input_z, (-1, 1, 1, code_length)),
is_training=is_training)

    r_input_x = tf.image.resize_images(images=input_x, size=(64,64),
method=tf.image.ResizeMethod.BICUBIC)

    crit_1_l = critic(x=r_input_x, is_training=is_training,
reuse_variables=False)
    crit_2_l = critic(x=gen, is_training=is_training,
reuse_variables=True)

    loss_c = tf.reduce_mean(crit_2_l - crit_1_l)
    loss_g = tf.reduce_mean(-crit_2_l)
```

```
    variables_g = [variable for variable in tf.trainable_variables()
                   if variable.name.startswith('generator')]
    variables_c = [variable for variable in tf.trainable_variables()
                   if variable.name.startswith('critic')]

    with
tf.control_dependencies(tf.get_collection(tf.GraphKeys.UPDATE_OPS)):
        optimizer_c = tf.train.AdamOptimizer(0.00005, beta1=0.5,
beta2=0.9).\
                          minimize(loss=loss_c, var_list=variables_c)

        with tf.control_dependencies([optimizer_c]):
            training_step_c = tf.tuple(tensors=[
                              tf.assign(variable,
tf.clip_by_value(variable, -0.01, 0.01))
for variable in variables_c])

        training_step_g = tf.train.AdamOptimizer(0.00005, beta1=0.5,
beta2=0.9).\
                              minimize(loss=loss_g,
var_list=variables_g)
```

像往常一样，第一步是声明占位符，它与 DCGAN 相同。然而，由于模型（特别是卷积序列或转置卷积序列）已针对 64 像素×64 像素的图像进行了优化，因此我们将使用方法 tf.image.resize_images()调整原始样本的大小。此操作将导致一定的质量损失。因此，在生产应用程序中，我强烈建议你使用针对原始输入维度优化的模型。在声明了生成器和评价器之后（正如我们在前面的例子中所讨论的，我们需要两个实例共享相同的变量，因为损失函数是单独优化的），我们可以弥补损失。在这种情况下，它们非常简单且计算速度快，但我们为此简化和为该网络能够应用较小的修正付出了代价。事实上，在这种情况下，我们不是直接最小化评价器损失函数；相反，我们首先使用 optimizer_c 计算和应用梯度，然后我们使用 training_step_c 来剪切所有评价变量。因为我们只想调用这个运算符，所以我们在使用指令 tf.control_dependencies([optimizer_c])定义的情况中声明了它。这样，当请求会话计算 traning_step_c 时，TensorFlow 将注意首先运行 optimizer_c，但只有在结果准备就绪时才会执行 main 命令（该操作简单地剪切变量）。正如我们在理论中所解释的那样，这一步骤对于保证评价器仍然是 L-Lipschitz 函数是必要的，因此允许使用从 Kantorovich-Rubinstein 定理派生的简化 Wasserstein 距离表达式。

完全定义图像后，我们可以创建会话并初始化所有变量，如下所示：

```
import tensorflow as tf

session = tf.InteractiveSession(graph=graph)
tf.global_variables_initializer().run()
```

现在，所有分量均已设置好，并且我们准备开始训练过程。该过程分为 nb_critic（在我们的例子中为5个）评价训练步骤的迭代和生成器训练步骤的执行，如下所示：

```
import numpy as np

samples_range = np.arange(X_train.shape[0])

for e in range(nb_epochs):
    c_losses = []
    g_losses = []

    for i in range(nb_iterations):
        for j in range(nb_critic):
            Xi = np.random.choice(samples_range, size=batch_size)
            X = np.expand_dims(X_train[Xi], axis=3)
            Z = np.random.uniform(-1.0, 1.0, size=(batch_size,
code_length)).astype(np.float32)

            _, c_loss = session.run([training_step_c, loss_c],
                                    feed_dict={
                                        input_x: X,
                                        input_z: Z,
                                        is_training: True
                                    })
            c_losses.append(c_loss)

        Z = np.random.uniform(-1.0, 1.0, size=(batch_size,
code_length)).astype(np.float32)

        _, g_loss = session.run([training_step_g, loss_g],
                                feed_dict={
                                    input_x:
np.zeros(shape=(batch_size, width, height, 1)),
                                    input_z: Z,
                                    is_training: True
                                })

        g_losses.append(g_loss)
```

```
    print('Epoch {}) Avg. critic loss: {} - Avg. generator loss:
{}'.format(e + 1,
np.mean(c_losses),
np.mean(g_losses)))
```

在此过程结束时（可能会很长，特别是在没有任何 GPU 支持的情况下），为了获得视觉确认，我们可以再次生成一些样本，如下所示：

```
import numpy as np

Z = np.random.uniform(-1.0, 1.0, size=(30, code_length)).astype(np.float32)

Ys = session.run([gen],
                  feed_dict={
                      input_z: Z,
                      is_training: False
                  })

Ys = np.squeeze((Ys[0] + 1.0) * 0.5 * 255.0).astype(np.uint8)
```

WGAN 生成的样本如图 9-7 所示。

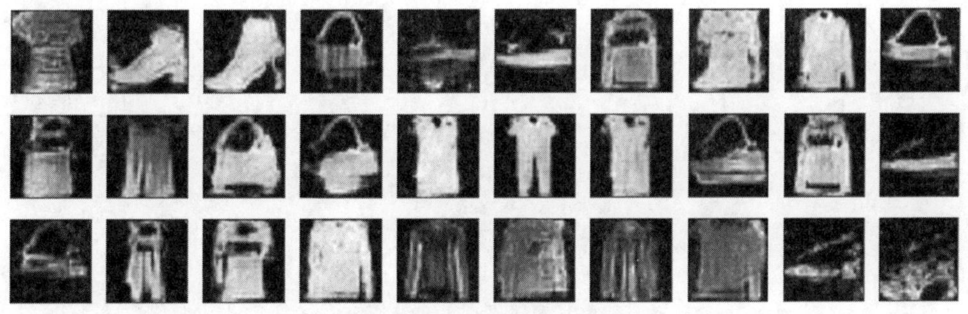

图 9-7 WGAN 生成的样本

我们可以看出，WGAN 已经收敛到一个相当好的最终配置。调整大小的操作会严重影响图像的质量。然而，有趣的是，生成的样本就平均而言要比原始样本更复杂。例如衣服的质地和形状受到其他因素（例如包和鞋）的影响，导致新样本数量增加的模型不太规律。然而，因素增加对图像理解的影响与 Olivetti 面部数据集相反。在这种情况下，我们更难理解样本是否由异构属性的混合组成，因为数据生成过程（例如标准 MNIST）至少有 10 种与原始类相对应的主模式。

WGAN 不会陷入模式崩溃，但是正如我们在面部数据集观察到的那样，不同区域的强分离会阻止模型轻松合并元素。作为练习，我建议读者使用 Olivetti 面部数据集重复此示例，找到最佳超参数配置，并将结果与标准 DCGAN 实现的结果进行比较。

9.3　自组织映射

自组织映射是由 Willshaw 和 Von Der Malsburg 首次提出的模型（参见 *How Patterned Neural Connections Can Be Set Up by Self-Organization*），目的是找到一种方法来描述许多动物大脑中发生的不同现象。事实上，他们观察到大脑的某些区域可以形成内部组织结构，其子组件在特定输入模式下会选择性接收信息（例如一些视觉皮层区域对垂直或水平带非常敏感）。SOM 的核心思想可以通过考虑一个旨在找出样本的低级属性的聚类过程来合成，这要归功于它对聚类的分配。关键在于，在 SOM 中，单个单元通过**赢者通吃（Winner-Takes-All）**的学习过程可以代表样本群体的一部分（即数据生成过程的区域）。这样的训练过程首先引出所有单元（我们称之为神经单元）的反应，并通过减少最活跃区单元周围的影响区域来加强所有的权重和收益，直到某个单元成为唯一对给定输入模式作出响应的神经元。

该合成过程如图 9-8 所示。

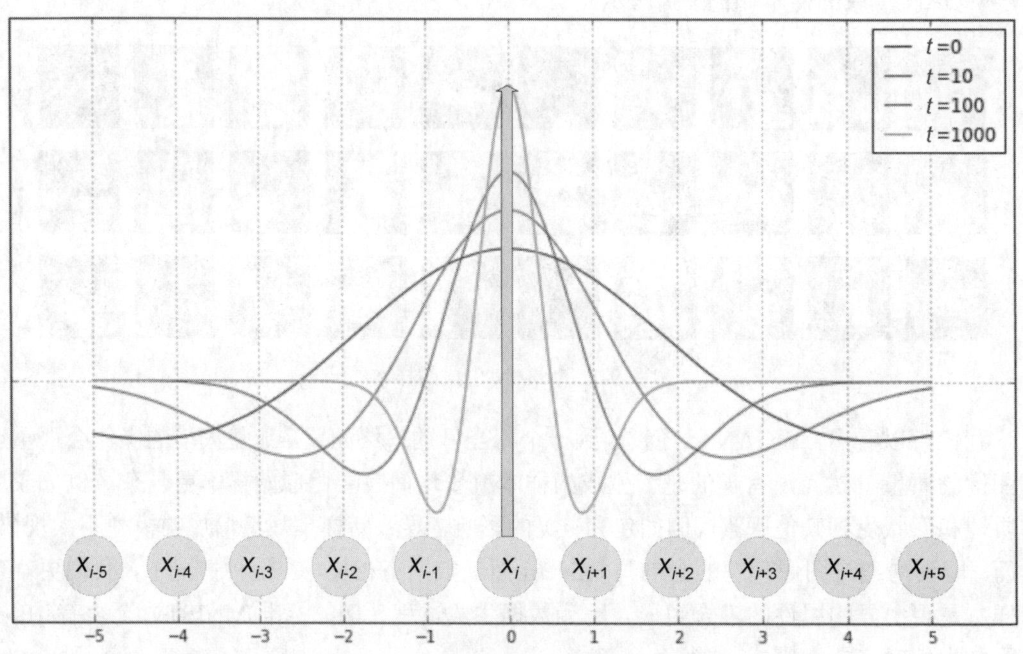

图 9-8　SOM 开发的墨西哥帽的选择性

在初始步骤中，许多单元响应相同的输入模式，但我们已经可以观察到 x_i 的优势。然而，立即选择该单元可能导致过早的收敛，从而导致精度损失。这就是获胜单元周围的半径逐渐减小的原因（由于形状特点，我们观察到一种称为**墨西哥帽子**（**Mexican Hat**）的现象）。当然，在这一过程中，最初获胜的单元无法保持稳定，所以我们要避免半径快速减小，防止其他潜在单元被引出。当一个神经元在特定模式下保持最活跃状态时，它将逐渐变成实际获胜者。因此，它会消耗所有的力气，因为不再有其他单元会被强化。

一些非常著名和有用的 SOM 是 **Kohonen 映射**（首次出现在 *Self-Organized Formation of Topologically Correct Feature Maps* 中）。它们是在由 N 个神经元构成的二维流形（最典型的情况是平坦的二维区域）上投影的平面。从现在开始，为简单起见，我们将考虑映射到包含 $k \times p$ 个单位矩阵上的曲面，每个曲面都使用突触权重 $w_{ij} \in \mathfrak{R}^n$（维度与输入模式 $x_i \in \mathfrak{R}^n$ 相同）建模。因此，权重矩阵变为 $W(i, j) \in \mathfrak{R}^{k \times p \times n}$。从实际的角度来看，在该模型中，由于不执行内部转换，因此神经元通过相应的权重向量表示。呈现模式 x_i 时，使用以下规则确定获胜神经元 n_w（作为元组）：

$$n_w = argmin_{(k,p)} \left\| W(k,p) - \bar{x}_i \right\| \ where \ n_w \in \{(1,k),(1,p)\}$$

训练过程通常分为两个不同的阶段：**调整**和**收敛**。在调整阶段，更新将扩展到获胜单元的所有邻域，而在收敛阶段，将仅增强权重 $W(n_w)$。但是，平滑而渐进的下降比快速下降更可取；因此，对于邻域大小 $n_s(i,j)$ 的常见选择是基于具有指数衰减方差的径向基函数：

$$\begin{cases} n_s(i,j) = \mathrm{e}^{-\frac{\left\| n_w - (i,j) \right\|^2}{2\sigma(t)^2}} \\ \sigma(t) = \sigma_0 \mathrm{e}^{-\frac{t}{\tau}} \end{cases}$$

初始方差（与最大邻域成正比）为 σ_0，并且根据时间常数 τ 呈指数衰减。根据经验，当 $t > 4\tau$ 时 $\sigma(t) \approx 0$，因此 τ 应设置为等于调整阶段训练时期数值的 1/4：$\tau = 0.25 \cdot t_{adj}$。一旦定义了邻域，就可以根据它们与每个样本 x_i 的差异度来更新所有成员的权重：

$$\Delta \bar{w}_{ij} = \eta(t) n(i,j)(\bar{x}_i - \bar{w}_{ij})$$

在前面的公式中，学习速率 $\eta(t)$ 也是训练时期的函数，因为最好在早期（尤其是在调整阶段）施加更大的灵活性，而最好在收敛阶段，设置较小的 η，以便进行较小的修改。衰减学习速率的一个非常常见的选择类似于邻域大小：

$$\eta(t) = \begin{cases} \eta_0 \mathrm{e}^{-\frac{1}{\tau}} & t < t_{adj} \\ \eta_\infty & t \geqslant t_{adj} \end{cases}$$

学习规则的作用是迫使获胜单元的权重接近特定模式，因此在训练过程结束时，每个模式都应引起代表一个定义明确特征集的单个单元的响应。自组织源自这种模型必须优化单元的能力，以便使相似的模式彼此靠近（例如如果垂直引起单元的响应，则一个轻微的旋转应引起领域的响应）。

Kohonen 映射示例

在此示例中，我们要训练一个 8×8 的正方形 Kohonen 映射以接受 Olivetti 面部数据集。由于每个样本都是 64 像素×64 像素的灰度图像，因此我们需要分配一个形状等于（8，8，4096）的权重矩阵。训练过程可能会很长；因此，我们会将映射限制为 100 个随机样本（当然，读者可以删除该限制，并使用整个数据集训练模型）。

同样，让我们从加载和规范化数据集开始，如下所示：

```
import numpy as np

from sklearn.datasets import fetch_olivetti_faces

faces = fetch_olivetti_faces(shuffle=True)
Xcomplete = faces['data'].astype(np.float64) / np.max(faces['data'])
np.random.shuffle(Xcomplete)
X = Xcomplete[0:100]
```

现在，让我们为距离函数的方差 $\sigma(t)$和学习速率 $\eta(t)$定义指数衰减函数，如下所示：

```
import numpy as np

eta0 = 1.0
sigma0 = 3.0
tau = 100.0

def eta(t):
 return eta0 * np.exp(-float(t) / tau)

def sigma(t):
 return float(sigma0) * np.exp(-float(t) / tau)
```

在此示例中，我们令初始学习速率 $\eta(0) = 1$，半径方差 $\sigma(0) = 3$。时间常数等于 100，因为我们计划执行 500 次调整迭代和 500 次收敛迭代（总共 1000 次迭代）。相应的值在下面的代码段中声明：

```
nb_iterations = 1000
nb_adj_iterations = 500
```

此时，我们可以基于差 $w-x$ 的 L_2 范数定义权重矩阵（初始化为 $w_{ij} \sim N(0, 0.01)$）和负责计算获胜单元的函数，如下所示：

```
import numpy as np

pattern_length = 64 * 64
pattern_width = pattern_height = 64
matrix_side = 8

W = np.random.normal(0, 0.1, size=(matrix_side, matrix_side,
pattern_length))

def winning_unit(xt):
    distances = np.linalg.norm(W - xt, ord=2, axis=2)
    max_activation_unit = np.argmax(distances)
    return int(np.floor(max_activation_unit / matrix_side)),
max_activation_unit % matrix_side
```

在开始训练周期之前，最好预先计算距离矩阵 $\boldsymbol{dm}(x_0, y_0, x_1, y_1)$，其中每个元素代表$(x_0, y_0)$与$(x_1, y_1)$之间的平方欧氏距离。如以下代码段所示，此步骤在确定获胜单位邻域时避免了计算开销：

```
import numpy as np

precomputed_distances = np.zeros((matrix_side, matrix_side, matrix_side,
matrix_side))

for i in range(matrix_side):
    for j in range(matrix_side):
        for k in range(matrix_side):
            for t in range(matrix_side):
                precomputed_distances[i, j, k, t] = \
                    np.power(float(i) - float(k), 2) + np.power(float(j) -
float(t), 2)

def distance_matrix(xt, yt, sigmat):
    dm = precomputed_distances[xt, yt, :, :]
    de = 2.0 * np.power(sigmat, 2)
    return np.exp(-dm / de)
```

函数 distance_matrix()计算一个方阵，其中包含所有以(xt, yt)为中心的神经元的指数衰减影响。现在，我们具有创建训练过程所需的所有构造块，该训练过程基于我们先前描述的权重更新规则，如下所示：

```
import numpy as np

sequence = np.arange(0, X.shape[0])
t = 0

for e in range(nb_iterations):
    np.random.shuffle(sequence)
    t += 1

    if e < nb_adj_iterations:
        etat = eta(t)
        sigmat = sigma(t)
    else:
        etat = 0.2
        sigmat = 1.0

    for n in sequence:
        x_sample = X[n]

        xw, yw = winning_unit(x_sample)
        dm = distance_matrix(xw, yw, sigmat)

        dW = etat * np.expand_dims(dm, axis=2) * (x_sample - W)
        W += dW

    W /= np.linalg.norm(W, axis=2).reshape((matrix_side, matrix_side, 1))

    if e > 0 and e % 100 == 0:
        print('Training step: {}'.format(t-1))
```

在每个循环中，执行以下步骤。

- 为了避免相互关联，对输入样本的顺序进行随机打乱。
- 计算学习速率和距离方差（收敛值为 $\eta_\infty = 0.2$ 和 $\sigma_\infty = 1$）。
- 对于每个样本，适用以下条件。
  - 计算获胜单元。
  - 计算距离矩阵。

■ 计算并应用权重更新

- 重新调整权重，以避免溢出。

现在，我们可以在训练过程结束时显示权重矩阵，如图 9-9 所示。

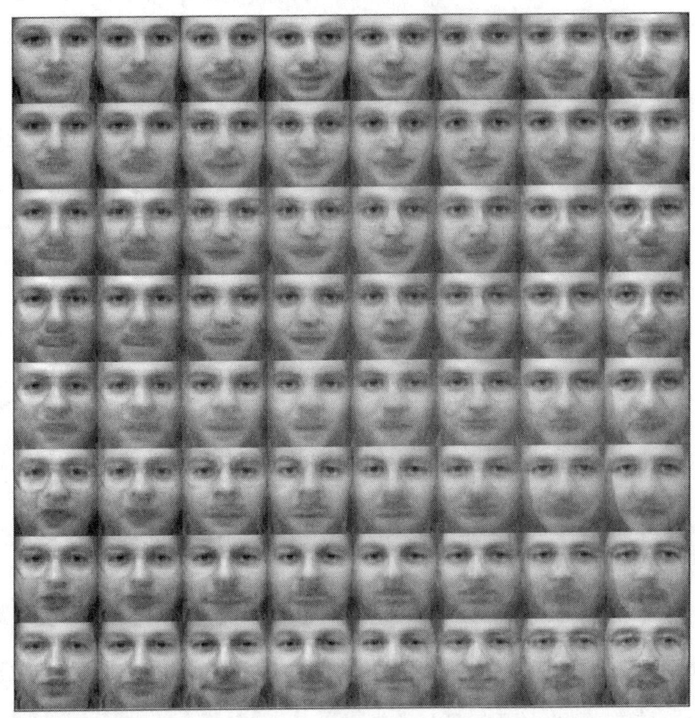

图 9-9 训练过程结束时的 Kohonen 映射的权重矩阵

我们可以看到，每个权重都集中在面部的通用结构上（因为数据集仅包含这种模式）。但是，不同的权重对特定的输入属性的相应能力变得更加敏感。我建议你先开始看左上的面部的元素（例如眼睛或嘴巴），沿着螺旋线作顺时针方向旋转，最后在中间的重要元素上结束。这样，很容易看到接收字段中的修改。作为练习，我建议读者使用其他数据集（例如 MNIST 或 Fashion MNIST）测试模型，并对最终的权重矩阵执行手动标记（例如考虑此示例，特定权重可以表示戴眼镜的笑脸和一个大鼻子）。标记每个元素后，我们就可以投影原始样本，并通过直接提供标签作为输出来检查哪些神经元更容易接受。

9.4 总结

在本章中，我们介绍了 GAN 的概念，并讨论了 DCGAN 的示例。这些模型具有通过使用极大极小游戏中涉及的两个神经网络来学习数据生成过程的能力。生成器必须学习返回与训练过程中使用的其他样本没有区别的样本。鉴别器或评价器，需要为有效样本分配高概率，所以必须变得越来越聪明。对抗训练方法基于强迫生成器战胜鉴别器的想法，通过学习如何用与真实样本相同的属性的合成样本来欺骗它，同时，通过越来越具有选择性来迫使生成器战胜鉴别器。在我们的示例中，还分析了一个重要的称为 WGAN 的变体，在当标准模型无法重现有效样本时可以使用该变体。

SOM 是基于大脑特定区域的功能结构，它迫使其单元学习输入样本的特定特征。这些模型会自动进行自我组织，以便使响应类似模式的单元更接近。一旦出现新的样本，就足以计算获胜单元，即权重与样本的距离最短的单元；并且在标记过程之后，可以立即知道哪些特征引起了响应（例如垂直线条或高级特征，如眼镜或胡子的存在，或面部的形状）。

9.5　问题

1．在 GAN 中，生成器和鉴别器扮演相同的角色，就像自动编码器中的编码器和解码器正确吗？

2．鉴别器输出值是否可以在（−1, 1）的范围内？

3．GAN 的一个问题是鉴别器的过早收敛，正确吗？

4．在 Wasserstein GAN 中，评价器（鉴别器）在训练阶段是否比生成器慢？

5．考问题 4，速度不同的原因是什么？

6．在 $U(-1, 0)$和 $U(1, 2)$之间，Jensen-Shannon 散度的值是多少？

7．赢者通吃策略的目标是什么？

8．SOM 在训练过程的调整阶段的目的是什么？

第 10 章 问题解答

10.1 第 1 章

1. 无监督学习可以独立于有监督学习应用，因为它们的目标是不同的。但如果一个问题需要有监督学习，通常无监督学习不能用作替代的解决方案。通常，无监督学习尝试从数据集中提取信息片段（例如聚类），而没有任何外部提示（例如预测错误）。相反，有监督学习需要提示来纠正其参数。

2. 由于目标是找到趋势的原因，因此有必要进行诊断性分析。

3. 不正确。从相同分布中抽取 n 个独立样本的可能性是作为单个概率的乘积获得的（主要假设参见问题 4）。

4. 主要假设是指样本是**独立同分布**的。

5. 性别可以编码为数字特征（例如独热编码）；因此，我们需要考虑两种可能性。如果属性中不存在性别，而且其他特征与性别没有相关性，那么聚类的结果是完全合理的。如果属性中存在性别，那么一般的聚类方法是基于样本间的相似性，50/50 的结果意味着性别不是有差别特征。换句话说，给定两个随机选择的样本，它们的相似度不受性别的影响（或稍有影响），因为其他特征占主导地位。例如，在这种特殊情况下，平均分或年龄的差异较大，所以它们的影响更大。

6. 我们可以期待更紧凑的组，其中每个主要特征具有更小的范围。例如一个组可以包含年龄在 13～15 的学生，包含所有可能的标记等等。或者，我们可以观察基于单个特征的分割（例如年龄、标记平均值，等等）。最终结果取决于向量的数据结构、距离函数，当然还有算法。

7. 如果每个客户都由包含他/她的兴趣摘要的特征向量表示（例如基于他/她已经购买

或看过的产品），我们找到聚类分配，检查哪些元素表征聚类（例如书籍、电影、服装、特定品牌，等等），并使用这些信息片段来推荐潜在产品（即类似用户购买的产品）。这一概念基于在同一聚类成员之间共享信息的主要思想，这要归功于相似性。

10.2 第 2 章

1．曼哈顿距离与闵可夫斯基距离相同（p=1），因此我们期望观察更长的距离。

2．错误。收敛速度主要受到质心的初始位置影响。

3．正确。K-means 主要用于凸聚类，在凹聚类上表现较差。

4．这意味着所有聚类（除了样本百分比可忽略不计的）分别只包含属于同一类的样本（即具有相同的真实标签）。

5．这意味着真实标签分布和分配之间存在中等或强烈的负差异。这样的值是一个无法被接受的明显的负面条件，因为绝大多数的样本已经被分配给错误的聚类。

6．不能。因为调整后的兰德分数是基于事实真相的（即预期的聚类数量是固定的）。

7．如果所有基本查询需要相同的时间，则在 60−(2×4)−2=50 秒内执行完毕。因此，它们中的每一个查询都需要 50/100=0.5 秒。令 *leaf size*=50，我们可以期望将两个 50-NN 查询的执行时间减半，而对基本查询没有影响。因此，基本查询的总可用时间变为 60−(2×2)−2=54 秒，因此，我们可以执行 108 个基本查询。

8．错误。ball-tree 是一种不遭受维数灾难的数据结构，其计算复杂度始终为 $O(N \log M)$。

9．高斯 $N([-1.0, 0.0]$、$diag[0.1, 0.2])$和 $N([-0.8, 0.0]$，$diag[0.3, 0.3])$重叠（即使得到的聚类非常拉伸），而第 3 个是足够远的（考虑均值和方差），可以由独立的聚类捕获。因此，最佳聚类的大小为 2，而且对于 K-means 很难将大的斑点正确地分离为两个内聚分量（特别是对于大量的样本）。

10．VQ 是一种有损压缩方法。它只能在语义不会被小的或中等的变换改变时使用。在这种不修改基础语义的情况下，VQ 不可能将令牌与另一个令牌交换。

10.3 第 3 章

1．不是。在凸集合中，给定两个点，连接它们的线段始终位于集合内。

2．考虑到数据集的径向结构，RBF 内核通常可以解决这个问题。

3．使用 ε=1.0 时，许多点不是密度可达的。当球的半径减小时，我们应该期待更多的噪声点。

4．错误。K-medoids 可以用于任何度量。

5．错误。DBSCAN 对几何形态不敏感，可以管理任何类型的聚类结构。

6．我们已经证明了 Mini-batch K-means 的性能略差于 K-means。因此，答案是肯定的。可以使用批次算法来节省内存。

7．考虑到噪声的方差为 $\sigma^2=0.005\rightarrow\sigma\approx0.07$，这比聚类标准差小约 14 倍，我们不能期望在稳定的聚类配置中有如此大量的新分配（80%）。

10.4　第 4 章

1．在凝聚方法中，算法从每个样本开始，视其为一个聚类，并继续合并子聚类直到定义单个聚类。在分裂方法中，算法从包含所有样本的单个聚类开始，然后通过拆分直到每个样本构成一个聚类。

2．最近的点是(0,0)和(0,1)，因此单一链是 $L_s(a, b)=1$。最远的点是(−1,−1)和(1,1)，所以完整链是 $L_c(a, b) = 2\sqrt{2}$ 。

3．错误。树状图是给定度量和链接的分层聚类过程的树表示。

4．不正确。在凝聚聚类中，树状图的初始部分包含了所有样本作为自治聚类。

5．y 轴代表报告差异度。

6．不正确。将较小的聚类合并为较大的聚类时，差异度会增加。

7．正确。这就是同表型矩阵的定义。

8．连通性约束允许强制，因此其主要目的是将约束合并到聚合过程，从而强制它将一些元素保留在同一个聚类中。

10.5　第 5 章

1．硬聚类基于固定分配。因此，样本 x_i 总是属于单个聚类。相反地，软聚类返回一个等级向量，其元素代表每个聚类的成员级别，例如(0.1,0.7,0.05,0.15)。

2．错误。Fuzzy c-means 是 K-means 的扩展，并不太适用于非凸几何。但是，软分配允许评估近邻聚类的影响。

3．主要假设是数据集可以从一种分布中绘制，该分布可以用多个高斯分布的加权和来有效的近似。

4．这意味着第一个模型有许多参数，是第二个模型的两倍。

5．第二个，因为它可以使用更少的参数来实现相同的结果。

6．因为我们想要使用这样的模型来自动选择分量。这意味着我们想要从更多的权重开始，期望它们中的许多权重将被迫接近 0。因为 Dirichlet 分布具有非常稀疏的特性并且在单纯形式上运行，所以它是先验的最佳选择。

7．如果它们是从相同的来源收集的并且标记的内容是被验证过的，我们可以使用半监督方法（例如生成高斯混合），以便为剩余的样本找到合适的标签。

10.6 第 6 章

1．由于随机变量明显独立，$P(Tall, Rain) = P(Tall)P(Rain) = 0.75 \cdot 0.2 = 0.15$。

2．直方图的一个主要缺点是，当条柱的数量过大时，很多条柱都为空，因为在所有值范围内都没有样本。在这种情况下，X 的基数可以小于 1000，或者即使有超过 1000 个的样本，相对频率也可以集中在小于 1000 的多个条柱中。

3．样本总数为 75，并且条柱的长度相等。因此，$P(0 < x < 2) = 20/75 \approx 0.27$，$P(2 < x < 4) = 30/75 = 0.4$ 以及 $P(4 < x < 6) = 25/75 \approx 0.33$。由于我们没有任何样本，我们可以假设 $P(x > 6) = 0$，因此，$P(x > 2) = P(2 < x < 4) + P(4 < x < 6) \approx 0.73$。我们立即得到确认，因为 $0.73 \times 75 \approx 55$，这是属于 $x > 2$ 的条柱的样本数量。

4．在正态分布 $N(0, 1)$中，最大密度是 $p(0) \approx 0.4$。在大约 3 个标准差后，$p(x) \approx 0$；因此 $p(x) = 0.35$ 的样本 x 通常不能被认作是异常。

5．当 $min(std(X), IQR(X)/1.34) \approx 2.24$ 时，最佳带宽为 $h = 0.9 \times 2.24 \times 500^{-0.2} = 0.58$。

6．即使可以使用高斯内核，根据给定分布的描述，我们应该首先选择指数内核，其允许在均值周围非常快速的下降。

7．这是合乎逻辑的结论。事实上，在新值的情况下，我们应该期望新的样本改变分布，以便对新值进行建模。如果训练模型后概率密度仍然很低，则样本很可能是异常的。

10.7 第 7 章

1．协方差矩阵已经是对角的，特征向量是标准的 x 和 y 向量(1,0)和(0,1)，特征值是 2 和 1。因此，x 轴是主成分，y 轴是次成分。

2．当球 $B_{0.5}(0,0)$为空时，在点(0,0)周围没有样本。考虑到水平方差 $\sigma_x^2 = 2$，我们可以想象 X 被分成两个斑点，因此可以想象 $x = 0$ 的线是水平鉴别器。但是，这只是一种假设，需要通过实际数据来验证。

3．错误，它们并不是独立的。PCA 之后的协方差矩阵不是相关的，但不保证统计的独立性。

4．正确。Kurt(X)的分布是超高斯分布，因此它具有峰值和重尾。这保证了我们可以找到独立的分量。

5．由于 X 包含负元素，因此该数据集不可能使用 NNMF 算法。

6．该字典非超完备。由于字典有 10 个元素，这意味着文档是由许多重复的术语组成的，因此字典是非超完备（10 < 30）的。

7．样本$(x, y) \in \mathcal{R}^2$，由二次多项式变换为$(ax, by, cx^2, dy^2, exy, f) \in \mathcal{R}^6$。

10.8 第 8 章

1．错误，它们在结构上并不是对称的。编码器和解码器都必须是功能对称的，但它们的内部结构可以是不同的。

2．错误。在转换过程中输入信息的一部分丢失了，而剩余的信息在代码输出 Y 和自编码器变量之间拆分，这些与基础模型一起对所有转换进行编码。

3．当 $min(sum(z_i)) = 0$ 且 $min(sum(z_i)) = 128$ 时，等于 36 的总和都可以暗示稀疏（如果标准差大）和具有较小值的均有分布（当标准差接近零）。

4．当 $sum(z_i) = 36$ 时，$std(z_i) = 0.03$ 意味着大多数值以 0.28(0.25÷0.31)为中心，代码可以被认为是密集的。

5．错误。Sanger 网络（以及 Rubner-Tavan 网络）需要输入样本 $x_i \in X$。

6．从最大特征值到最小特征值（即从第一个主成分到最后一个主成分），按降序提取分量。因此，无须进一步分析来确定其重要性。

7. 可以。从最后一层开始，可以对每个内部层的值进行采样，直到第一层。通过选择每个概率向量的 *argmax*(•)来获得最可能的输入值。

10.9 第 9 章

1. 错误。生成器和鉴别器在功能上是不同的。

2. 不可以。因为鉴别器的输出必须是一个概率（即 $p_i \in (0, 1)$）。

3. 正确。鉴别器可以非常快速地学习输出不同的概率，并且其损失函数的梯度可以变得接近 0，从而降低提供给发生器的校正反馈的幅度。

4. 是的。在 Wasserstein GAN 中，评价器在训练阶段通常很慢。

5. 评价器速度较慢，因为其每次更新后都会剪切变量。

6. 由于支持是脱节的，所以 Jensen-Shannon 散度等于 log(2)。

7. 目标是开发高度选择性的单元，其响应仅由特定特征引起。

8. 在训练过程的早期阶段，不可能知道最终的组织。因此，强迫某些单元过早专业化并不是一种好的做法。调整阶段允许许多神经元成为候选者，并且同时逐步增加最有希望的神经元的选择性（它将成为胜利者）。